高职高专国家示范性院校"十三五"规划教材

自动化仪表与过程控制

主　编　周小凤
副主编　马越超　樊可钰　李雅妮
主　审　肖俊生

西安电子科技大学出版社

内 容 简 介

本书介绍了生产过程自动化中所用检测仪表和控制仪表的工作原理，过程控制系统的设计、整定方法及在工业方面的应用，典型控制系统的案例分析，过程控制工程设计的基本知识。书中有六个实践训练项目，能够更好地验证理论知识和模拟工程实况。

书中内容按照高等职业院校人才培养方案的要求编写，取材适当，深度与广度适中，通俗易懂，便于教师因材施教，也便于读者自学。

本书可作为高职高专院校自动化技术专业群学生的专业课教材，也可供相关专业师生和从事仪表、自动化行业的工程技术人员参考。

图书在版编目(CIP)数据

自动化仪表与过程控制/周小凤主编. —西安：西安电子科技大学出版社，2018.7(2024.1 重印)
ISBN 978-7-5606-4935-1

Ⅰ. ① 自… Ⅱ. ① 周… Ⅲ. ① 自动化仪表—高等学校—教材 ② 过程控制—高等学校—教材 Ⅳ. ① TH86 ② TP273

中国版本图书馆 CIP 数据核字(2018)第 121187 号

策　　划　秦志峰
责任编辑　宁晓蓉
出版发行　西安电子科技大学出版社(西安市太白南路 2 号)
电　　话　(029)88202421　88201467　　邮　　编　710071
网　　址　www.xduph.com　　电子邮箱　xdupfxb001@163.com
经　　销　新华书店
印刷单位　广东虎彩云印刷有限公司
版　　次　2018 年 7 月第 1 版　2024 年 1 月第 3 次印刷
开　　本　787 毫米×1092 毫米　1/16　印张　15
字　　数　350 千字
定　　价　34.00 元
ISBN 978-7-5606-4935-1/TH

XDUP 5237001-3

前　言

本书全面系统地介绍了工业自动化仪表与过程控制的基础知识和最新内容。其中，工业自动化仪表方面介绍了工业生产过程中变量检测的基本知识，以及常用的检测仪表和控制仪表；过程控制方面介绍了自动控制系统的基本概念和简单的过程控制系统，深入地叙述了复杂过程控制系统的主要内容，介绍了一些典型的工业生产过程控制系统，最后对过程控制工程设计所需的基础知识进行了简单的叙述。

本书力求涵盖工业自动化仪表与过程控制工程的精华内容，尽量增加现代检测技术和控制技术中较为实用的内容，做到概念清楚、深入浅出、详略得当。在每章后附有习题与思考题，便于读者检查学习效果。

全书分为八章以及六个实践训练项目，主要内容包括自动化仪表的基本知识、工业生产过程中的变量检测、工业生产过程的控制仪表及其控制规律、变量的简单控制系统、复杂控制系统的案例及其分析、多变量过程控制系统的应用、工业生产过程自动控制的典型案例分析以及过程控制工程设计基础。

本书由周小凤副教授担任主编，马越超、樊可钰、李雅妮担任副主编。其中，周小凤编写第三章、第四章、第七章、第八章以及实践训练项目三至六，马越超编写第二章的 2.1～2.4 节，樊可钰编写第一章、第二章的 2.5 节、实践训练项目一和二以及附录，李雅妮编写第五章和第六章。全书由周小凤统稿，内蒙古科技大学的肖俊生副教授主审。

本书在编写过程中广泛参考了有关单位和个人编写的文献资料，在此深表谢意。

由于编者水平有限，且编写时间紧迫，书中难免存在疏漏和不足，敬请各位读者批评指正。

编　者

2018 年 2 月

前言

目　录

第一章　自动化仪表的基本知识 ………………… 1
1.1　自动化仪表概述 ………………………………… 1
1.2　检测技术的基本知识 …………………………… 2
1.2.1　检测的误差及处理 …………………………… 3
1.2.2　检测仪表的分类 ……………………………… 7
1.2.3　检测仪表的性能指标 ………………………… 7
1.3　控制仪表的基本知识 …………………………… 11
1.3.1　过程控制仪表的分类 ………………………… 11
1.3.2　仪表的信号制式及信号标准 ………………… 12
1.3.3　仪表的防爆知识及工程防爆措施 ……………………………………………… 13
1.3.4　仪表的型号命名 ……………………………… 15
本章小结 …………………………………………… 16
习题与思考题 ……………………………………… 17
实践训练项目一　过程控制系统和仪表的认知 ……………………………… 17
第二章　工业生产过程中的变量检测 ………… 21
2.1　压力的检测 ……………………………………… 21
2.1.1　基本知识 ……………………………………… 21
2.1.2　压力表的分类 ………………………………… 22
2.1.3　弹性式压力计 ………………………………… 24
2.1.4　霍尔式压力计 ………………………………… 28
2.1.5　霍尔片式压力传感器 ………………………… 28
2.1.6　应变式压力计 ………………………………… 29
2.1.7　压电式压力计 ………………………………… 33
2.1.8　电容式差压变送器 …………………………… 36
2.1.9　智能差压变送器 ……………………………… 38
2.2　物位的检测 ……………………………………… 40
2.2.1　基本知识 ……………………………………… 40
2.2.2　直读式液位计 ………………………………… 41
2.2.3　浮力式液位计 ………………………………… 43
2.2.4　静压式液位计 ………………………………… 44
2.2.5　电容式液位计 ………………………………… 49
2.2.6　超声波式液位计 ……………………………… 51
2.2.7　雷达式物位计 ………………………………… 53
2.3　流量的检测 ……………………………………… 55
2.3.1　流量检测的基本知识 ………………………… 55
2.3.2　差压式流量计 ………………………………… 56
2.3.3　转子流量计 …………………………………… 62
2.3.4　容积式流量计(椭圆齿轮流量计) ……………………………………………… 66
2.3.5　电磁流量计 …………………………………… 68
2.3.6　叶轮式流量计 ………………………………… 69
2.4　温度的检测 ……………………………………… 74
2.4.1　基本概念 ……………………………………… 74
2.4.2　膨胀式温度计 ………………………………… 77
2.4.3　热电偶温度计 ………………………………… 80
2.4.4　热电阻温度计 ………………………………… 91
2.4.5　非接触式温度计 ……………………………… 94
2.5　成分自动检测仪表 ……………………………… 96
2.5.1　分析仪表的基本知识 ………………………… 96
2.5.2　热导式气体分析器 …………………………… 97
2.5.3　RD-004型氢分析器 …………………………… 97
2.5.4　氧化锆氧分析仪 ……………………………… 98
2.5.5　红外线气体分析器 …………………………… 99
2.5.6　工业气相色谱仪 ……………………………… 101
2.5.7　色谱仪的运行 ………………………………… 102
本章小结 …………………………………………… 103
习题与思考题 ……………………………………… 104
实践训练项目二　压力变送器的认识和使用 ……………………………………………… 105
实践训练项目三　热电偶的使用及校验 ………… 108
第三章　工业生产过程的控制仪表及其控制规律 ……………………………………………… 113
3.1　过程控制仪表概述 ……………………………… 113
3.2　自动控制系统的过渡过程和品质指标 ……………………………………………… 114
3.2.1　控制系统的过渡过程 ………………………… 114
3.2.2　控制系统的品质指标 ………………………… 115
3.3　基本控制规律及其对系统过渡过程的影响 ……………………………………… 116
3.3.1　比例控制规律 ………………………………… 117

3.3.2 比例积分控制规律 …………………… 120
3.3.3 比例积分微分控制规律 ………… 122
3.4 模拟式控制器 ……………………………… 125
3.4.1 DDZ-Ⅲ型仪表的特点 ………………… 125
3.4.2 DDZ-Ⅲ基型控制器的结构原理 ……………………………………… 126
3.5 智能控制器 ………………………………… 127
3.5.1 智能控制器的基本结构 ………… 127
3.5.2 智能控制器示例 ………………… 129
3.6 执行器 ……………………………………… 130
3.6.1 执行器的分类及特点 …………… 130
3.6.2 气动薄膜控制阀的结构和工作方式 ……………………………………… 131
3.6.3 控制阀的阀体类型 ……………… 133
3.6.4 控制阀的流量特性 ……………… 135
3.6.5 电—气转换器和阀门定位器 …… 136
3.6.6 控制阀的选择、安装和维护 …… 138
本章小结 ……………………………………… 140
习题与思考题 ………………………………… 141
实践训练项目四 调节器、执行器的认识及使用 ………………………… 141
第四章 变量的简单控制系统 ……………… 145
4.1 过程控制系统概述 ……………………… 145
4.1.1 自动控制系统的组成 …………… 145
4.1.2 自动控制系统的分类 …………… 147
4.2 简单控制系统的结构组成及工作原理 ……………………………………… 147
4.3 被控变量与操纵变量的选择 ………… 148
4.3.1 被控变量的选择 ………………… 148
4.3.2 操纵变量的选择 ………………… 149
4.4 控制器控制规律与正反作用的选择 … 151
4.4.1 控制器控制规律的选择 ………… 151
4.4.2 控制器正、反作用的选择 ……… 152
4.5 控制器参数的工程整定 ……………… 153
4.5.1 临界比例度法 …………………… 154
4.5.2 衰减曲线法 ……………………… 154
4.5.3 经验凑试法 ……………………… 156
4.6 测量变送器的选择与分析 …………… 157
4.6.1 测量过程的误差分析 …………… 157
4.6.2 测量过程的动态特性 …………… 158
本章小结 ……………………………………… 159
习题与思考题 ………………………………… 159
实践训练项目五 液位单回路控制系统 …… 161
第五章 复杂控制系统的案例及其分析 ……… 165
5.1 串级控制系统 …………………………… 165
5.1.1 串级控制系统的结构及工作原理 ……………………………………… 165
5.1.2 串级控制系统的调试方法 ……… 169
5.1.3 串级控制系统的设计分析 ……… 171
5.1.4 串级控制系统的工业应用 ……… 173
5.2 比值控制系统 …………………………… 175
5.2.1 比值控制系统概述 ……………… 175
5.2.2 比值控制系统的工业应用 ……… 182
5.3 前馈控制系统 …………………………… 184
5.3.1 前馈控制系统的结构 …………… 184
5.3.2 前馈控制系统的工业应用 ……… 188
本章小结 ……………………………………… 191
习题与思考题 ………………………………… 191
实践训练项目六 液位串级控制系统 ……… 192
第六章 多变量过程控制系统的应用 ………… 196
6.1 均匀控制系统 …………………………… 196
6.1.1 均匀控制系统的概念 …………… 196
6.1.2 均匀控制系统的工业应用 ……… 197
6.2 分程控制系统 …………………………… 198
6.2.1 分程控制系统的概念 …………… 198
6.2.2 分程控制系统的工业应用 ……… 200
6.3 选择性控制系统 ………………………… 203
6.3.1 选择性控制系统的概念 ………… 203
6.3.2 选择性控制系统的工业应用 …… 204
本章小结 ……………………………………… 206
习题与思考题 ………………………………… 207
第七章 工业生产过程自动控制的典型案例分析 ……………………………………… 208
7.1 传热过程的自动控制 …………………… 208
7.1.1 换热器的温度控制 ……………… 208
7.1.2 蒸汽加热器的温度控制 ………… 209
7.1.3 冷却器的温度控制 ……………… 210
7.2 精馏塔生产过程的自动控制 ………… 211
7.2.1 精馏塔的控制目标 ……………… 211
7.2.2 精馏塔的干扰因素 ……………… 212
7.2.3 精馏塔的基本控制方案 ………… 212
7.3 锅炉生产过程的自动控制 …………… 214
7.3.1 单冲量液位控制系统 …………… 215
7.3.2 双冲量液位控制系统 …………… 215
7.3.3 三冲量液位控制系统 …………… 216
本章小结 ……………………………………… 216

习题与思考题 …………………………………… 216
第八章 过程控制工程设计基础 ………………… 218
8.1 工程设计的基本知识 ……………………… 218
8.1.1 字母代号 ………………………………… 218
8.1.2 图形符号 ………………………………… 220
8.1.3 仪表位号及编制方法 …………………… 220
8.2 工程设计的实例分析 ……………………… 221
本章小结 ………………………………………… 223
习题与思考题 …………………………………… 224
附录 K型镍铬—镍硅(镍铬—镍铝)热电偶分度表 ………………………………………… 225
参考文献 ………………………………………… 230

第一章　自动化仪表的基本知识

☞ 知识目标

◆ 理解自动化仪表、检测仪表的分类

◆ 掌握控制仪表的信号标准及使用方法

◆ 掌握误差的分析、计算方法

◆ 理解 DDZ-Ⅲ型仪表的型号含义和命名方法

☞ 技能目标

◆ 能够对简单控制仪表进行简单连接

◆ 能识别控制仪表铭牌上型号、防爆等级的含义

◆ 能够进行误差计算，会选择合适精度等级的仪表

1.1　自动化仪表概述

看到"仪表"两个字，人们很容易想到电流表、电压表、示波器等实验室中常用的测试仪器。本书要讨论的不是这些通用仪表，而是工业自动化特别是连续生产过程自动化中必需的一类专门的仪器仪表，称为自动化仪表。自动化仪表包括对工艺参数进行测量的检测仪表、根据测量值与设定值的偏差按一定的调节规律发出调节命令的调节仪表，以及根据调节仪表的命令对进出生产装置的物料或能量进行控制的执行器等。这些仪表代替人们对生产过程进行测量、控制、监督和保护，是实现生产过程自动化必不可少的技术工具。

自动化仪表作为一类专门的仪表，最早出现于 20 世纪 40 年代。当时由于石油、化工、电力等工业对自动化的需要，出现了将测量、记录、调节仪表组合在一起的多功能自动化仪表。此后，随着大型工业企业的出现，生产向综合自动化和集中控制的方向发展，人们发现多功能仪表的结构不够灵活，如果将仪表按功能划分成若干种能独立完成一定功能的标准单元，各单元间以标准联络信号相互联系，那么仪表的性能就容易提高。在使用中可以根据需要，选择一定的单元，积木式地把仪表组合起来，构成各种复杂程度不同的控制系统。这种积木式的仪表就称为单元组合式仪表。显然，将多功能仪表分解为若干基本单元的做法，无论对仪表厂的生产，还是对用户的选用和维护都是有利的。尽管近年来随着自动化仪表由模拟技术向数字技术发展，仪表的功能结构又重新由单功能向多功能转变，但这种按功能划分标准单元的思路在仪表行业还是被充分地肯定下来。

工业自动化仪表是无所不在的实用设备，分类方式较多。

(1) 按仪表的结构形式和安装方式可分为基地式(单一功能)、组合式、就地式(多功能、智能)、远程式等。

(2) 按仪表工作原理可分为模拟式仪表、数字式仪表、智能式仪表、虚拟式仪表、网络

式仪表等。

(3) 按仪表使用领域可分为工业仪表、实验室仪表、分析仪表、特殊性专用仪表等。

(4) 按仪表功能可分为检测型仪表(包括压力检测仪表、温度检测仪表、流量检测仪表、物位检测仪表、机械量检测仪表、过程分析仪表、物性检测仪表等)、指示型仪表(包括电磁系指针指示仪、磁电系指针指示仪、电动系指针指示仪等)、变送型仪表、记录型仪表、数字显示型仪表、屏幕显示型仪表(如等离子型平板显示器、磁翻转式显示器、发光二极管LED平板显示器、液晶LCD平板显示器、薄膜型平板显示器等)、积算型仪表、调节型仪表、执行型仪表(包括电动执行器和气动执行器)等。

(5) 按仪表所使用的能源可分为电动仪表、气动仪表、液动仪表、光电仪表等。

(6) 按仪表规模可分为单元仪表(电路)、单体仪表、组合仪表、组装仪表(装置、控制柜)、综合仪表(气象仪表、公安仪表、地质仪表等)、尖端仪表(用于军事、航天、航空)等。

工业自动化仪表涉及的领域非常宽广，除了上述分类中包含的各类仪器仪表外，还有组合式电子综合控制装置(将各种电路组合，如放大器、转换器、调节器、电源等)、程序控制装置(如可编程控制器(PLC))、巡回检测装置(如数据采集系统)、四遥仪表(遥测、遥信、遥调、遥控)、安全联锁报警装置(如生产线联锁报警及保护、前后级操作联锁等)、流体控制元件及装置(如射流装置、涡流装置等)、分布式自动控制装置(系统)和工业自动化仪表盘。

1.2 检测技术的基本知识

所谓过程检测，是指在生产过程中，为及时掌握生产情况和监视、控制生产过程，而对其中一些变量进行的定性检查和定量测量。检测的目的是为了获取各过程变量值的信息。根据检测结果可对影响过程状况的变量进行自动调节或操纵，以达到提高质量、降低成本、节约能源、安全生产等目的。

通过测量可以得到被测量的测量值，然而测量目的还未全部达到，为了准确获取表征对象特征的定量信息，还要对实验结果进行数据处理与误差分析、估计结果的可靠性等，以便保证安全生产，提高经济效益，保证产品质量，实现生产过程的自动化，以及为科学研究等提供可靠的数据。至于检测技术，其意义更加广泛，它是指下面的全过程：按照被测对象的特点，选用合适的测量仪器与实验方法，通过测量误差分析及数据处理，准确得到被测量的数值，并为提高测量精度、改进测量方法及测量仪器、提高生产过程的自动化水平等提供可靠的依据。

检测仪表作为人类认识客观世界的重要手段和工具，应用领域十分广泛，工业过程检测是其最重要的应用领域之一。工业过程检测具有如下特点：

(1) 检测对象形态多样：有气态、液态、固态介质及其混合体，也有的被测对象具有特殊性质(如强腐蚀、强辐射、高温、高压、深冷、真空、高黏度、高速运动等)。

(2) 被测参数性质多样：有温度、压力、流量、物位等热工量，也有各种机械量、电工量、化学量、生物量，还有某些工业过程要求检测的特殊参数(如纸浆的打浆度、浓度、白度、硬度等)。

(3) 被测变量的变化范围宽：如被测量可以是1000℃以上的高温，也可以是0℃以下的低温甚至超低温。

(4) 检测方式多种多样：既有离线检测，又有在线检测；既有单参数检测，又有多参数同时检测等。

(5) 检测环境比较恶劣：工业生产过程中，存在着许多不利于检测的影响因素，如电源电压波动，温度、压力变化，以及在工作现场存在水汽、烟雾、粉尘、辐射、振动等，因此要求检测仪表具有较强的抗干扰能力和相应的防护措施。

针对工业过程检测的上述特点，要求检测仪表不但具有良好的静态特性和动态特性，而且要对不同的被测对象和测量要求采用不同的测量原理和测量手段。因此，检测仪表的种类繁多，而且为了适应工业过程对检测技术提出的新要求，还将有各式各样的新型仪表不断涌现(如带有微处理器的智能仪表)。

1.2.1 检测的误差及处理

由于测量方法和检测设备的不完善、周围环境的影响及人们认识能力所限等，测量值和真值之间存在一定的差异，在数值上即表现为误差。随着科学技术的发展，虽然可将误差控制得愈来愈小，但始终不能完全消除它。为了充分认识并进而减小或消除误差，必须对测量过程中始终存在的误差进行充分的研究。其意义归纳起来有：

(1) 正确认识误差的性质，分析误差产生的原因，以便消除或减小它；

(2) 正确处理数据，合理计算所得结果，以便在一定条件下，得到更接近于真值的数据；

(3) 正确组成检测系统，合理设计检测系统或选用测量仪表，选择正确的检测方法，以便在最经济的条件下，得到最理想的测量结果。

1. 误差的定义、分类及计算

1) 误差的定义

所谓测量误差，是测量值与真值之差，它反映了测量质量的好坏。

自然界中的一切物体都处于永恒的运动中，而被测量的真值是假定在一定的时间内，实际上不变的被测量的真正大小，所以真值具有时间和空间的含义。真值可定义为在某一时刻和某一位置或状态下，某量的效应体现的客观值或实际值。

2) 误差分类

在测量过程中，测量误差按其产生的原因不同，可分为三类。

(1) 系统误差。在同一条件下，多次测同一被测参数时，测量结果的误差大小与符号均保持不变或在条件变化时按某一确定规律变化的误差称为系统误差。它是由于测量过程中仪表使用不当或测量时外界条件变化等原因所引起的。

必须指出，单纯地增加测量次数无法减小系统误差对测量结果的影响，但在找出产生误差的原因之后，便可通过对测量结果引入适当的修正值而加以消除。系统误差决定测量结果的准确性。

(2) 随机误差。在相同条件下，对某一参数进行重复测量时，测量结果的误差大小与符号均不固定且无一定规律的误差称为随机误差。产生随机误差的原因很复杂，是许多微小变化的复杂因素共同作用的结果。

对单次测量来说，随机误差是没有任何规律的，既不可预测，也无法控制，但对于一系列重复测量结果来说，它的分布服从统计规律。因此，可以取多次测量结果的算术平均值作为最终的测量结果。

(3) 粗大误差。测量结果显著偏离被测量的实际值所对应的误差称为粗大误差。由于操作不当，读数、记录和计算错误，测试系统的突然故障，环境条件的突然变化等疏忽因素而造成的误差均属于粗大误差。一旦将粗大误差作为有效数据处理，将会造成极大的误差，带有这类误差的测量结果(坏值)是毫无意义的。因此出现粗大误差时，必须予以甄别和剔除。

一般情况下不能及时明确知道哪个测量值是坏值，此时必须根据统计法加以判别。统计判别法的准则很多，常用的有拉依达准则(或 3σ 准则)、格拉布斯准则等。

3) 误差计算

(1) 绝对误差。绝对误差是指测量值与真值之差。设真值为 A_0，测量值为 x，则绝对误差为 Δx。

$$\Delta x = x - A_0 \tag{1-1}$$

由于真值 A_0 一般来说是未知的，故在实际应用时，常用实际真值 A 来代表真值 A_0，并采用高一级标准仪表的示值作为实际真值。故通常用下式表示绝对误差：

$$\Delta x = x - A \tag{1-2}$$

绝对误差一般只适用于标准量具或标准仪表的校准。在标准量具或标准仪表的校准工作中实际使用的是“修正值”，它的绝对值与 Δx 相等但符号相反，用符号 c 表示：

$$c = -\Delta x = A - x \tag{1-3}$$

对高准确度的仪表，常给出修正值，利用修正值可求出被测量的准确的实际值。

$$A = x + c \tag{1-4}$$

(2) 相对误差。相对误差通常用于衡量测量的准确度，相对误差越小，准确度越高。相对误差有以下两种表示方式。

实际相对误差 δ_A：用绝对误差 Δx 与被测量的实际值 A 的百分比来表示的相对误差，即

$$\delta_A = \frac{\Delta x}{A} \times 100\% \tag{1-5}$$

示值相对误差 δ_x：用绝对误差 Δx 与仪表示值 x 的百分比来表示的相对误差，即

$$\delta_x = \frac{\Delta x}{x} \times 100\% \tag{1-6}$$

(3) 引用误差。引用(或满度)相对误差是用绝对误差 Δx 与仪表满度值 x_m 的百分比来表示的相对误差，即

$$\delta_m = \frac{\Delta x}{x_m} \times 100\% \tag{1-7}$$

对于多量程仪器仪表，其满刻度值应和量程范围相对应，即

$$\delta_m = \frac{K \cdot x - A}{K \cdot x_m} \times 100\% \tag{1-8}$$

式中：K 为不同量程比例系数。

例如，满刻度为 5 mA 的电流表，在示值为 4 mA 时的实际值为 4.02 mA，此电流表在这一点的引用误差为 -0.4%。

由引用误差的定义可知，对于某一确定的仪器仪表，它的最大引用相对误差值也是确定的，这就为仪器仪表划分精度等级提供了方便。

工业用仪表常用基本误差的引用误差作为判断精度等级的尺度。例如，仪表在规定的使用条件下基本误差不超过量程的±0.5%，就用这个引用误差百分数的分子作为等级的标志，即该仪表的精度等级为0.5级。

4）*误差评价*

在评价仪表的误差时，主要强调按照规定的参比工作条件下的误差进行比较，这种条件下的误差叫“基本误差”。与此对应，在不符合正常工作条件下出现的误差，其中除了基本误差外，还含有“附加误差”。

基本误差是指仪表在标准条件下使用时具有的误差。标准使用条件是指对影响测量的各种因素人为做出的规定值。附加误差是当使用条件偏离标准条件后，仪表必然在基本误差的基础上所增加的新的系统误差。

5）*其他误差*

除了上述误差外，还有以下误差的分类：

（1）工具误差：是由于测量设备中各个环节的不完善产生的误差。

（2）方法误差：是由于测量方法不完善或理论上的缺陷所引起的误差。

（3）动态误差：是指被测量在随时间而变化的过程中所产生的附加误差。它是由仪表的动态品质所造成的。

（4）静态误差：是指被测量稳定、不随时间变化时的测量误差。

（5）定值误差：是被测量变化而误差不变的误差。它可以是系统误差，也可以是随机误差。

（6）累计误差：是仪表在量程范围内，其数值与被测量成正比例变化的误差值。它是仪表灵敏度变化及标准量变化所造成的误差。

2. 误差的处理

1）*系统误差的消除方法*

系统误差直接影响测量的精确度，应加以消除，基本的消除方法如下。

（1）消除误差产生的根源。首先从测量装置的设计入手，选用最合适的测量方法和工作原理，以避免方法误差；选择最佳的结构设计与合理的加工、装配、调校工艺，以避免和减小工具误差。此外，应做到正确地安装、使用，测量应在外界条件比较稳定时进行，对周围环境的干扰应采取必要的屏蔽防护措施等。

（2）对测量结果进行修正。在测量之前，应对仪器仪表进行校准或定期进行检定。通过检定，可以由上一级标准（或基准）给出受检仪表的修正值。将修正值加入测量值中，即可消除系统误差。

所谓修正值，是指与测量误差的绝对值相等而符号相反的值。例如，用标准温度计检定某温度传感器时，在温度为50℃的测温点处，受检温度传感器的示值为50.5℃，则测量误差为

$$\Delta x = x - L = 50.5 - 50 = 0.5℃$$

于是，修正值 $c = -\Delta x = -0.5℃$。将此修正值加入测量值 x 中，即可求出该测温点的实际温度：

$$L = x + c = 50.5 + (-0.5) = 50℃$$

从而消除了系统误差 Δx。

修正值的给出方式不一定是具体的数值，也可以是一条曲线、一个公式图表。在某些自动检测仪表中，修正值已预先编制成相应的软件，存储于微处理器中，可对测量结果中的某些系统误差自动修正。

(3) 采用特殊的测量方法。在测量过程中，选择适当的测量方法，可使系统误差抵消而不带入测量值中。下面介绍几种消除系统误差的常用测量方法。

① 零示法：属于比较法中的一种，它是将检测量与已知标准量进行比较，当两者的差值为零时，被测量就等于已知的标准量。电位差计就是采用零示法的典型示例。

② 替代法：又称为置换法，是指先将被测量接入测量装置使之处于一定状态，然后用已知量代替被测量，并通过改变已知量的值使仪表的示值恢复到替代前的状态。替代法的特点是被测量与已知量通过测量装置进行比较，当两者的效应相同时，其数值也必然相等。测量装置的系统误差不会影响测量结果，它只起辨别两者有无差异的作用，因此测量装置有一定的灵敏度和稳定度。

③ 交换法：又称为对照法，是指在测量过程中将某些测量条件相互交换，使产生系统误差的原因对交换前后的测量结果起相反作用。对两次测量结果进行数学处理，即可消除系统误差或求出误差的数值。

2) 随机误差及其估算

在测量过程中，系统误差与随机误差通常是同时发生的。由于系统误差可以用各种方法加以消除，因此在后面的讨论中，均假定测量值中只含有随机误差。

随机误差的数值是事先无法预料的，它受各种复杂的随机因素的影响，通常把这类依随机因素而变、以一定概率取值的变量称为随机变量。当随机误差是由大量的、相互独立的微小作用因素所引起时，通常都遵从正态分布规律。图 1-1 给出了随机误差的正态分布曲线。

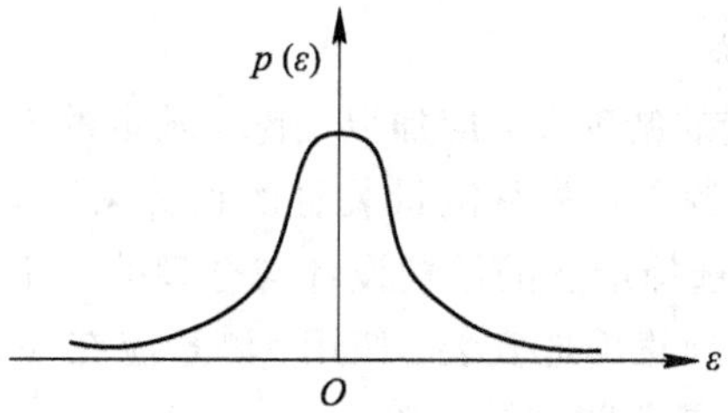

图 1-1　随机误差的正态分布曲线

分析图 1-1 可以看出，随机误差的统计特性表现在以下四个方面：

(1) 有界性。在一定条件下的有限测量值中，误差的绝对值不会超过一定的界限。

(2) 单峰性。绝对值小的误差出现的次数比绝对值大的误差出现的次数多。

(3) 对称性。绝对值相等的正误差和负误差出现的次数大致相等。

(4) 抵偿性。相同条件下对同一量进行多次测量，随机误差的算术平均值随着测量次数 n 的无限增加而趋于零，即误差平均值的极限为零。其表达式为

$$\lim_{n\to\infty}\left(\frac{1}{n}\sum_{i=1}^{n}\varepsilon_i\right) = 0$$

应当指出，有些误差并不完全满足上述特性，但根据其具体情况，仍可按随机误差处理。

1.2.2　检测仪表的分类

检测仪表是能确定所感受的被测变量大小的仪表。它可以是传感器、变送器和自身兼有检测元件和显示装置的仪表。传感器件是能接受被测信息，并按一定规律将其转换成同种或别种性质输出变量的仪表。输出为标准信号的传感器称为变送器。所谓标准信号，是指变化范围的上下限已经标准化的信号(如 4～20 mA DC、20～100 kPa 等)。检测仪表可按下述方法分类。

(1) 按被测量分类：可分为温度检测仪表、压力检测仪表、流量检测仪表、物位检测仪表、机械量检测仪表、过程分析仪表等。

(2) 按测量原理分类：可分为电容式、电磁式、压电式、光电式、超声波式、核辐射式检测仪表等。

(3) 按输出信号分类：可分为输出模拟信号的模拟式仪表、输出数字信号的数字式仪表、输出开关信号的检测开关(如振动式物位开关、接近开关)等。

(4) 按结构和功能特点分类：按照测量结果是否就地显示，分为测量与显示功能集于一身的一体化仪表和将测量结果转换为标准输出信号并远传至控制室集中显示的单元组合仪表；按照仪表是否含有微处理器，分为不带有微处理器的常规仪表和以微处理电路为核心的微机化仪表。微机化仪表的集成度越来越高，功能越来越强，有的已具有一定的人工智能，常被称为智能化仪表。目前，有的仪表供应商又推出了“虚拟仪器”的概念。所谓“虚拟仪器”，是在标准计算机的基础上加一组软件或硬件，使用者操作这台计算机，即可充分利用最新的计算机技术来实现和扩展传统仪表的功能。这套以软件为主体的系统能够享用普通计算机的各种计算、显示和通信功能。在基本硬件确定之后，就可以通过改变软件的方法来适应不同的需求，实现不同的功能。虚拟仪器彻底打破了传统仪表只能由生产厂家定义，用户无法改变的局面。用户可以自己设计、自己定义，通过软件的改变来更新自己的仪表或检测系统，从而节省开发、维护费用，减少开发专用检测系统的时间。

1.2.3　检测仪表的性能指标

根据工业过程检测的特点和需要，对检测仪表的品质有多种要求。现将较常用的品质指标做以下介绍。

1. 灵敏度

灵敏度是指检测仪表在到达稳态后，输出增量与输入增量之比，即

$$K=\frac{\Delta Y}{\Delta X} \tag{1-9}$$

式中：K 为灵敏度；ΔY 为输出变量 Y 的增量；ΔX 为输入变量 X 的增量。

对于带有指针和刻度盘的仪表，灵敏度亦可直观地理解为单位输入变量所引起的指针偏转度或位移量。

当仪表具有线性特性时，其灵敏度 K 为一常数，如图 1-2(a)所示。反之，当仪表具

有非线性特性时，其灵敏度将随着输入变量的变化而改变，如图 1-2(b)所示。

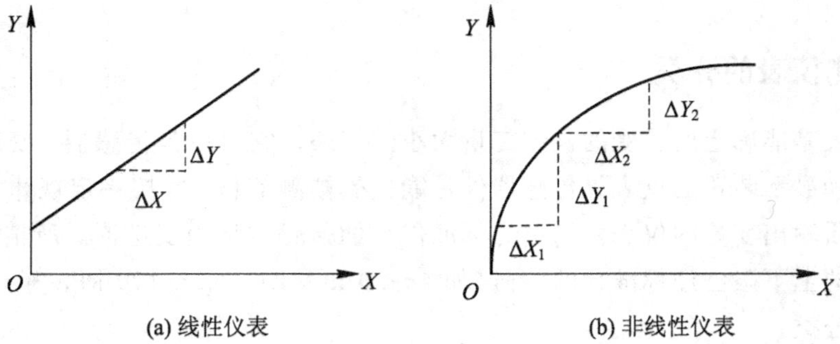

图 1-2　仪表的灵敏度

2. 线性度

在通常情况下，总是希望仪表具有线性特性，即其特性曲线最好为直线。但是，在对仪表进行校准时常常发现，那些理论上应具有线性特性的仪表，由于各种因素的影响，其实际特性曲线往往偏离了理论上的规定特性曲线(直线)。在检测技术中，采用线性度这一概念来描述仪表的校准曲线与规定直线之间的吻合程度，如图 1-3 所示。

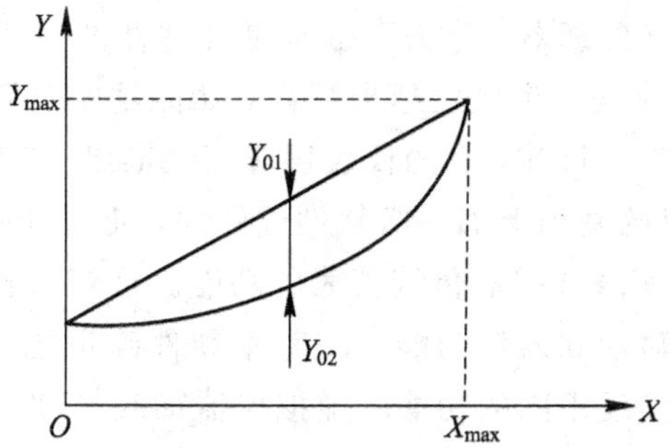

图 1-3　仪表的线性度

校准曲线与规定直线之间最大偏差的绝对值称为线性度误差，其线性度可表示为

$$L=\frac{|Y_{01}-Y_{02}|}{Y_{\max}} \tag{1-10}$$

3. 分辨率

分辨率反映仪表检测出被测量的最小变化的能力，又称分辨能力。当输入变量从某个任意值(非零值)开始缓慢增加，直至可以观测到输出变量的变化时为止的输入变量的增量即为仪表的分辨率。分辨率可以用绝对值来表示，也可以用满刻度的百分比来表示。例如，某位移传感器的分辨率为 0.001 mm，某指针式仪表的分辨率为 0.01%F.S(F.S 表示满量程)等。

4. 滞环、死区和回差

仪表内部的某些元件具有储能效应，例如弹性变形、磁滞现象等，其作用使得仪表检验所得的实际上升曲线和实际下降曲线常出现不重合的情况，从而使得仪表的特性曲线形成环状，如图 1－4 所示。该种现象称为滞环。显然在出现滞环现象时，仪表的同一输入值常对应多个输出值，并出现误差。

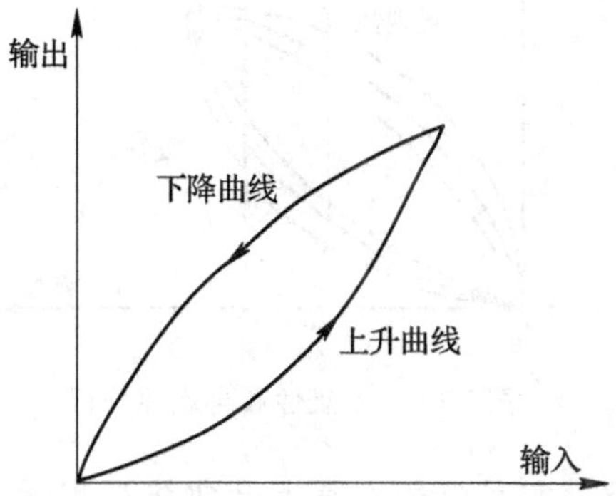

图 1－4　滞环效应分析

仪表内部的某些元件具有死区效应，例如传动机构的摩擦和间隙等，其作用亦可使得仪表检验所得的实际上升曲线和实际下降曲线常出现不重合的情况。这种死区效应使得仪表输入在小到一定范围后不足以引起输出的任何变化，而这一范围则称为死区。考虑仪表特性曲线呈线性关系的情况，其特性曲线如图 1－5 所示。因此，存在死区的仪表要求输入值大于某一限度才能引起输出的变化，死区也称为不灵敏区。

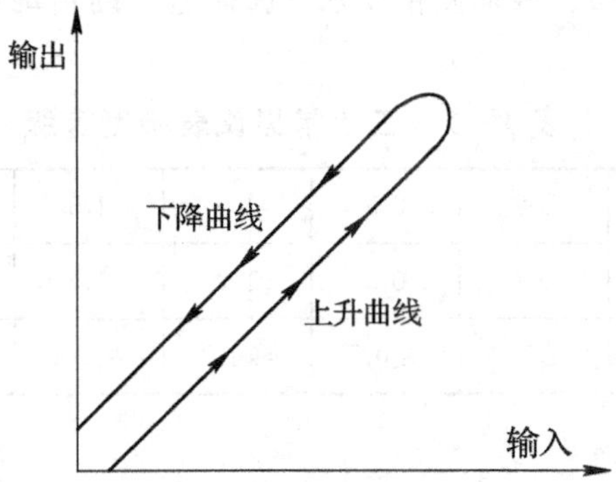

图 1－5　死区效应分析

也可能某个仪表既具有储能效应，也具有死区效应，其综合效应将是以上两者的综合。

在以上各种情况下，实际上升曲线和实际下降曲线间都存在差值，其最大的差值称为回差，亦称变差或来回变差。

5. 重复性和再现性

在同一工作条件下，同方向连续多次对同一输入值进行测量所得的多个输出值之间相互一致的程度称为仪表的重复性，它不包括滞环和死区。例如，在图 1－6 中列出了在同一工作条件下测出的仪表的三条实际上升曲线，其重复性就是指这三条曲线在同一输入值处的离散程度。实际上，某种仪表的重复性常选用上升曲线的最大离散程度和下降曲线的最大离散程度中的最大值来表示。

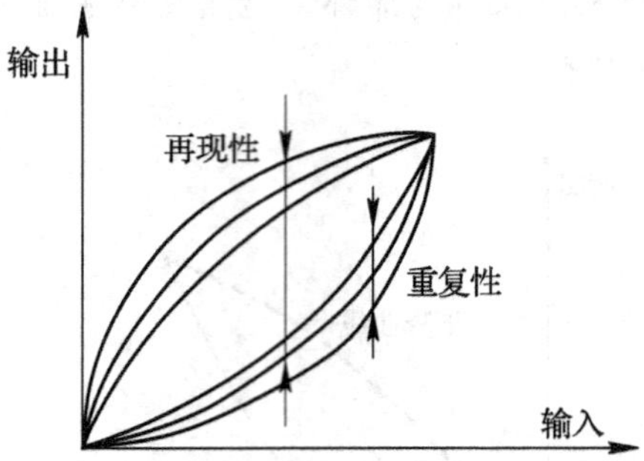

图 1-6　重复性和再现性分析

再现性包括滞环和死区，它是仪表实际上升曲线和实际下降曲线之间离散程度的表示，常取两种曲线之间离散程度最大点的值来表示，如图 1-6 所示。

重复性是衡量仪表不受随机因素影响的能力，再现性是仪表性能稳定的一种标志，因而在评价某种仪表的性能时常同时要求其重复性和再现性。重复性和再现性优良的仪表并不一定精度高，但高精度的优质仪表一定有很好的重复性和再现性。

6. 精确度

被测量的测量结果与(约定)真值间的一致程度称为精确度。仪表按精确度高低划分成若干精确度等级，见表 1-1。根据测量要求，选择适当的精确度等级，是检测仪表选用的重要环节。

表 1-1　工业常见仪表精度等级

精度等级	0.1	0.2	0.5	1.0	1.5	2.0	2.5	5.0
允许误差/%	0.1	0.2	0.5	1.0	1.5	2.0	2.5	5.0
引用误差/%	≤0.1	≤0.2	≤0.5	≤1.0	≤1.5	≤2.0	≤2.5	≤5.0

7. 长期稳定性

长期稳定性是仪表在规定时间(一般为较长时间)内保持不超过允许误差范围的能力。

8. 动态特性

工业自动化仪表除静态特性外，在输入量随时间变化时，由于仪表内部的惯性和滞后，还存在动态误差。对于工业自动化仪表来说，因为它工作在闭环调节系统之中，动态特性不仅影响自身的输出，还直接影响整个调节系统的调节质量，所以仪表的动态特性是很重要的。

动态特性是仪表在动态工作中所呈现的特性。它决定仪表测量快变参数的精度。

动态特性指被测量随时间迅速变化时，仪表输出追随被测量变化的特性。它可以用微分方程和传递函数来描述，但通常以典型输入信号(阶跃信号、正弦信号等)所产生的相应输出(阶跃响应、频率响应等)来表示。

1.3　控制仪表的基本知识

1.3.1　过程控制仪表的分类

1）按能源形式分类

过程控制仪表按所用能源形式不同，分为自力式、气动、电动、液动和混合式五类。

（1）自力式控制仪表。自力式控制仪表不需要外界补充能源，直接利用被控介质本身的能量去推动调节机构。例如，膨胀式温度计、弹簧管式压力计、飞球式调速器和浮球式水位调节器等均为这类仪表。

（2）气动控制仪表。气动控制仪表是指采用气压信号作为联络信号的控制仪表。气动控制仪表已有几十年的历史，在 20 世纪 60 年代以前，它是工业自动化的重要控制设备。气动控制仪表的特点是：结构简单、直观、易于掌握；性能稳定，可靠性高，具有安全防爆性能，特别适用于有爆炸危险的场合。国际上统一使用 20～100 kPa 的气压信号作为气动仪表之间的联络信号。气动控制仪表广泛应用于石油、化工、轻工等部门，电力部门虽很少采用成套的气动控制仪表，但却采用气动执行器。

（3）电动控制仪表。电动控制仪表是指采用电信号作为联络信号的控制仪表。电动控制仪表开始应用于 20 世纪 50 年代，由于其能源获取、信号传输及放大、变换处理比气动控制仪表容易得多，又便于实现远距离监视和操作，因而应用更为广泛。电动控制仪表的防爆问题已得到了很好的解决。国际电工委员会（IEC）将 4～20 mA DC 电流信号和 1～5 V DC电压信号确定为电动控制仪表的标准联络信号。目前，电动控制仪表已成为工业自动化的主要技术工具，广泛应用于电力、化工、石油、冶金、轻工等部门。

（4）液动控制仪表。液动控制仪表是指采用液压信号作为联络信号的控制仪表。液动控制仪表也发展较早，它结构简单、工作可靠，但动作速度较低、设备笨重，多用于功率较大的场合。目前，火电厂汽轮机调速系统的执行器部分采用的就是液压调节系统。

（5）混合式控制仪表。混合式控制仪表是指既采用电信号又采用液压或气压信号作为联络信号的控制仪表。例如，汽轮机调速系统中的电液转换器、水轮机调速系统中的电液复合调速器等均为这类仪表。

2）按信号类型分类

控制仪表按信号类型分为模拟式和数字式两类。

（1）模拟式控制仪表。模拟式控制仪表的传输信号通常为连续变化的模拟量。这类仪表线路简单，操作方便，价格较低，在设计、制造、使用上均有成熟的经验。模拟式控制仪表主要有电动单元组合式控制仪表（DDZ 系列）和组件组装式控制仪表（TF－900、MZ－Ⅲ、SPEC－200）等。长期以来，模拟式控制仪表广泛地应用于各工业部门。目前，大型火电厂仍广泛采用模拟变送和执行器。

（2）数字式控制仪表。数字式控制仪表的传输信号通常为断续变化的数字量。数字式控制仪表以微处理器为核心，其功能完善，性能优越，能解决模拟式仪表难以解决的问题，满足生产过程的高质量控制需求。数字式控制仪表适用于小规模生产过程的控制，但它可以通过通信接口挂到数据通道上与个人计算机（PC）连接起来，实现中、大规模生产过程的控制和管理。

3）按结构形式分类

控制仪表按结构形式分为基地式、单元组合式和组件组装式三类。

（1）基地式控制仪表。基地式控制仪表是将检测、转换、放大、显示、调节等部件设计成一个整体装置。它不仅能对某变量进行指示或记录，而且还具有控制功能。基地式控制仪表一般结构比较简单，价格便宜，常用于参数、单回路的简单控制系统。

（2）单元组合式控制仪表。单元组合式控制仪表是将整套仪表分为若干个能实现一定功能的单元，各单元之间以统一标准信号互相连接，应用时只要几种单元进行不同的组合，便可构成形式多样、复杂程度不等的自动控制系统。这种仪表应用方便灵活，通用性强，便于生产、维护，库存备品少，适用于中、小企业自动化系统。

（3）组件组装式控制仪表。组件组装式控制仪表是将整套仪表的调节、运算和控制功能部分与显示、操作功能部分分开，分为控制机柜和显示操作盘两大部分。控制机柜中以插接方式密集安装若干具有独立功能的“功能组件”。显示操作盘是人机联系部分，集中布置与监视、操作有关的盘装仪表。

组件组装式控制仪表以模拟器件为主，兼用了模拟技术和数字技术，可与工业控制机、程控装置、图像显示等新技术工具配合使用。它适用于效率高的大型设备的自动化。

1.3.2 仪表的信号制式及信号标准

工业自动控制系统是由许多过程控制仪表组成的，一般包括检测仪表和变送器、显示和记录仪表、信号处理仪表、执行器。大部分变送器和执行器都直接安装在生产现场，其他仪表则安装在控制室内。现场仪表之间互不连接，而只和控制室内仪表相连。控制室内仪表以各种方式相互连接。

各仪表之间需要有统一的联络信号，才能方便地把各个仪表组合起来。建立信号制的基本思想是：信号传输质量较高，符合防爆要求，便于仪表的结构设计、安装和使用。

1. 信号制

气动控制仪表的信号制为 0.02～0.1 MPa。组件组装式仪表的信号制以 0～10 mA、4～20 mA DC 作为现场传输信号；0～10 V DC 作为机柜内联络信号。DDZ－Ⅱ型电动单元组合仪表的信号制以 0～10 mA DC 作为现场传输信号；0～2 V DC 作为控制屏内传输信号。DDZ－Ⅲ型电动单元组合仪表的信号制以 4～20 mA DC 作为现场传输信号；1～5 V DC 作为控制屏内传输信号。DDZ－S 仪表的信号制与 DDZ－Ⅲ型电动单元组合仪表相同。

目前的工业控制系统中所使用最为普遍的信号制是：远距离传输采用 4～20 mA DC，近距离采用 1～5 V DC。其特点如下：

（1）直流信号与交流信号相比较有以下优点：在信号传输过程中，不受交流感应的影响，易于解决仪表的抗干扰问题；便于模/数转换，便于和数字装置配用；容易获得基准电压。因此，世界各国都以直流电流和交流电流作为统一信号。

（2）直流电流适宜远距离传输信息。

（3）直流电压信号适宜近距离传输信号。实际工程中信号传输的方式为：远距离电流传输，近距离电压传输，这样只要接收表的输入阻抗足够高，就不影响信号的传输质量。

（4）信号上、下限的选择：防爆提出的额定直流电压不大于 30 V，额定直流电流不大于30 mA，信号的上限大些利于变送器的设计制造。两者综合考虑，选择上限电流为20 mA DC，上限电压为5 V DC。取5 V DC还考虑了集成电子器件的工作电压，利于模拟表和数字表的配合使用。

由于DDZ-Ⅱ型电动仪表采用二线制，即两根传输线既作电源线，又作信号线，故而信号的下限不能从零开始。若是从零开始，则发送仪表的电路必然有较大的死区存在。为了使电路有正常的工作点，所以选择下限电流为40 mA DC，下限电压为1 V DC。下限不从零开始，提高了系统的抗干扰能力。

4～20 mA DC和1～5 V DC的信号制是1973年国际电工委员会(IEC)第65次技术委员会通过的标准。我国DDZ-Ⅲ型电单仪表和DDZ-S型微机控制仪表采用了国际统一标准，数字控制仪表的输出输入信号制也使用统一标准。各种其他信号制的仪表后部设置了信号转换单元，将其转换为统一信号制，以便于配套使用。

2. 供电方式

目前冶金工业中使用的主要控制工具均采用集中供电，供电电压为24 V DC，也就是说整个大系统只有一个位于控制室内的24 V DC电源。这为现场仪表的防爆提供了有利条件，同时减小了各仪表的体积和重量。当工业用～220 V断电时，能自动投入直流低电压24 V备用电池，从而构成无停电装置。

当然，直流24 V集中供电也给电子线路的设计带来了一些困难。

单电源供电带来的问题及解决方法如下：

(1) 在1～5 V DC信号输入时，若单电源供电则集成运算放大器“+”“-”输入端的电位超出了共模电压范围，使运算放大器不能正常工作，甚至损坏。

一般手册上给出的集成运算放大器的共模电压范围都是指运放的供电电压为±15 V DC时的值，其值为+7～-12 V。而改用±24 V DC供电时，共模电压范围变为3～17 V。1～5 V DC输入信号不在运放的共模电压范围内，故不能对输入信号进行处理。解决的办法是将以零伏为基准的1～5 V DC输入信号转换成以U_B(10 V)为基准的信号。仪表内部各级的信号均以U_B为基准。输出电路再将信号转换成以零伏为基准。

(2) 集中供电时，变送器的输出信号在导线电阻上产生的压降与有用信号一起加在下级电路输入端，相当于串模干扰，从而引起附加误差。为此，输入电路都采用偏差差动电路将串模干扰转变为共模干扰，而差动电路具有良好的抗共模干扰的能力。

1.3.3　仪表的防爆知识及工程防爆措施

1. 安全防爆的基本知识

在某些生产场所存在着易燃易爆的固体粉尘、气体或蒸汽，它们与空气混合成为具有火灾或爆炸危险的混合物，使其周围空间成为具有不同程度爆炸危险的场所。安装在这类场所的检测仪表和执行器如果产生的火花具有点燃这些危险混合物的能量，则会产生火灾或爆炸。

1) 危险场所的分类、等级

(1) 第一类：含有可燃性气体或蒸汽的爆炸性混合物的场所，称为Q类场所。

(2) 第二类：含有可燃性粉尘或纤维混合物的场所，称为G类场所。

(3) 第三类：火灾危险场所，称为 H 类场所。

第一类场所危险程度最高，将其分为三级：

Q－1 级：在正常情况下能形成爆炸性混合物的场所。

Q－2 级：在正常情况下不能形成爆炸性混合物，仅在不正常情况下形成爆炸性混合物的场所。

Q－3 级：在不正常情况下，只能在局部地区形成爆炸性混合物的场所。

2) 爆炸性混合物的分级、分组

根据我国的规定，以最小引燃电流 i 将易爆性气体或蒸汽混合物分为三级：

Ⅰ级：$i>120$ mA，代表气体为丙烷。

Ⅱ级：120 mA$\geqslant i>$70 mA，代表气体为乙烯。

Ⅲ级：$i<$70 mA，代表气体为氢气。

以自燃温度 T 将易燃性气体或蒸汽混合物分为 a、b、c、d、e 五组，其自燃温度分别为 450℃、300℃、200℃、135℃和 100℃。将每组自燃温度乘以 80%就是仪表表面的最高允许温度，再将仪表表面的最高允许温度减去仪表温升就是仪表允许环境温度。若仪表温升以 10℃计算，则各组对应的环境温度如表 1－2 所示。

表 1－2　可燃性气体不致引起爆炸的环境温度

组别	a	b	c	d	e
	450℃	300℃	200℃	135℃	100℃
仪表表面允许温度/℃	360	240	160	110	80
允许最高环境温度/℃	350	230	150	100	70

表 1－2 中所列数据是指可燃性气体不致引起爆炸的环境温度。另一方面要保证仪表正常工作，还要考虑仪表本身所能适应的温度。如安全栅的工作环境温度为 0～50℃，差压变送器的工作环境温度为－40～80℃。

3) 仪表的防爆等级标志

仪表的防爆等级有以下三种：

(1) $HⅢ_e$：“H”指安全火花型；“Ⅲ”指最小引爆电流(小于 7 mA)；“e”指自燃温度为 e 组。

(2) B_{3d}：“B”指隔爆型；“3”指三级防爆；“d”指自燃温度为 d 组。

(3) AB_{3d}：“A”指安全型；“B”表示主体为安全型，接线盒附件为隔爆型；“3d”表示三级 d 组防爆。

仪表在安装、维护和使用时，必须严格按照国家规定的防爆规程进行，才能保证其防爆性能。

2. 控制系统的防爆措施

控制系统是由多种功能各异的仪表构成的，一部分是安装在控制室内的非防爆型仪表，一部分是安装在危险区的安全火花型防爆仪表，两部分仪表经防爆安全栅连接。只有使用防爆安全栅的系统才是安全火花型防爆系统。当两者的距离较远时，还要采用分布参数较小的连接电缆。

1）防爆安全栅的作用

防爆安全栅分输入式安全栅和输出式安全栅两种。电动仪表中的变送器、执行器、电气转换器、安全栅属安全火花防爆仪表。安全栅安装在安全场所，作为控制室仪表和现场仪表的关联设备。一方面传输信号，另一方面把流入危险场所的能量控制在爆炸性气体或混合物的点火能量以下，以确保系统的安全火花性能。安全栅起隔离危险场所和安全场所的作用。

2）防爆安全栅的分类

从原理上讲，防爆安全栅分为电阻式、齐纳式、中继放大式和隔离变压器式四类；从功能上讲有输入式和输出式之分。其中隔离变压器式虽结构较复杂，但防爆性能最为理想，在系统中使用效果最好，在我国普遍用于危险场所的系统防爆。

3）隔离变压器式安全栅

隔离变压器式安全栅是通过隔离、限压和限流等措施，限制流入危险场所的能量来保证安全火花性能的。其主要措施是：

(1) 隔离：对危险侧所有的设备(如变送器、执行器)与安全侧所有的设备(如显示、运算、控制仪表和计算机、电源箱等)施行严格的电气隔离，切断电源高压窜入危险侧的通道。危险侧设备与安全侧设备的一切联系(如供能、信号传递等)都是通过电磁转换方式进行的。

(2) 限能：利用符合要求的非线性特性的电路，把危险侧的电源、电压值限制在安全值以下。

总之，一方面由于隔离的结果，防止了电路可能形成的高压窜入现场的可能，同时一旦某种偶然事故发生，通过磁路耦合过来的能量将受到限制。

1.3.4　仪表的型号命名

1. DDZ-Ⅲ型仪表的产品名称和型号命名

DDZ-Ⅲ型仪表根据各类单元的习惯用语，将指示、记录单元称为指示仪、记录仪，其余各单元都称为“器”，如变送器、转换器、调节器、开方器、积算器、执行器等。整套仪表以电(Dian)、单(Dan)、组(Zu)三字的汉语拼音第一个大写字母为标志，即DDZ。整套仪表命名为DDZ-Ⅲ型电动单元组合仪表。

各类单元的型号由三部分组成，第一部分和第二部分之间用短横线隔开，格式如下：

D□□-□□□□-□

第一部分由三个汉语拼音大写字母所组成。

第一个字母均为D，表示属于电动单元组合仪表。

第二个字母代表仪表大类，字母的意义如下：

B——变送单元　　Z——转换单元

T——调节单元　　J——运算单元

X——显示单元　　G——给定单元

K——执行单元　　F——辅助单元

第三个字母代表各大类中的产品小类，同一个字母在不同大类中有不同的含义，例如：

在变送单元中：W 代表温度和温差；Y 代表压力；C 代表差压；L 代表流量；F 代表液位。

在转换单元中：J 代表交流毫伏；Z 代表直流毫伏；P 代表频率；Q 代表气电。

在调节单元中：L 代表连续；D 代表断续。

在运算单元中：J 代表加减；S 代表乘除；K 代表开方。

在显示单元中：Z 代表指示；J 代表记录；B 代表报警；S 代表积算。

在给定单元中：A 代表恒流；F 代表分流。

在执行单元中：J 代表角行程；Z 代表直行程。

在辅助单元中：D 代表电动操作；Q 代表气动操作；Z 代表阻尼；F 代表限幅；C 代表选择。

第二部分由四位阿拉伯数字组成，代表产品的种类、规格和结构特征。

第三部分由一个或数个汉语拼音大写字母组成，标志产品的特殊用途，例如安全火花防爆(A)、隔离防爆(B)、防腐(F)、船用(C)等。如果某台仪表具备上述情况中的某一种，则第三部分由一个字母组成，如具备两种或两种以上，则按上述次序排列。

产品型号及规格举例：

DBC－2310A 代表差压变送器；其中第一位数字“2”表示工作压力为 400 kPa，第二位数字“3”表示测量范围为 0～600 Pa 至 0～4 kPa，第三位数字“1”表示带法兰，第四位数字“0”表示序号；字母“A”表示安全火花防爆型。

2. QDZ 型仪表的产品名称和型号命名

QDZ 型仪表的产品名称和型号命名与 DDZ－Ⅲ型仪表的产品名称和型号命名基本类似。

整套仪表以气(Qi)、单(Dan)、组(Zu)三字的汉语拼音第一个大写字母为标志，简称 QDZ 仪表，即气动单元组合仪表。

QDZ 型仪表各单元的型号由两部分组成，两部分之间用短横线隔开。前一部分由三个汉语拼音大写字母组成：第一个字母为 Q，代表是气动仪表；第二个字母表示单元名称；第三个字母表示测量变量或仪表品种，如 DBC 表示是气动差压变送器。最后一部分是阿拉伯数字，是制造厂用以表示产品系列、规格、结构特征等的编号。

第二个字母和第三个字母所代表的含义与 DDZ－Ⅲ型仪表中的规定大致相同(只是个别有差异)。

本章小结

本章介绍了自动化仪表基本知识，包括的主要内容有：

(1) 自动化仪表基本概念及分类。

(2) 检测仪表基本概念及分类。

(3) 检测过程中误差的分析和计算。

(4) 过程控制仪表的基本知识。

(5) 过程控制系统信号传输过程中的信号标准。

习题与思考题

1-1　什么是测量？测量过程的实质是什么？

1-2　什么是测量误差？绝对误差、相对误差、引用误差的特点是什么？

1-3　检测仪表的静态性能指标是什么？检测仪表的动态性能指标是什么？

1-4　系统误差、随机误差、粗大误差如何进行统计分析？

1-5　什么是信号制？控制系统仪表之间采用哪种连接方式最佳？

1-6　怎样才能构成一个安全火花防爆系统？

1-7　有一台精度等级是2.5级，测量范围是0～10 MPa的压力表，其刻度最小分格值为多少？

实践训练项目一　过程控制系统和仪表的认知

1. 训练目标

(1) 熟悉过程自动化控制系统的实训装置。

(2) 认识各种测量仪表和控制仪表。

(3) 了解压力、流量、液位等物理量是如何实现测量和控制的。

(4) 理解检测和控制仪表在控制系统中的作用。

2. 实践训练设备

(1) THJDS1型高级过程控制系统实训装置。

(2) 计算机及相关软件。

3. 任务描述

THJDS-1型过程自动化控制系统实训平台的总貌图如图1-7所示。

THJDS-1型过程自动化控制系统实训平台由不锈钢框架、水箱、锅炉、盘管、板式换热器、磁力驱动泵、现场仪表、阀门及管路等组成，可以组成温度、压力、流量、液位等控制回路，实现四大热工参量的测量与控制。

实训平台包括上、中、下3个液位水箱和1个储水箱，液位水箱的材质采用淡蓝色优质有机玻璃，不但坚实耐用，而且透明度高，便于直接观察液位的变化和记录结果。水箱底部均接有扩散硅压力传感器与变送器，可对水箱的压力和液位进行检测和变送。上、中、下水箱水位检测各采用工业用的扩散硅压力变送器1个，量程为0～5 kPa，精度为0.5级。

由3 kW三相电加热管加热的常压锅炉包括加热层(锅炉内胆)和冷却层(锅炉夹套)，均由不锈钢精制而成，主要完成相关的温度实验。做温度实验时，冷却层的循环水可以使加热层的热量快速散发，使加热层的温度快速下降。冷却层和加热层都装有温度传感器检测其温度，可完成温度的控制。装置中采用了9只Pt100铂电阻温度传感器和1只K分度热电偶温度传感器，分别用来检测锅炉内胆、锅炉夹套、盘管(有3个测试点)、上水箱出口的水温以及板式换热器进出水的温度。

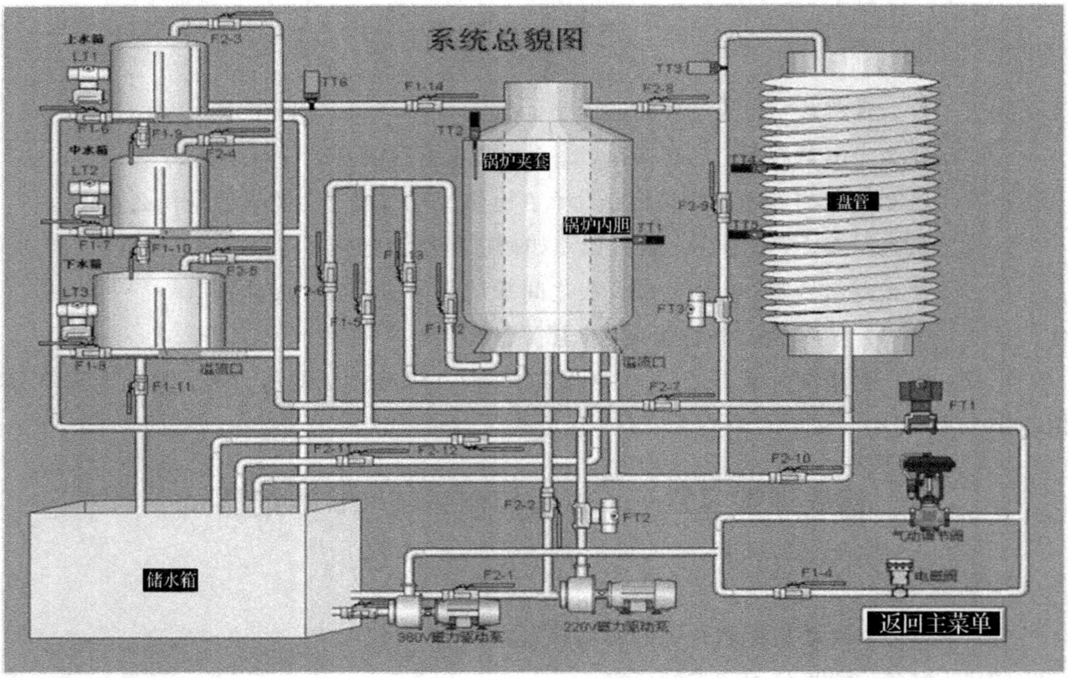

图 1-7　实训平台的总貌图

流量计有电磁流量计与涡轮流量计。电磁流量计为标准的四线制接线，电源输入 AC 220 V，量程 0～1.5 m^3/h，精度 0.5 级，输出信号 4～20 mA DC，流体温度－40～＋180℃，用来对流量进行检测。涡轮流量计的传感器部分为涡轮结构，是一种速度式检测仪表，用于检测水流量的大小，当流量很小时其精度也不会降低。变送器为直流 24 V 供电、4～20 mA DC 变送输出，标准两线制接线，精度 1.0 级，是高精度型传感器、变送器一体式结构的流量检测装置，用来对变频泵支路流量、盘管出口流量及上、中液位水箱出口进行检测。

4. 任务要求

(1) 分析实训平台中用到哪些检测仪表与控制仪表，在系统中各起什么作用。

(2) 找一找，哪些是电动仪表？哪些是气动仪表？有没有液动仪表？

(3) 系统中的动力之路有两路，在实训平台中找一找，并画出连接线路图。

5. 任务实施

(1) 将储水箱中储足水量，接通控制柜和控制台电源，按照实训装置指导书给实训平台中的仪表上电。

(2) 对实训平台的装置进行操作，观察控制效果。

6. 完成评价

每个实践训练项目结束后，小组之间要填写小组互评表，如表 1-3 所示。教师要对每组进行评价，填写表 1-4 所示的教师评价表。

表 1-3　小组互评表

实践训练项目	班　级	组　别	姓　名
评价类别	评价标准		评价等级
准备工作	资料准备		
	计划制订		
	材料准备		
工作能力	系统的搭建		
	系统及仪表的调试		
	排查故障		
工作态度	积极主动		
	团结协作		
	服从分配		
文明安全	安全规范		
	遵守纪律		
	文明习惯		
综合评定			
备注：评价等级为四个等级，分别为 A(优)、B(良)、C(一般)、D(不合格)。有 10 个以上 A 者，则综合评定为优，8～9 个 A 评定为良好，6 个和 7 个 A 评定为一般，6 个以下 A 则不合格。			

表 1-4　教师评价表

实践训练项目		班　级	组　别	姓　名
评　价　类　别		评　价　标　准		评价值
学习准备	资料准备	能参与资料收集与整理(5)		
	计划制订	能完成任务计划的制订(5)		
学习过程	操作过程	能完成仪表的设置、接线，完成软件编程及系统的调试和运行(30)		
	问题探究	在实践中发现问题，并能用理论知识解释实践中的问题(5)		
	文明安全	遵守制度，服从管理(5)		
学习态度	主动程度	主动性强(5)		
	合作意识	能够和同组人团结协作(5)		
	严谨细致	认真仔细，不出错误(5)		

续表

评 价 类 别		评 价 标 准	评价值
学习拓展	知识迁移	能够实现前后知识的迁移和贯通(5)	
	应变能力	举一反三，能够提出改进的建议和方案(5)	
	创新意识	有创新的建议(5)	
项目完成情况	全部完成	系统调试成功(20)	
	完成大部分	还存在一部分内容没有完成(12)	
	完成小部分	只完成项目要求的一小部分(8)	
综合评定			
备注：教师根据每组完成情况打分。			

第二章　工业生产过程中的变量检测

知识目标

◆ 掌握工业生产过程中压力、物位、流量、温度等变量的测量方法和相应检测仪表的测量原理

◆ 掌握压力、物位、流量、温度检测仪表的外特性及使用方法

技能目标

◆ 会用差压式液位计进行测量

◆ 会使用浮力式液位计

◆ 会使用单圈弹簧压力表

◆ 会对差压变送器进行校对和使用

◆ 会使用热电偶和热电阻进行温度测量

2.1　压力的检测

2.1.1　基本知识

1. 压力的概念

工程上统称介质垂直作用在单位面积上的力为压力。压力是由分子的重量和分子运动对器壁撞击而产生的，它由受力面积和垂直作用力的大小决定，方向则指向受压物体，其数学表达式为

$$p=\frac{F}{S} \tag{2-1}$$

式中：p 为压力；F 为垂直作用力；S 为受力面积。

2. 压力的单位

在国际单位制中，定义 1 牛顿力垂直均匀地作用在 1 平方米面积上所形成的压力为 1 “帕斯卡”，简称“帕”，符号为 Pa。我国规定帕斯卡为压力的法定单位。因帕斯卡的单位太小，工程上常用千帕(kPa)、兆帕(MPa)等单位。

根据流体静力学原理，对于密度为 ρ、高度为 H 的流体，由于其自身重力在底部所产生的压力为

$$p=\rho g H \tag{2-2}$$

式中，g 为重力加速度。所以，对于密度一定的流体，可以用液柱高度表示压力的大小。实行国际单位制以前常用 mmH_2O、mmHg 表示压力。为了便于换算，表 2-1 给出了各压力单位之间的换算关系。

表 2-1　压力单位换算表

压力单位	帕/Pa	工程大气压/ (Kgf/cm^2)	标准大气压/ atm	毫米水柱/ mmH_2O	毫米汞柱/ mmHg
帕/Pa	1	1.01972×10^{-5}	9.86923×10^{-6}	1.01972×10^{-1}	7.50062×10^{-3}
工程大气压/ (Kgf/cm^2)	9.80662×10^{-6}	1	9.67838×10^{-1}	1.0×10^{4}	7.35557×10^{2}
标准大气压/atm	1.01325×10^{5}	1.03323	1	1.03323×10^{4}	7.60×10^{2}
毫米水柱/mmH_2O①	9.80662	1.0×10^{4}	9.67838×10^{-5}	1	7.35557×10^{-2}
毫米汞柱/mmHg②	1.33322×10^{2}	1.35951×10^{-3}	1.31579×10^{-3}	1.35951×10	1

注：① mmH_2O 单位为温度为 4℃时的值，重力加速度规定为 9.80665 m/s^2；

② mmHg 单位为温度为 0℃时的值，重力加速度规定为 9.80 665 m/s^2。

3. 压力的表示方法

压力测量中常有大气压力、表压力、绝对压力和负压力(或真空度)之分，如图 2-1 所示。

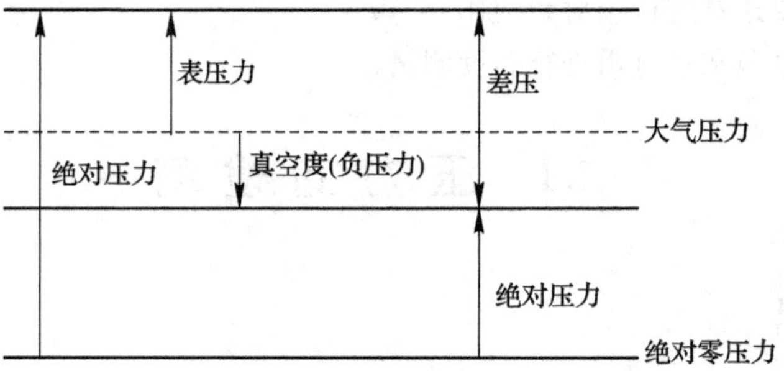

图 2-1　绝对压力、表压力、负压力(真空度)的关系

(1) 绝对压力 P。以绝对真空为零点计算的压力，为介质的真实压力。

(2) 表压力 p。表压力为绝对压力与当地大气压力之差，即超出大气压力的那部分压力。表压力、绝对压力和大气压力 p_a 之间的关系也可用式(2-3)表示。

$$p = P - p_a \tag{2-3}$$

(3) 负压力。由式(2-3)可见，当绝对压力低于当地大气压力时，表压将出现负值，此时表压力称为负压力。负压力又称为真空度，在数值上等于表压力的绝对值，表示如式(2-4)。

$$p' = p_a - P \tag{2-4}$$

因为各种工艺设备和测量仪表都处于大气之中，为便于调零，压力仪表指示的压力均为表压力或真空度，所以工程上都用表压力或真空度表示压力的大小。如不特别说明，一般提到的压力均为表压力。需测量绝对压力时，可以将压力计表壳或差压变送器的低压室抽成真空来实现。

(4) 差压。差压表示两个压力之差，用 Δp 表示。差压计和差压变送器广泛应用于节流式流量计和静压式液位计中。

2.1.2　压力表的分类

压力检测仪表按照其转换原理不同，可分为液柱式、弹性式、活塞式和电气式四大类。

它们具体的工作原理、主要特点和应用场合列于表 2-2。

表 2-2　压力检测仪表分类比较

<table>
<tr><th colspan="3">压力检测仪表的种类</th><th>检测原理</th><th>主要特点</th><th>用　途</th></tr>
<tr><td rowspan="5">液柱式压力计</td><td colspan="2">U 型管压力计</td><td rowspan="5">液体静力平衡原理(被测压力与一定高度的工作液体产生的重力相平衡)</td><td rowspan="5">结构简单、价格低廉、精度较高、使用方便。但测量范围较窄，玻璃易碎</td><td rowspan="5">适于低微静压测量，高精确度者可用作基准器，不适于工厂使用</td></tr>
<tr><td colspan="2">单管压力计</td></tr>
<tr><td colspan="2">倾斜管压力计</td></tr>
<tr><td colspan="2">补偿微压计</td></tr>
<tr><td colspan="2">自动液柱式压力计</td></tr>
<tr><td rowspan="4">弹性式压力计</td><td colspan="2">弹簧管压力计</td><td rowspan="4">弹性元件弹性变形原理</td><td>结构简单、牢固，使用方便，价格低廉</td><td>用于高、中、低压的测量，应用十分广泛</td></tr>
<tr><td colspan="2">波纹管压力计</td><td>具有弹簧管压力表的特点，有的因波纹管位移较大，可制成自动记录型</td><td>用于测量 400 kPa 以下的压力</td></tr>
<tr><td colspan="2">膜片压力计</td><td>除具有弹簧管压力表的特点外，还能测量黏度较大的液体压力</td><td>用于测量低压</td></tr>
<tr><td colspan="2">膜盒压力计</td><td>用于低压或微压测量，其他特点同弹簧管压力表</td><td>用于测量低压或微压</td></tr>
<tr><td rowspan="2">活塞式压力计</td><td colspan="2">单活塞式压力计</td><td rowspan="2">液体静力平衡原理</td><td rowspan="2">比较复杂和贵重</td><td rowspan="2">用作基准仪器、校验压力表或实现精密测量</td></tr>
<tr><td colspan="2">双活塞式压力计</td></tr>
<tr><td rowspan="7">电气式压力计</td><td rowspan="2">压力传感器</td><td>应变式压力传感器</td><td>导体或半导体的应变效应原理</td><td rowspan="2">将压力转换成电量，并进行远距离传送</td><td rowspan="7">用于控制室内集中显示、控制</td></tr>
<tr><td>霍尔式压力传感器</td><td>导体或半导体的霍尔效应</td></tr>
<tr><td rowspan="5">压力(差压)变送器(分常规式和智能式)</td><td>力矩平衡式变送器</td><td>力矩平衡原理</td><td rowspan="5">能将压力表转换成统一标准电信号，并进行远距离传送</td></tr>
<tr><td>电容式变送器</td><td>将压力转换成电容器电容的变化</td></tr>
<tr><td>电感式变送器</td><td>将压力转换成电感的变化</td></tr>
<tr><td>扩散硅式变送器</td><td>将压力转换成硅杯的阻值的变化</td></tr>
<tr><td>振弦式变送器</td><td>将压力转换成正弦振荡频率</td></tr>
</table>

2.1.3 弹性式压力计

弹性式压力计结构简单、价格低廉、使用方便、测量范围宽。弹性式压力计可以用来测量数百帕到数百兆帕范围内的压力，是应用最为广泛的一种测压仪表。

1. 弹性元件

1）分类

弹性元件是弹性式压力计的测压敏感元件，压力计的性能主要取决于弹性元件的弹性特性，与弹性元件的材料、形状、加工和热处理质量有关，而且对温度敏感性较强。

不同形状的弹性元件所适用的测压范围不同。常用弹性压力计所使用的弹性元件如图2-2所示。

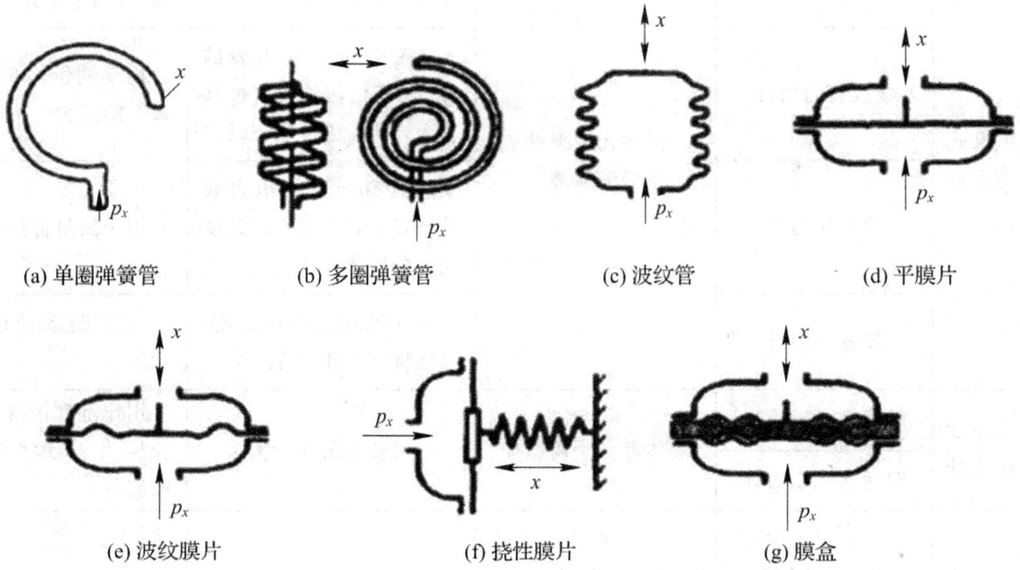

图 2-2　常用弹性元件示意图

（1）弹簧管。弹簧管是一根弯曲成圆弧形的、扁圆截面的金属管子，固定端开口，自由端封闭。当被测压力从固定端输入后，它的自由端会产生位移，通过位移大小测量压力。弹簧管式压力计结构简单，测量范围很广，最高可达 10^9 Pa。弹簧管有单圈和多圈之分，多圈弹簧管自由端位移量较大，灵敏度高。

（2）波纹管。波纹管为周围有褶皱的圆柱形薄壁桶，用金属材料滚压或叠焊制成。自由端封闭，另一端通入压力。在压力作用下，其自由端受力产生伸缩变形。波纹管的变形主要是各层波纹的弯曲产生，其特点是刚度小，位移量大，压力灵敏度高，可以用来测量较低的压力。

（3）膜片与膜盒。膜片用金属薄片或橡胶膜制成，在现代固态传感器中，一般用硅材料制作膜片，其形式分为平膜片、波纹膜片和挠性膜片几种。其中，平膜片可以承受较大的被测压力，变形量较小，灵敏度不高，一般在测量较大的压力而且要求变形较小时使用；波纹膜片刚度小，位移量大，灵敏度较高，常用在低压测量中；挠性膜片一般不单独作为弹性元件使用，而是与线性较好的弹簧相连，在测量较低压力时使用。

在差压计和差压变送器中，为提高弹性元件的稳定性，提高抗过载能力，通常把两张相同的金属波纹膜片面对面焊接在圆形基座上，做成膜盒，如图 2-2(g)所示。膜盒内充液体(如硅油)，用以传递压力。当被测压力(差压)超过测量上限、膜片位移过大时，膜片会贴紧在基座上，避免过载而损坏。

2) 常用材料

常用弹性元件的材料有金属、石英、陶瓷和硅材料等。最早使用的铜基弹性合金有黄铜、磷青铜、钛铜和敏青铜等，但耐高温和耐腐蚀性能差，因此在一些应用场合逐渐被铁基和镍基高弹性合金取代。铁、镍基高弹性合金具有弹性高、滞后小、耐腐蚀等优点，其缺点是弹性模量的温度系数大，温度误差显著。铌基合金是一种较理想的高温恒弹性合金，其弹性模量温度系数很小，一般为 $\pm 10\times 10^{-6}$/℃。石英也是一种优良的弹性材料，其滞后仅为弹性合金的 1/100，热膨胀系数只有弹性合金的 1/30。陶瓷在破碎之前，应力—应变关系始终保持线性，适于制作耐高温的弹性元件。

3) 基本特性

弹性元件的基本特性为刚度。刚度表示产生单位位移所需要的压力，刚度的倒数可以表示弹性元件的灵敏度。实际上，所有弹性元件普遍存在着不同程度的弹性滞后和弹性后效现象。弹性滞后是指弹性材料在加载、卸载的正反行程中，在相同压力下的变形不同，位移曲线是不重合的。弹性后效是指载荷停止变化之后，弹性元件在一段时间之内还会继续产生类似蠕动的位移。这两种现象在弹性元件的工作过程中，会降低元件的品质，引起测量误差和零点的漂移。为了保证仪表的精度、可靠性及良好的线性特性，弹性元件必须工作在弹性限度范围内，且弹性元件的弹性后效和弹性滞后要小，温度系数也要低。

2. 弹簧管压力计

1) 弹簧管测压原理

弹簧管压力计是工业生产上应用非常广泛的一种测压仪表，其中应用最多的是单圈弹簧管压力计。

如图 2-3 所示的单圈弹簧，是一根弯成 270°圆弧形椭圆截面的空心金属薄壁管，椭圆形截面的长轴垂直于图面。弹簧管 A 端开口、固定，为压力输入端；B 端封闭、自由，用于位移输出。

被测压力 p 由 A 端通入弹簧管内腔后，由于椭圆形截面的受压面积不均匀，弹簧管在压力作用下将趋向于圆形，即长轴变短，短轴变长。图 2-3(b)所示的弹簧管阴影部分微元中，其内、外侧弧面 $C-C'$、$D-D'$变形后移到 $c-c'$、$d-d'$位置。但是，由于弹簧管封闭端截面积很小，弹簧管长度方面的拉伸变形可以忽略不计，圆弧形弹簧管内、外侧面弧长度基本不变，即$\overline{DD'}=\overline{dd'}$、$\overline{CC'}=\overline{cc'}$，弹簧管微元截面由 $C'D'$变化到 $c'd'$，绕管轴心逆时针方向转动了一定角度。所有弹簧管截面微元变形累积的结果，使整个弹簧管中心角减小 $\Delta\gamma$，弹簧管产生向外挺直的扩张变形，自由端向右上方位移，由 B 移动到 B'，如图 2-3(b)中虚线所示。

根据分析可知，当弹簧管结构、尺寸、材料一定时，弹簧管变形与被测压力 p 成正比。又由于被测压力与弹簧管自由端的位移成正比，所以只要测得自由端的位移量，就能确定压力的大小，这就是弹簧管测压的基本原理。

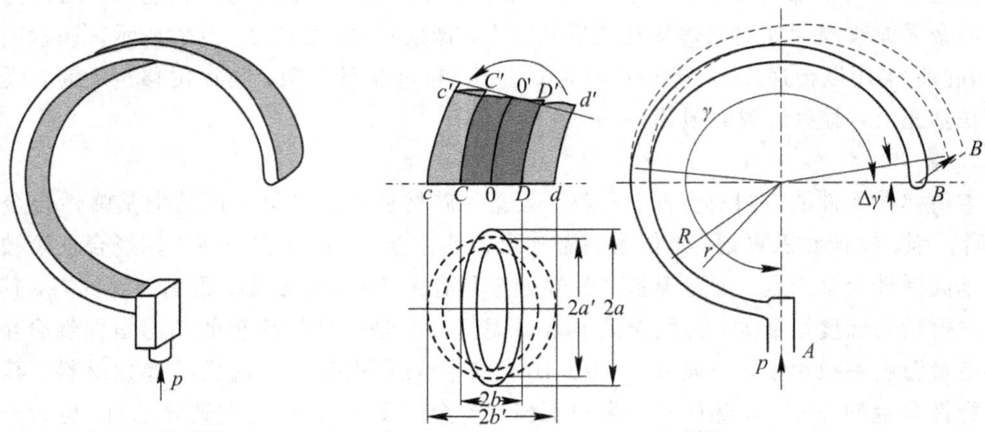

(a) 结构外形　　(b) 原理

图 2-3　弹簧管的测压原理图

为了增大弹簧管自由端受压变形时的位移量，可以采用多圈弹簧管结构。由于 γ 比单圈弹簧管大数倍，因此其自由端位移量比单圈弹簧管大多倍，可以直接驱动指示记录机构。

2）弹簧管的结构和材料

在弹簧管压力计中，一般采用 270°的 C 形弹簧管，有些精密压力表采用双圈或多圈弹簧管。弹簧管的截面形状对弹簧管的性能有重要的影响，图 2-4 为常见弹簧管的截面形状。扁圆形、椭圆形截面的弹簧管容易制造，灵敏度高；D 形截面的弹簧管测压范围宽，但灵敏度小，制造工艺复杂；双圆形截面用于要求起始容积小的仪表中；8 字形、厚壁扁圆形截面用于高压测量。

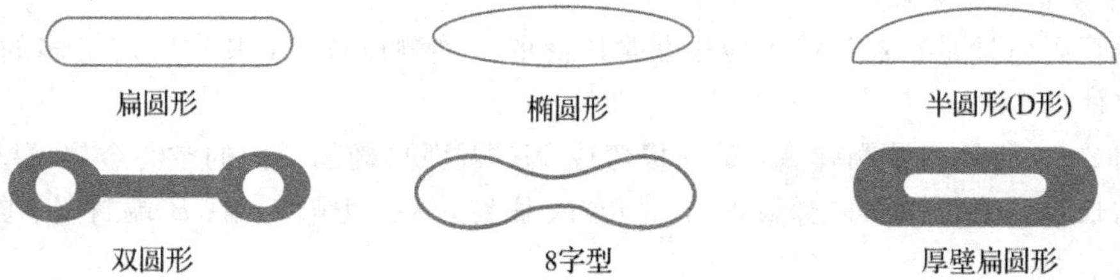

图 2-4　常见弹簧管截面形状图

弹簧管的材料由被测介质的性质和被测压力的高低决定。当介质无腐蚀性、压力低于 20 MPa 时采用磷锡青铜（QSn4-0.3）、弹簧铜（50CrVA）；当介质有腐蚀性、压力高于 20 MPa 时采用不锈钢或恒弹性合金钢。

3. 单圈弹簧管压力计

单圈弹簧管压力计是弹性式压力计中的一种。因其测量范围宽、测量精度较高、仪表刻度均匀、坚固耐用，所以应用非常广泛。它主要用于现场的压力指示。

单圈弹簧管压力计由单圈弹簧管、传动放大机构、指示机构和表壳四部分组成，其结构原理如图 2-5 所示。

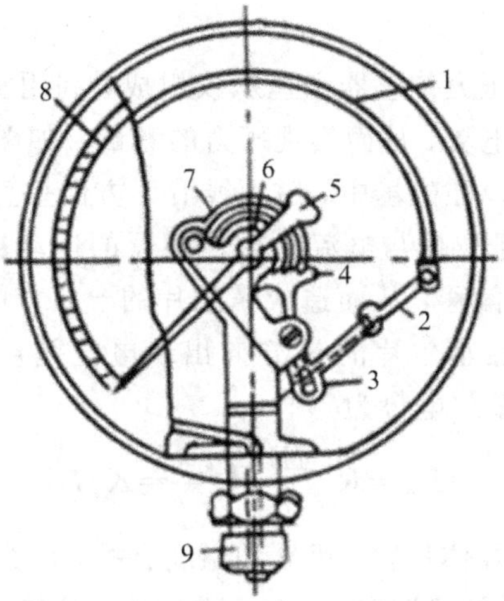

1—弹簧管；2—连杆；3—调整螺钉；4—扇形齿轮；5—指针；
6—中心齿轮；7—游丝；8—刻度盘；9—引压接头

图 2-5　单圈弹簧管压力计结构原理

其中单圈弹簧管 1 是弯成圆弧形的金属管，截面为扁圆或椭圆形，自由端封闭。当通入被测压力后，截面有变圆的趋势，迫使自由端发生位移。

传动放大机构由连杆 2、扇形齿轮 4、中心齿轮 6、调整螺钉 3 及游丝 7 组成。其作用是将弹簧管自由端的位移放大，并将其变为指针的转动。在传动放大机构中，拉杆与扇形齿轮形成一级杠杆放大，扇形齿轮与中心齿轮形成二级齿轮放大，改变螺钉 3 的位置，就改变了机械传动的放大倍数，可用于调整表的量程。游丝 7 可以用来克服由中心齿轮 6 和扇形齿轮 4 的间隙所产生的变差。

指示机构由指针 5、刻度盘 8 等组成，其作用是指示被测压力值。

表壳包括壳座、盖圈、表玻璃等，其作用是固定和保护表内部件。

当被测压力 p 由引压接头 9 通入弹簧管内时，使弹簧管的自由端向右上方移动，通过连杆 2 带动扇形齿轮 4 逆时针转动，在刻度盘 8 上指示出被测压力值。由于自由端的位移与被测压力呈线性关系，所以弹簧管压力表的刻度标尺为均匀刻度。

使用中，应注意弹簧管的材料应随被测介质的性质、被测压力的高低而不同。一般当 $p<20$ MPa 时，采用磷青铜；$p>20$ MPa 时，则采用不锈钢或合金钢。而测量氨气压力时，必须用不锈钢弹簧管的氨用表，不能用铜质材料；测量氧气压力时，则严禁沾有油脂，以防爆炸。测乙炔压力时，不能用铜质弹簧管。

为了标明压力计具体适用于何种特殊介质的压力测量，一般在表的外壳上用表 2-3 所列的色标来标注。

表 2-3　弹簧管压力表上的色标含义

被测介质	氧气	氢气	氨气	氯气	乙炔	可燃气体	惰性气体或液体
色标颜色	天蓝	深绿	黄色	褐色	白色	红色	黑色

2.1.4 霍尔式压力计

霍尔式压力计由霍尔式压力传感器和显示仪组成，利用霍尔效应，霍尔元件可将弹性元件产生的位移转换成霍尔电势，从而实现压力的测量。如图 2-6 所示，霍尔元件是置于磁场中的一个半导体材料片。在磁场中，磁力线沿 z 方向垂直穿过霍尔元件。在 y 方向通入恒定电流 I 以后，自由电子要作与电流 I 方向相反的运动。由于受洛伦磁力 F 的作用，自由电子的运动方向会发生偏移，从而造成霍尔片的 $-x$ 方向端面上有电子积累，$+x$ 方向端面上正电荷过剩，于是在霍尔片的 x 方向出现电位差 e，此电位差就是“霍尔电势”。这种现象叫做霍尔效应，其霍尔电势为

$$E_{\mathrm{h}}=R_{\mathrm{h}}\frac{IB}{h}f\left(\frac{l}{b}\right)=K_{\mathrm{h}}IB \tag{2-5}$$

式中：R_{h} 为霍尔系数，与半导体材料、尺寸和温度有关；B 为磁感应强度；I 为电流；h 为霍尔片厚度；l 为霍尔片电势导出端宽度；b 为霍尔片电流输入端宽度；K_{h} 为灵敏度系数；$f\left(\frac{l}{b}\right)$ 为霍尔片尺寸系数。

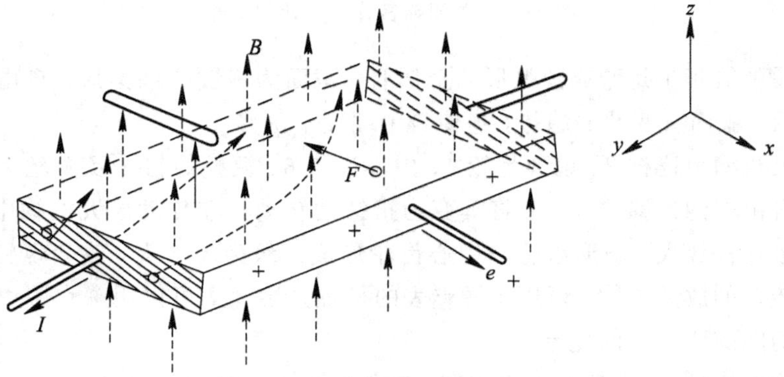

图 2-6 霍尔效应原理

当霍尔片确定以后，霍尔电势仅与磁感应强度 B 和电流 I 有关。在电流 I 恒定的情况下，若压力的变化改变了 B 的大小，霍尔电势随之改变，据此可以测出压力的大小。利用霍尔效应还可以制成测量电流、磁场、位移、转速、转角等物理量的传感器。

目前常用的霍尔材料有锗(Ge)、硅(Si)、锑化铟(InSb)、砷化铟(InAs)等，半导体片由陶瓷或环氧树脂封装。

2.1.5 霍尔片式压力传感器

将霍尔元件与弹簧管或其他弹性元件配合，就可以构成霍尔片式压力传感器，其结构及原理如图 2-7 所示。

在霍尔元件的四个端面引出四条导线，其中与磁钢相平行的两条导线与直流恒流电源相连，另两条导线用来输出信号。将弹簧管的自由端与霍尔元件相连，在霍尔元件的上、下端垂直安放两对磁极，使霍尔元件处于两对磁极形成的非均匀磁场中。

两个完全相同的磁铁相对安装，磁钢两对极靴形状特殊，使磁极间形成的磁场呈线性分布，两侧方向相反，磁感应强度分布如图 2-7 所示。

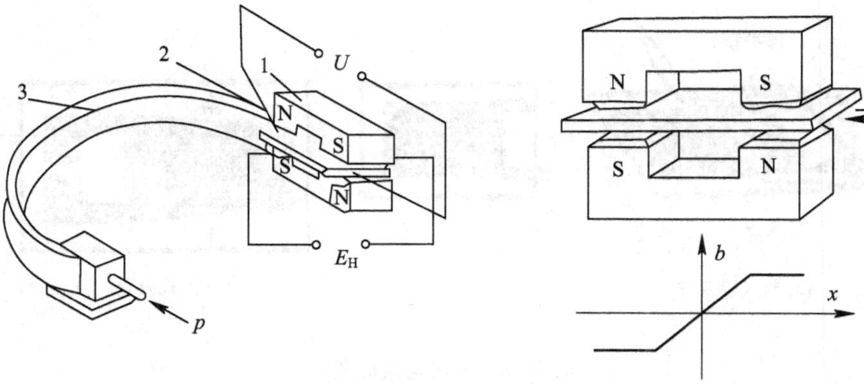

1—弹簧管；2—霍尔片；3—磁钢

图 2-7　YSH-3 型霍尔片式压力传感器

引入被测压力后，在被测压力的作用下，弹簧管的自由端带动霍尔片位移，从而改变了霍尔元件在非均匀磁场中的位置。当被测压力为零时，霍尔片处于极靴中央位置，左右两半磁场方向相反、互相对称，霍尔片总电势之和为零。当被测压力大于零时，弹簧管带动霍尔片左移，两边产生极性相反的电势大小不等，霍尔片总电势大于零。当输入压力是负压时，霍尔元件向右移动，霍尔电势为负，并且压力越大，霍尔片偏移越大，输出电势也越大。此霍尔电势与被测压力成比例，利用该电势即可实现压力信号的远传。

霍尔式压力传感器采用非接触方式实现转换作用，输出毫伏级电压信号，便于远传。测量精度受弹性元件和霍尔元件的限制，一般不高于 1.0 级。

国产 YSH 型霍尔式压力传感器采用弹簧管作为压力敏感元件，所测压力范围较宽。HWY 型霍尔式压力传感器以膜盒作为压力敏感元件，用于测量 $-0.02 \sim 0.02$ MPa 的压力。

2.1.6　应变式压力计

应变式压力计的作用原理是利用弹性元件受压力作用后，产生一定的变形(应变)，为了测量这个变形的大小，将金属丝应变电阻片贴附在弹性元件表面，使其随弹性元件一同变形，这个变形应力将引起金属丝的电阻变化，根据此电阻变化的大小即可测量未知压力。

在测量过程中由于只需弹性元件极微小的变形，所以弹性元件在具有较大刚度情况下，仍可保证足够的灵敏度。由于元件允许刚度的提高，所以应变式压力计具有较高的固有频率，使之能够测量快速变化的压力。

1. 电阻应变片

电阻应变片是非电量电测技术中常用的一种敏感元件，可直接贴在被测件上测其应变值，也可与弹性元件一起制成各种应变式传感器，它是应变测试技术中的关键性元件之一。

电阻应变片的种类很多，按敏感栅的材料可分为导体(金属)应变片和半导体应变片。

1) 金属应变片

金属应变片又分为丝式与箔式两种，如图 2-8 所示。

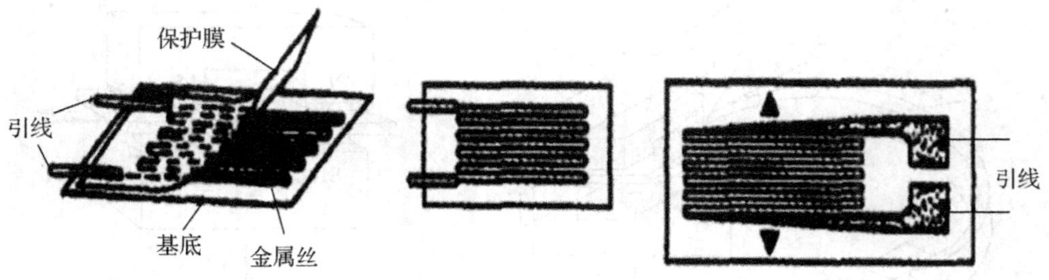

(a) 丝式应变片　　(b) 箔式应变片

图 2-8　金属电阻应变片

丝式应变片的敏感栅是由高电阻率的金属丝绕制成的栅形电阻元件，它的作用是感受被测件的应变而引起的电阻变化。金属丝直径一般为 0.015～0.05 mm，所用的材料以康铜居多，也有镍铬等。敏感栅用黏结剂黏贴在基底上，基底的作用是固定或支撑敏感栅，常用纸、胶膜、玻璃纤维布等做成很薄的基底(一般厚为 0.03～0.06 mm)，以便将被测件的应变通过基底准确地传到敏感栅上。引线是由直径为 0.1～0.2 mm 导电性较好的镀锡铜丝制成。

金属箔式应变片的敏感栅是由很薄的金属膜构成，一般厚为 0.003～0.1 mm。它是采用光刻的方法，按照所绘制好的敏感栅的图形，将不需要的部分腐蚀掉而制成。金属箔式应变片有很多优点，如制造工艺能够保证敏感栅尺寸的准确，横向效应小，由于它很薄，更能真实地反映出被测件的应变。

金属导体的电阻随着它所经受的机械变形(伸长或缩短)的大小而变化的现象称为应变效应。电阻应变片的工作原理即基于此。

当用金属导线制成应变片时，为了减少应变片的体积，需要采用高电阻率的很细的金属丝，并做成栅形。金属材料还应具有较好的热稳定性，以减少温度变化的影响。金属电阻应变片的电阻的相对变化量与应变的关系应当是恒定的，这样在应变片工作的范围内可获得较好的线性。

2) 半导体应变片

前述的电阻应变片是指金属电阻应变片，这种应变片最大的弱点是应变系数低。而半导体应变片的应变系数可高达 100 以上，所输出的信号不必放大，即可直接记录，可使测量系统大为简化，而且横向效应非常小，频率响应范围宽。

半导体应变片由硅或锗等半导体材料制成，有体型半导体应变片、薄膜型半导体应变片、扩散型半导体应变片三种，如图 2-9 所示。体型半导体应变片是将半导体材料硅或锗切割成小片，压焊引线后黏贴在绝缘基片上制成的。薄膜型半导体应变片是利用真空蒸镀技术将半导体材料沉积在带有绝缘层的基片上制成的。扩散型半导体应变片将 P 型杂质扩散到不导电的 N 型单晶硅基片上，形成一层导电的 P 型扩散硅层，即为扩散电阻。在 P 型扩散硅层上氧化生成一层 SiO_2 膜，用以绝缘保护，之后再扩散电阻 SiO_2 膜上腐蚀窗口，镀以铝电极，焊接出引线。

半导体应变片的工作是基于半导体材料的压阻效应。当一块半导体沿某一轴向受到作用力时，它的电阻率就会发生与其应变相应的变化，此种现象称为压阻效应。对于同一种

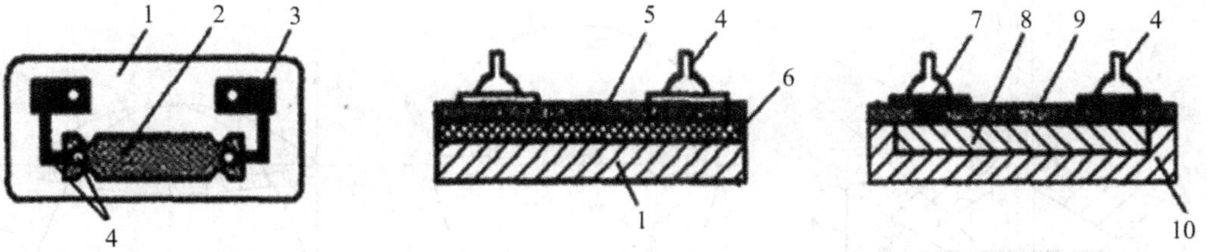

(a) 体型半导体应变片　　(b) 薄膜型半导体应变片　　(c) 扩散型半导体应变片

1—绝缘基片；2—半导体电阻片；3—引出线；4—引出电极；5—储膜；6—绝缘层；
7—铝电极；8—P型扩散硅层；9—SiO_2保护膜；10—N型基片

图 2-9　半导体应变片

或不同种的半导体，作用力的施加方向不同，所产生的压阻效应也不同。单晶硅是目前最常用的压阻半导体材料。

半导体应变片在使用中应注意如下问题：

(1) 为解决半导体应变片的温度稳定性问题，可采取以下措施：

① 采用具有相同温度系数的半导体应变片组成半桥或全桥，利用电桥的补偿特性，消除或降低其温度影响。

② 将应变系数为正的 P 型硅半导体应变片和应变系数为负的 N 型硅半导体应变片做在一个基底上，使用时两应变片分别接在电桥的相邻臂上。采取了上述措施，不仅可实现温度补偿而且还可提高输出的线性度和灵敏度。

(2) 尽量减小应变系数的非线性的影响。半导体应变片的应变系数高，在承受应变时引起的电阻变化很大，这使应变片本身以及测量电路都产生了严重的非线性。因此，在测量时，必须注意到这一点，以便采取必要的措施解决测量仪器的非线性问题。

(3) 半导体应变片黏贴所用的黏合剂及黏合工艺对它的性能将产生一定影响，应当遵守生产厂家的使用说明。另外，半导体应变片容易损坏，操作时要特别小心谨慎。

2. 应变片式压力传感器

传感器的结构主要决定于使用要求，因此传感器结构形式多种多样。在个别情况下，有的就直接把应变片黏贴在一般的弹性式压力计的敏感元件上，例如，用弹簧压力计改成简单的应变式压力计，这样虽简化了设计和加工，但往往特性不能满足要求。

应变式压力计常设计成不同形式，即膜片式和测力计式。所谓膜片式，即应变片直接贴在感受被测压力的弹性膜上；测力计式则是把被测压力转换成集中力以后，再用应变式测力计的原理测出压力的大小。本节主要介绍膜片式应变压力传感器。

一种最简单的平膜应变式压力传感器如图 2-10 所示，由膜片直接感受被测压力而产生变形。应变片贴在膜片内表面，在膜片产生应变时，使应变片有一定的电阻变化输出。

由上述分析可知，在应变片尺寸允许的情况下，可以沿径向将一应变片贴在正应变区(膜片中心附近)，另一应变片贴在负应变区(靠边缘附近)，这时可以得到最大差动灵敏度，并且具有温度补偿特性。为此目的也有用箔式应变片直接光刻成所需要的图形。

对于箔式或半导体式应变片，在膜片上共镀四个应变电阻，并接成桥形，其中两个镀在正应变区(中心)，另两个镀在负应变区(边缘)，应变电阻之间用比较宽的金属膜作为连

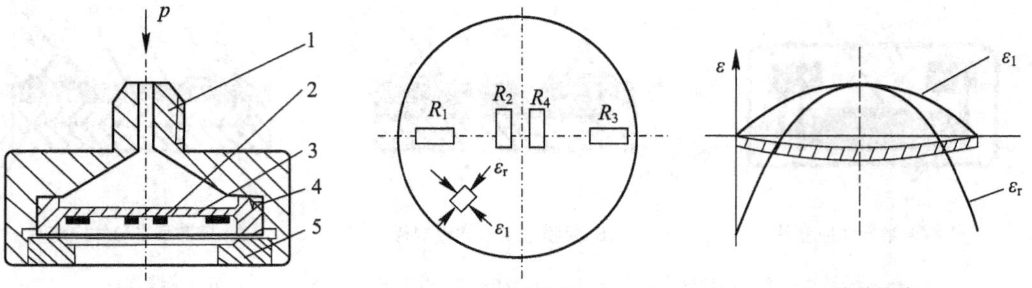

(a) 结构　　(b) 应变片布置　　(c) 膜片应变

1—引压接头；2—应变片；3—金属平膜片；4—密封圈；5—压座

图 2-10　膜片式应变压力传感器

线，把四个电阻连接起来，通过上述方法即可得到比较理想的灵敏度，如图 2-11 所示。

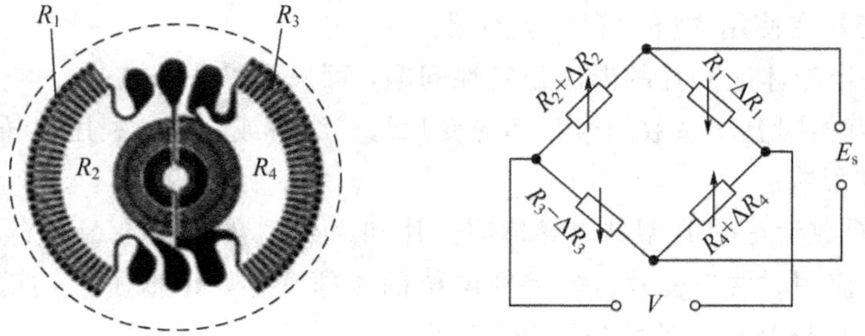

图 2-11　箔式应变片及测量桥路

膜片式应变压力传感器的最大优点是结构简单，但它的缺点是不适于测量高温介质，其次是仪表的输出特性较差。

3. 压阻式压力传感器

压阻式压力传感器是基于半导体材料(单晶硅)的压阻效应制成的传感器，具有灵敏度高、动态响应快、测量精度高、稳定性好、体积精巧和便于批量生产等特点，因此得到了广泛的应用。新型固态压阻式压力传感器利用集成电路工艺直接在硅膜片上制成多个扩散压敏电阻，连接成测量电桥，并把补偿电路、信号转换电路集成在同一片硅片上，甚至将计算处理电路与传感器集成在一起，制成智能型传感器。由于制作传感器应变电阻的硅膜片本身又作为弹性元件使用，因此可省去金属弹性元件及应变片黏贴，其结构更加简单，且可靠性高、互换性强，具有很好的应用前景。本节主要介绍扩散硅压阻式压力变送器。

扩散硅压阻式压力变送器包括半导体硅杯、电桥检测电路、信号放大电路和标准电流输出电路。由于扩散电阻用半导体扩散工艺制成，为消除应变电阻受温度的影响，往往将温度补偿电路和电桥电路集成在硅膜片上。这样不仅体积小，成本低，而且补偿元件和电阻敏感元件的温度一致性好，容易取得较好的补偿效果。

扩散硅压阻式压力变送器的测量元件结构比较简单，如图 2-12 所示。核心元件硅杯是由两片研磨后胶合而成的杯状硅片组成，其上扩散电阻及其他集成电路外引线穿过基座上的玻璃状密封体引到转换电路。硅杯浸在工作液中，工作液一般为硅油，用以传递压力、隔离被测介质。硅油与被测介质间有金属隔离膜片隔开。被测压力引入变送器后，通过隔离膜片压缩硅油，再传递到硅杯上。

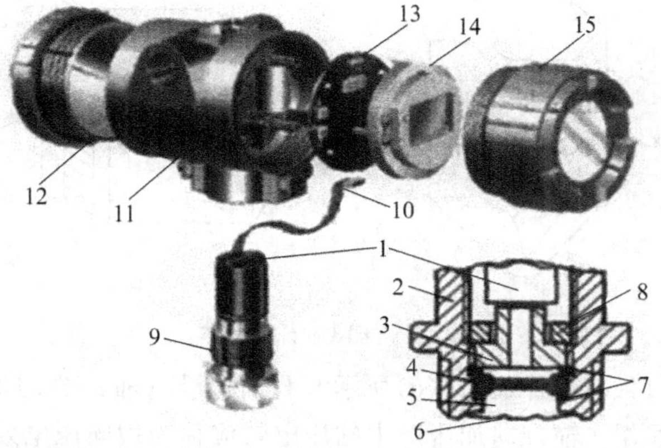

1—电路板；　2—基座；　3—压环；　4—硅杯；　5—隔离液；　6—隔离膜片；　7—密封圈；
8—压帽；　9—传感头；　10—引线；　11—主壳体；　12—盖；　13—信号处理板；　14—液晶显示屏；　15—表头

图 2-12　扩散硅压阻式压力变送器拆分原理图

2.1.7　压电式压力计

压电式压力传感器是一种发电型传感器。它以某些材料的压电效应为基础，具有很高的灵敏度和固有频率，是目前动态性能较好的一种压力传感器。

1. 压电效应与压电材料

某些电介质，当沿着一定的方向对其施加压力或拉力而使它变形时，就会引起该物质内部的正、负电荷中心发生相对位移，因而产生极化现象，使介质两个表面上产生符号相反的电荷，并且电荷量的大小与所施加的压力或拉力成正比。当外力去掉后，又重新恢复到不带电状态，这种现象称为“压电效应”。相反，如果把具有压电效应的电介质置于外电场中，由于电场的作用，也将会使介质内部的正、负电荷中心产生相对位移，这一位移又将导致介质的形变，这种现象称为“逆压电效应”。

电介质是否具有压电效应，主要决定于它的分子结构。具有压电效应的物体叫做压电材料，常见的压电材料有压电晶体和压电陶瓷两类，前者典型的代表材料为石英晶体；后者是人工制造的多晶材料，如钛酸钡和钛酸铅等。

1）压电晶体

下面以石英晶体为例，说明压电晶体的压电效应。

石英是一种结晶的二氧化硅（SiO_2），因为它的透明度好，所以人们也常称它为水晶。自然形态的石英晶体如图 2-13 所示，它是一个正六面体，图中 z 轴、x 轴、y 轴分别称为光轴、电轴、机械轴。

像图 2-13 那样从石英晶体上切下的平行六面体压电晶体切片，沿 z 轴方向施加压力，不产生压电效应。而沿 x 轴方向施加压力 F_x 时，在施加压力的表面会出现正、负电荷，且电荷极性随受力方向变化，如图 2-14(a)、图 2-14(b)所示。如果沿 y 轴方向施加压力，电荷仍然出现在垂直于 x 轴的平面上，只是这时电荷的正负正好与直接沿 x 轴方向加压的

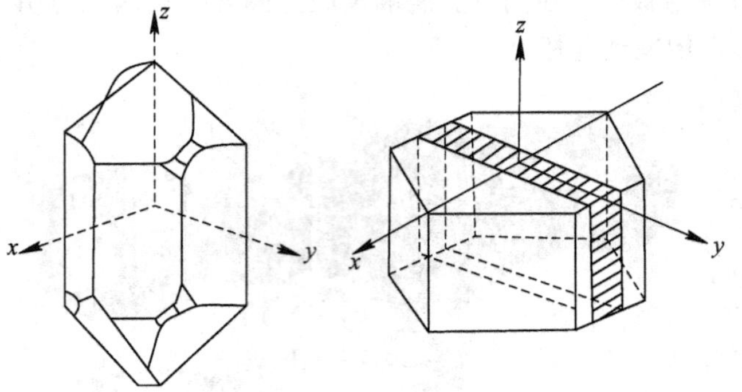

图 2-13　石英晶体

符号相反，如图 2-14(c)、图 2-14(d)所示。我们把沿电轴 x 方向加压产生的压电效应称为纵向压电效应，而沿 y 轴方向加压产生的压电效应称为横向压电效应。

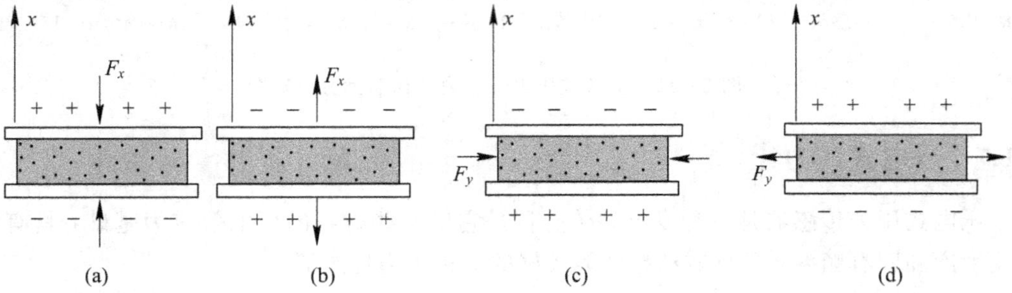

图 2-14　石英晶体表面电荷极性与受力的关系

当作用力 F 作用在石英晶体表面上时，该表面上会产生电荷 Q，并且它的大小与作用力 F 成正比关系，即

$$Q = K_d F \tag{2-6}$$

式中：K_d 为压电系数。

这里应说明一点，在晶体不同方向，其压电系数也是不同的。在压电式压力传感器中主要是利用纵向压电效应，如不特别指明，均指 x 轴方向受力及在 x 轴方向产生电荷时的压电系数。对石英晶体而言，$K_d = 2.31 \times 10^{-12}$ C/N(库/牛)。

如果垂直于 x 轴的晶体面积为 A_S 上垂直均匀地作用有压力 p 时，产生的电荷为

$$Q = K_d p A_S \tag{2-7}$$

据此可知，晶体表面产生的电荷的密度与作用在晶体上的压力成正比，与晶体的几何尺寸(厚度、面积)无关。

石英晶体在压电式压力传感器中应用最广，主要是因为它的机械强度较大，稳定性好，不易潮解。其缺点是灵敏度较低。

除了石英晶体外，属于单晶材料的压电晶体还有水溶性压电晶体。它们易受潮，机械强度低，但突出的优点是灵敏度比石英高。

2) 压电陶瓷

压电陶瓷不是单晶体，是人工制造的多晶压电材料。

压电陶瓷往往是铁电体，这些材料中存在着自发形成的分子集团(即电畴)，电畴具有

一定的极性，能产生一定的电场，其长度沿电场方向比其他方向大。对材料施加外电场时，这些电畴将发生转动，趋向于使其本身产生的电场方向与外电场方向一致，从而使材料沿外电场方向的长度增加。这种改变电场强度能使机械尺寸变化的现象称为电致伸缩现象。为了使这种铁电多晶体具有压电效应，必须进行人工极化，即在晶体两面加以相当强的电场，使电畴整齐排列。外电场去掉后，电畴方向基本保持同向排列不变。当有外加力作用到晶片上时，电畴错位，将出现与压力成正比的电荷变化。

压电陶瓷有很多优点，如烧制方便，易于成形，机械强度高，耐温耐湿等，而且部分压电陶瓷有较高的压电常数，所以应用也较广泛。

2. 压电式压力传感器的典型结构

压电式压力传感器主要用于变化快的动态压力，不适用于压力变化缓慢和静态压力的测量。在内燃机燃烧室内的压力测量、空气或水下爆炸冲击波压力的测量、风洞压力的测量以及各种高压容器和高压管道内腔压力的动态测量等方面，都广泛采用压电式压力传感器。

压电式压力传感器种类繁多，本节列出一些典型的传感器进行简要介绍。

1）活塞式压电压力传感器

图 2－15 所示是一种适合于测量瞬态超高压的压电传感器的结构图，其测量压力的上限达 300～400 MPa。被测压力作用在活塞的端面，通过活塞杆的传递作用，在活塞的另一头由砧盘将压力传到压电晶体上。为了保证在测量条件下不会超越压电晶体的允许应力，又能获得较大的灵敏度，必须合理选择活塞杆的端面积与晶体片工作面积之比。砧盘的作用是保证晶体片上的受压较为均匀。

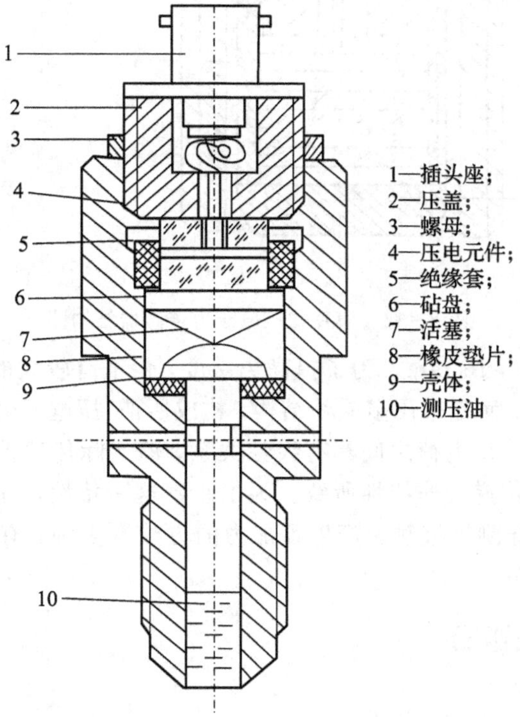

图 2－15　活塞式压电压力传感器结构图

上述压电传感器的动态特性受到活塞质量和刚度的影响，而且还与传感器零件的加工精度与测压油的黏度有关。一般自振频率最高是 30 kHz ，实际可以测量动态信号的频率上限为几千赫兹。

2）膜片式压电压力传感器

膜片式传感器是为了克服活塞式传感器动态特性差的缺点发展起来的。图 2-16 所示是一种膜片式传感器的结构图，其中使用金属膜片取代了活动的活塞。膜片起到了传递压力，实现预压和密封的作用。由于膜片质量很小，而且与压电元件相比刚度很小，因此，传感器的自振频率可以很高，可达 100 kHz 以上。

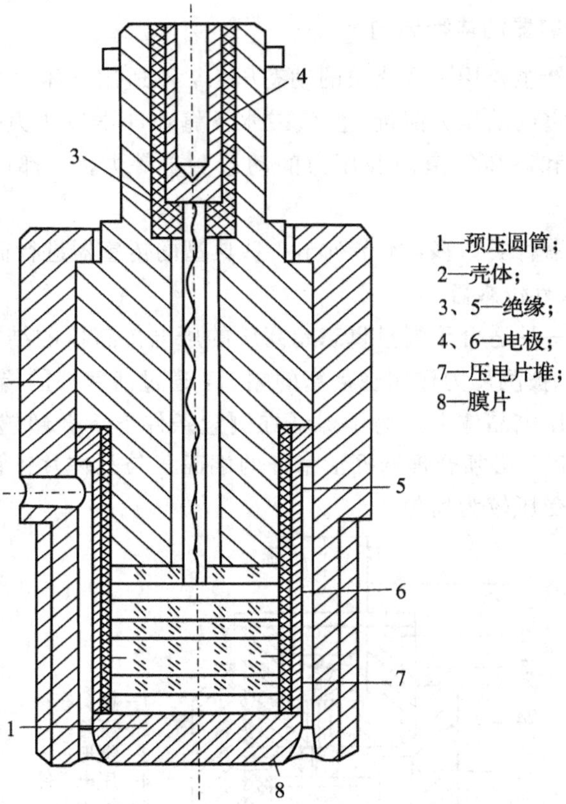

图 2-16　膜片式压电压力传感器结构图

膜片直径一般为 10～15 mm。为了提高灵敏度，保证有较大的输出电荷，一般不是采用增大晶片面积的办法，而是采用多晶片结构，构成所谓“压电元件堆”。

压电元件的压力与输出电荷之间具有线性关系，但实际传感器在低压段线性不好，这主要是由于传感器受力传递的非线性所致。为了改善这一特性，可以在力传递系统中加入预加热力，消除间隙及非刚性接触。产生预加力的方法有多种，有时直接在安装时用螺纹固紧，有的采用预紧弹簧。

2.1.8　电容式差压变送器

1. 变送器概述

能直接感受被测变量并将其转换成标准信号输出的传感转换装置称为变送器。变送器是单元组合仪表八大单元之一，其作用是将被测工艺变量转换为统一标准信号，送给指示仪、记录仪、控制器或计算机控制系统，从而实现对被测变量的自动检测和控制。

差压变送器可将液体、气体或蒸汽的差压、压力、液位、流量等被测变量转换成统一的标准信号。差压变送器类型很多，有矢量机构式、微位移式以及利用通信器组态来进行仪表调校及参数设定的智能式差压变送器。

矢量机构式差压变送器是依据力矩平衡原理工作的。该变送器的体积大、重量大，受环境温度影响大，因有机械杠杆和电磁反馈环节，所以易损坏，机电一体化结构给调校、维修带来困难。

随着过程控制水平的提高，可编程序调节器、可编程序控制器、DCS 等高精度、现代化的控制仪表及装置广泛应用于工业过程控制。这对测量变送环节提出了更高的要求，于是没有机械传动装置、最大位移量不超过 0.1 mm 的微位移式压力(差压)变送器便应运而生。根据所用的测量元件不同，常见的微位移式压力(差压)变送器有电容式、电感式、扩散硅式和振弦式等。

智能式变送器(Intelligent Transmitter)是由传感器和微处理器(微机)结合而成的。它充分利用了微处理器的运算和储存能力，可对传感器的数据进行处理，包括对测量信号的处理(如滤波、放大、A/D 转换等)、数据显示、自动校正和自动补偿等。

2. 电容式差压变送器

电容式差压变送器是依据变电容原理工作的。它利用弹性元件受压变形来改变可变电容器的电容量，从而实现压力—电容的转换。电容式差压变送器具有结构简单、体积小、动态性能好、电容相对变化大、灵敏度高等优点，应用十分广泛，常见的有 1151 系列、1751 系列。电容式差压变送器的原理框图如图 2-17 所示。

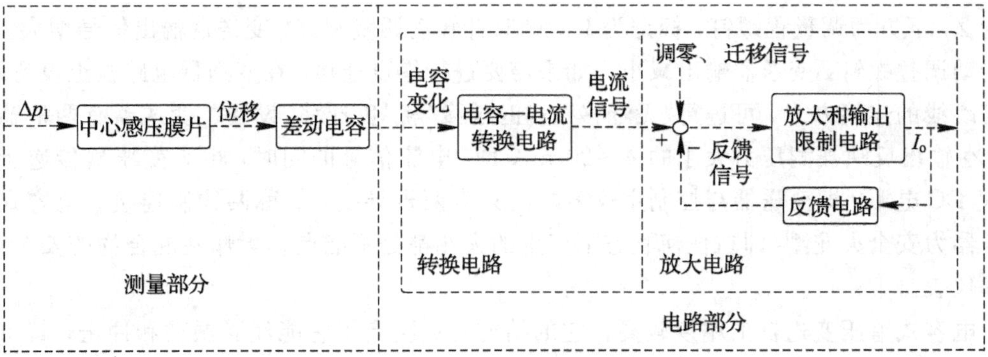

图 2-17　电容式差压变送器的原理框图

电容式差压变送器由测量和电路两大部分构成，实物外形如图 2-18 所示，下半部分为测量部分，上半部分为电路部分。在测量部分有高、低两个测量压室，分别标注 H、L，用来输入被测的高、低压力信号。测量部分的核心是由两个固定的弧形电极与测量膜片(中心感压膜片)这个可动电极构成的两个电容器，如图 2-19 所示。

图 2-18　电容式差压变送器外形

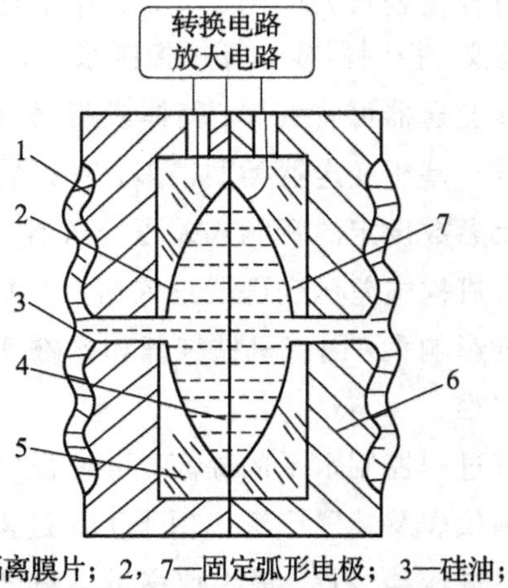

1—隔离膜片；2，7—固定弧形电极；3—硅油；
4—测量膜片；5—玻璃层；6—底座

图 2-19　电容式差压变送器测量部件

在无压力信号或两侧通入压力信号相等时，测量膜片处于中间位置，两侧电容器的电容量相等，当被测介质的高、低两个压力信号分别通入高、低两个压室时，压力作用在敏感元件的两侧隔离膜片上，通过隔离膜片和元件内的填充液传送到预紧张的测量膜片两侧，压力差会使测量膜片发生微小的位移(正常的压力使膜片偏移约 0.025 mm，最大位移量不超过 0.1 mm)，使之与固定电极间的距离发生微小的变化，导致两个电容值也发生微小的变化，从而实现了被测工艺变量到电量的转换。

该变换的电容值由电容—电流转换电路转换成电流的变化，与反馈信号、调零及迁移信号一起经放大和输出限制电路转换成 4～20 mA 的统一标准信号，作为变送器的输出。这个电流与被测差压成一一对应的线性关系，从而实现了差压的测量。

电容式差压变送器的零点和量程调整螺钉位于变送器铭牌后面，上方为调零螺钉，标记为 Z，下方为调量程螺钉，标记为 R。顺时针转动调整螺钉，变送器输出信号增大，逆时针转动调整螺钉，变送器输出减小。如果需要进行零点迁移，在变送器电路板上设有跳线，改变跳线的连接方式，可进行“无迁移”、“正迁移”和“负迁移”设置。变送器有两根输出导线，在输出反映被测压力大小的 4～20 mA DC 电流信号的同时，也为变压器传递所需的 24 V DC 电源，即变送器与控制室仪表之间只有两根导线，故称两线制连接。电容式差压变送器为安全火花型(即在任何状态下产生的火花都是不能点燃爆炸性混合物的安全火花)防爆仪表。

电容式差压变送器的精度较高。它的结构特点决定了它能经受振动和冲击，其可靠性和稳定性较高，且体积小、重量轻，零点、量程调整方便。

2.1.9　智能差压变送器

所谓智能型变送器，就是利用微处理器及数字通信技术对常规变送器加以改进，将专用的微处理器植入变送器，使其具备数字计算和通信能力的变送器。智能变送器功能更加全面，性能更高，使用更加灵活。

目前智能变送器有两个层次，一种是真正的智能变送器，即现场总线型的全数字式智能变送器，正处在开发阶段，应用不多。另一种是混合式智能变送器，它既有数字信号输出，又有模拟信号输出。目前市场上出现的主要是后一种智能变送器。

HART通信方式混合式智能变送器借助两根模拟电流输出信号线，叠加交流脉冲传递指令和数据，既可以传递 4～20 mA 直流信号，也可以输出数字编码信号。变送器可以与上位机进行数据传送与交换，或是与便携式现场通信器进行数字通信。现场通信器是带有小型键盘和显示器的便携式装置，在控制室就可以与任何一个变送器进行通信联络。调整和设定完毕可将现场通信器拔下，变送器即按新运行参数工作。

具有现场总线通信功能的全数字智能变送器采用双绞线等连接到通信总线上，按照规范的通信协议，与现场测控仪表、远程监控计算机之间实现数据交换。它的出现改变了以往采用电流、电压模拟信号进行一对一传输所具有的线缆多、抗干扰能力差的缺点，提高了信号的测控和传输精度，同时丰富了测量控制信息内容，是实现现场总线控制系统的基础。

1. 智能差压变送器的原理框图

智能差压变送器的传感器除具有感受压差的传感器外，还集成了感受静压和温度的敏感元件，将差压、温度、静压三种敏感元件集成于一体，经过相应电路转换成数字信号，分时采集进入微处理器。其原理框图如图 2-20 所示。

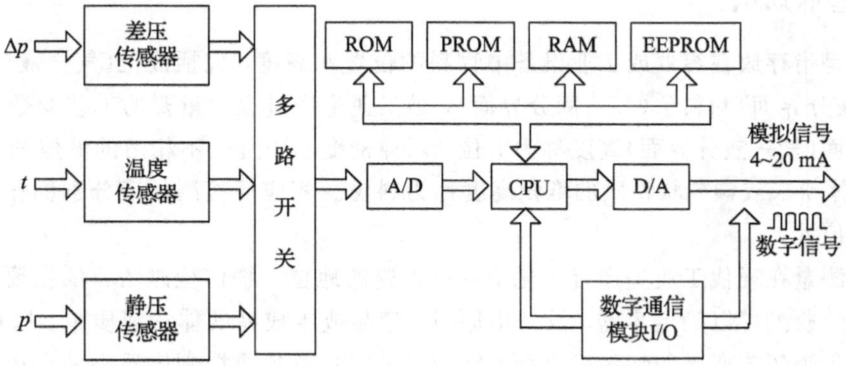

图 2-20　智能差压变送器原理框图

CPU采用8位或准16位微处理器，具有多种运算功能，可实现远程设定和数据传输。ROM里存有CPU工作通用主程序。在变送器制造完成后，经逐台检验，将其输入、输出特性和温度压力补偿参数写入各台变送器PROM中，据此自动进行特性修正，使之获得高准确度。

PROM是必不可少的存储器，它也是通过现场通信器对变送器进行各项设定的记忆硬件，存储变送器标号、测量范围、线性或开方输出、阻尼时间、零点、量程等设定指令。

EEPROM是RAM的后备存储器，遇到意外停电时，RAM中的数据会丢失，但EEPROM中的数据仍然保存下来。恢复供电后，EEPROM中的数据自动转移到RAM中，起到停电保护的作用，从而省却了后备电池。

数字通信接口I/O将来自现场通信器的脉冲数字信号从 4～20 mA 直流信号线上分离出来送入CPU，还可将变送器工作状态、已设定的各项数据、初诊断结果、测量结果等送入现场通信器的显示器。

2. 智能差压变送器的特点

不同厂商的智能变送器，其传感元件、结构原理、通信协议是不同的，但是总的来说，其基本特点是相似的。

归纳起来，智能差压变送器具有以下特点。

(1) 测量精度高，基本误差仅为±0.075%或±0.1%，且性能稳定、可靠、响应快。

(2) 具有温度、静压补偿功能以保证仪表的精度。

(3) 具有较大的量程比(从20∶1至100∶1，有的甚至达到400∶1)和较宽的零点迁移范围。

(4) 输出模拟、数字混合信号或全数字信号(支持现场总线通信协议)。

(5) 除有检测功能外，智能变送器还具有计算、显示、报警、控制、诊断等功能，与智能执行器配合使用，可就地构成控制回路。

(6) 智能变送器可以用手持通信器(又称手操器)或计算机对变送器进行远程设定组态，可以修改仪表显示的方式和工程单位，校对、调整仪表零点和测量范围时，无需把仪表从设备上卸下来，操作十分方便。

2.2 物位的检测

2.2.1 基本知识

物位是指存放在容器或工业设备中物料的位置和高度，包括液位(气—液分界面)、界位(液—液分界面)和料位(气—固分界面)，是工业生产过程中重要的工艺参数之一。液体介质的液面(气—液分界面)高度称为液位，两种密度不同且互不相溶的液体的分界面称为界位，固体粉末或颗粒状物质的堆积高度称为料位。相应的检测仪表分别称作液位计、界位计和料位计。

物位测量在现代工业生产自动化中具有重要的地位。物位检测的目的主要有三个：一是通过物位检测可以确定容器、设备中原料、产品或半成品的体积或质量，以保证连续供应生产中各个环节所需的物料或进行经济核算；二是监视或控制容器内的介质物位，使它保持在工艺要求的高度上，以调节容器中流入与流出物料的平衡，保证产品的质量、产量和生产安全；三是可以对物位的上下限位置进行报警，以保证生产正常进行。

物位检测仪表的种类很多，按其工作原理不同可分为直读式、浮力式、差压式、电气式、核辐射式和超声波式等类型，其工作原理、主要特点和应用场合如表2-4所示。

表2-4 物位检测仪表的分类

<table>
<tr><th colspan="2">物位检测仪表的种类</th><th>检测原理</th><th>主要特点</th><th>用　途</th></tr>
<tr><td rowspan="2">直读式</td><td>玻璃管液位计</td><td rowspan="2">连通器原理</td><td rowspan="2">结构简单、价格低廉、显示直观、但玻璃易损，读数不十分准确</td><td rowspan="2">现场就地指示</td></tr>
<tr><td>玻璃板液位计</td></tr>
<tr><td rowspan="3">差压式</td><td>压力式液位计</td><td rowspan="3">利用液柱或物料堆积对某定点产生压力的原理而工作</td><td rowspan="3">能远传</td><td rowspan="3">可用于敞口或密闭容器中，工业上多用差压变送器</td></tr>
<tr><td>吹气式液位计</td></tr>
<tr><td>压差式液位计</td></tr>
</table>

续表

物位检测仪表的种类			检测原理	主要特点	用　途
浮力式	恒浮力式	浮标式	基于浮于液面上的物体随液位的高低而产生的位移来工作	结构简单，价格低廉	测量储罐的液位
		浮球式			
	变浮力式	沉筒式	基于沉浸在液体中的沉筒的浮力随液位变化而变化的原理工作	可连续测量敞口或密闭容器中的液位、界位	需远传显示、控制的场合
电气式	电阻式物位计		通过将物位的变化而转换成电阻、电容、电感等电量的变化来实现物位测量	仪表轻巧，测量滞后小，能远距离传送，但线路复杂，成本较高	用于高压腐蚀性介质的物位测量
	电容式物位计				
	电感式物位计				
核辐射式物位仪表			利用核辐射透过物料时，其强度随物质层的厚度而变化的原理工作	非接触测量，能测各种物位，但成本高，使用和维护不便	用于腐蚀性介质的物位测量
超声波式物位仪表			利用超声波在气、液、固体中的衰减程度、穿透能力和辐射声阻抗各不相同的性质工作	非接触测量，准确性高，惯性小，但成本高，使用和维护不便	用于对测量精度要求高的场合
光学式物位仪表			利用物位对光波的遮断和反射原理工作	非接触测量，准确性高，惯性小，但成本高，使用和维护不便	用于对测量精度要求高的场合

2.2.2　直读式液位计

1. 玻璃管液位计

直读式液位计是直接观察液面位置的仪表，利用连通器原理工作，将容器中的液体引入带有标尺的观察管中，通过标尺读出液位高度。这是一种使用最早、结构最简单的液位计，主要有玻璃管液位计、玻璃板液位计两种。玻璃管液位计如图 2-21 所示。

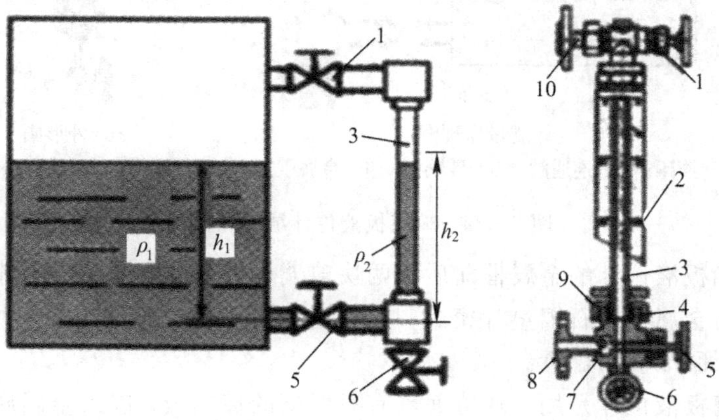

(a) 测量原理图　　(b) 结构图

1、5—连通阀；2—标尺；3—玻璃管；4—密封填料；6—排污阀；7—防溢钢球；8、10—连接法兰；9—压盖

图 2-21　玻璃管液位计结构和原理图

玻璃管液位计适用于直接测量各种密封承压容器内介质的液位。由于玻璃管液位计上、下与被测介质的液相、气相连通，压力相等，若容器和液位计中液体的密度分别是 ρ_1、ρ_2，液面高度分别为 h_1、h_2，根据流体静力学原理，可得

$$h_1\rho_1 g = h_2\rho_2 g \tag{2-8}$$

由于液位计与容器中为同一种液体，所以两者温度相同时，$\rho_1=\rho_2$，则 $h_1=h_2$，液位计中的液体能正确反应被测液位。因此，在液位计与容器中温差不大的情况下，一般不用考虑由于液体密度不同造成的误差。但当两者温差很大时，如测量高温锅炉汽包水位时，必须考虑采取保温措施，或进行液位换算。

玻璃管液位计的长度一般为 300～1200 mm，工作压力小于等于 1.6 MPa，耐温 400℃。

玻璃管液位计中，玻璃管装在具有填料函的金属保护管中，玻璃管旁有带刻度的金属标尺。玻璃管液位计与容器连通管上有特殊针型阀，可以起到自动闭锁作用。阀内装有防溢钢球，一旦玻璃管被打碎、液体外溢时，钢球会借助管内液体的压力迅速紧贴在阀座上，达到自动密封的目的。玻璃管下的隔断阀可用于排污和清洗玻璃管。

2. 玻璃板液位计

玻璃板液位计如图 2-22 所示，是一种直读式液位测量仪表，适用于工业过程中一般储液设备中液体位置的现场检测，其结构简单，测量可靠，是传统的现场液位测量工具。

玻璃板液位计由厚钢化玻璃板、金属压框和连通阀构成。玻璃板液位计的长度为 500～1700 mm，最大耐压为 5 MPa，耐温 400℃，有透光式和折射式两种。

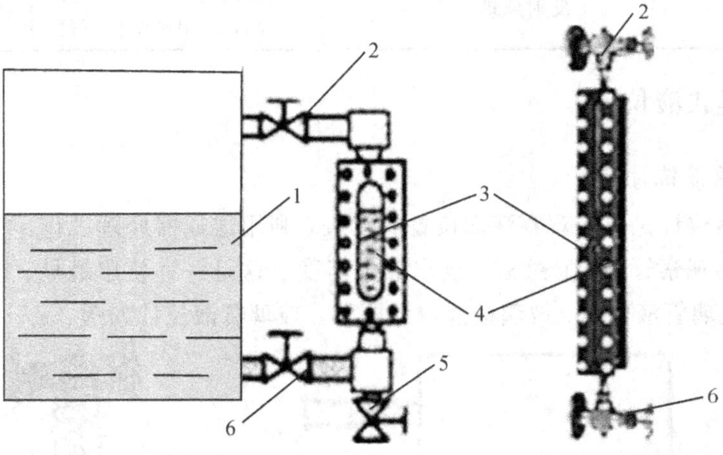

(a) 测量原理图　　(b) 外形图

1—液罐；2—连通阀；3—玻璃板；4—金属压框；5—排污阀；6—连通阀

图 2-22　玻璃板液位计结构和原理图

透光式玻璃板液位计的金属框前后有两块玻璃板嵌在金属框内，液体处在两块玻璃板之间。玻璃板与金属框用石棉垫片密封，四周用螺钉压紧，光线透过两块玻璃板，可以方便地观察玻璃板间液面的位置。

折光式玻璃板液位计是用一块背面刻有菱形槽的玻璃板，嵌入金属底板中压紧密封而成。测量时，即使液体黏附在玻璃板上，但由于玻璃板对气相和液相的折光率不同，液相看起来是暗的，而气相部分则是明暗相间的条纹，气、液两相的分界面比较明显。

玻璃板液位计结构简单，价格便宜，一般用在温度和压力都不太高的场合，就地指示

液位。但由于玻璃板液位计有易碎且不能远传的缺点，因此在使用上受到了一定的限制。

2.2.3　浮力式液位计

浮力式液位计是应用最早的物位测量仪表之一，主要用于液位测量和界位测量。它结构简单，造价低廉，维护也比较方便。随着变送方法的改进，浮力式液位计至今仍然为工业生产所广泛采用。浮力式液位计有恒浮力式液位计、变浮力式液位计两类。前者利用浮子随液位的升降来反应液位变化，后者利用浮筒所受浮力随液位、界位高度变化实现物理测量。

1. 恒浮力式液位计

恒浮力式液位计用一浮子漂浮在液面上，维持浮力不变。浮子的位置随着液面的高低而变化，检测出浮子的位移量，便可以知道液位的高低。常用的浮力式液位计有浮子式液位计、浮子钢带式液位计、编码钢带液位计、浮球式液位计、磁翻板式液位计等。本节主要讨论浮子式液位计。

目前，大型储罐多使用浮子式液位检测仪表，如图 2-23(a)所示。将一浮子由钢索经滑轮与容器外的平衡重物相连，使浮子所受的重力和浮力之差与平衡重物的拉力相平衡，浮子可以随液面停留在任一位置上。在忽略钢索的重力和滑轮摩擦力时的平衡关系为

$$W - F = G \tag{2-9}$$

式中：W 为浮子所受重力；F 为浮子所受浮力；G 为平衡重物的重力。

当液位上升时，随着浮子被浸没的体积增大，浮子所受的浮力 F 也随之增加，破坏了原有的平衡，浮子便向上移动。直到达到新的力平衡时，浮子停止移动，反之亦然。因此，只要检测出浮标的位移或浮筒所受到的浮力的变化，就可以知道液位的高低。此法实质上是通过浮子把液位的变化转化为平衡锤与指针的机械位移变化，从而指示出液位的高度。浮子式液位计也可以通过光电元件、码盘及机械齿轮等进行计数显示，并将信号远传。

浮子式液位计的优点是测量方法比较简单，缺点是滑轮与轴承间存在着机械摩擦，以及钢丝绳热胀冷缩等因素会影响测量的精度。

浮子式液位计既可用于敞口容器，也可用于密闭容器，如图 2-23(b)所示。通过浮子上的磁钢与隔离导管内的铁芯的磁性耦合保持同步移动。

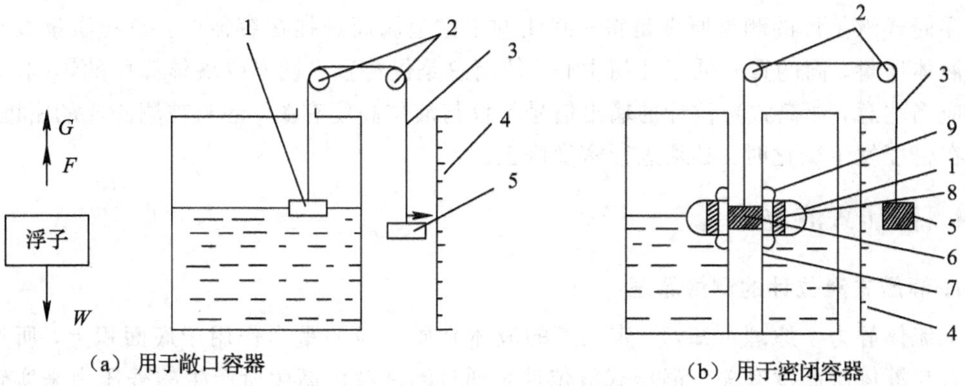

(a) 用于敞口容器　　(b) 用于密闭容器

1—浮子；2—滑轮；3—钢索；4—标尺；5—平衡锤；
6—铁芯；7—非导磁导管；8—磁铁；9—导轮

图 2-23　浮子式液位计结构和原理图

2. 变浮力式液位计

根据阿基米德定律，当物体被浸没的体积不同时，物体所受的浮力也不同。也就是说，对形状已定的物体，其所受到的浮力随被浸没的高度变化。因此，可以利用悬挂于液体中的柱形检测元件所受的浮力来求得液位，也可以测量两种密度不同的液体的界位高度。根据这一原理制成的物位计就是变浮力式物位计，称为浮筒式物位计，如图2-24所示。

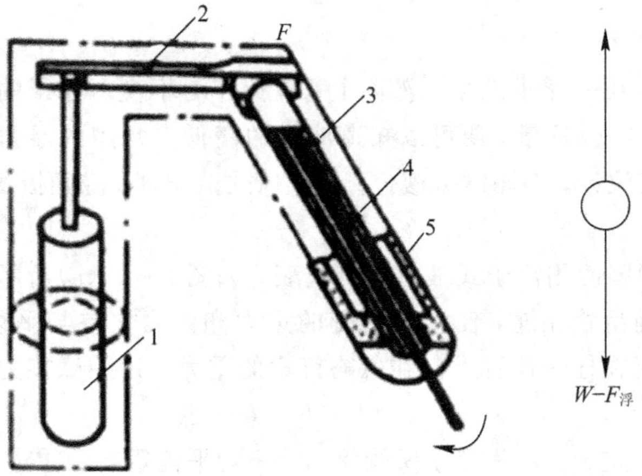

1—浮筒；2—杠杆；3—扭力管；4—芯轴；5—外壳

图 2-24　浮筒式液位计结构和原理图

浮筒 1(液位检测元件)是用不锈钢制成的空心长圆柱体，被垂直悬挂于杠杆 2 的一端，并部分沉浸于被测介质中。它在检测过程中位移极小，也不漂浮在液面上。杠杆 2 的另一端与扭力管 3、芯轴 4 的一端垂直地固定在一起，并由外壳上的支点所支撑。扭力管的另一端通过法兰固定在仪表外壳 5 上。芯轴 4 的另一端为自由端，用来输出角位移。

扭力管为一根富有弹性的合金钢材料制成的空心管。它一方面能将被测介质与外部空间隔开，另一方面利用扭力管的弹性扭转变形，使得扭力管一端的力矩变换成芯轴的转动(即角位移)输出。

浮筒式液位计的测量原理是将一封闭的中空金属筒悬挂在容器中，筒的质量大于同体积的液体质量，筒的重心低于几何中心，使筒总是保持直立而不受液体高度的影响。

应当注意，浮筒式液位计的输出信号不仅与液位高度有关，还与被测介质的密度有关，因此在密度发生变化时，必须进行密度修正。

2.2.4　静压式液位计

1. 静压式液位计的测量原理

由流体静力学原理可知，一定高度的液体介质自身的重力作用于底面积上，所产生的静压力与液体层高度有关。静压式液位计是通过测量液位高度所产生的静压力来实现液位测量的。如图 2-25 所示，A 代表实际液面，B 代表零液位，p_A 和 p_B 为容器中 A 点和 B 点的静压，H 为液位高度，根据流体静力学原理，A、B 两点的压差为

$$\Delta p = p_B - p_A = H\rho g \tag{2-10}$$

其中 p_A 应理解为液面上方气相的压力，当被测对象为敞口容器时，则 p_A 为大气压，则式(2-10)变为

$$p = p_B - p_a = H\rho g \qquad (2-11)$$

式中：p_B 为 B 点的表压力；p_a 为当地大气压力。

通常被测介质的密度是已知的，则由式(2-10)和式(2-11)可知，当 ρ 为定值时，A、B 两点的压力差 Δp 或 B 点的表压力 p_B 与液位高度 H 成正比，这样就把液位的检测转化为压力差或压力的检测。因此，各种差压计和差压变送器、压力计和压力变送器，只要量程合适，都可以用来测量液位。

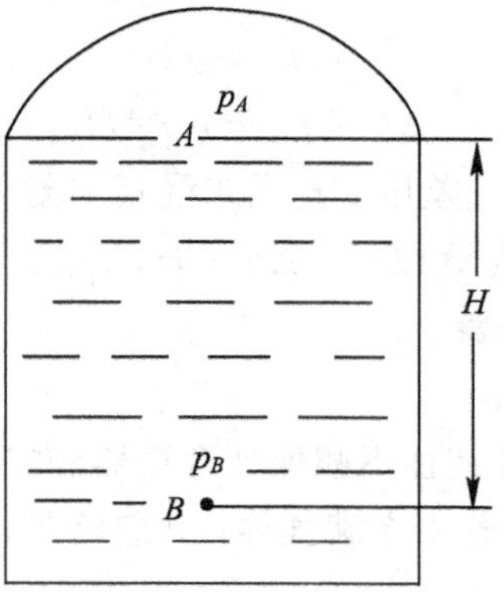

图 2-25　静压法测液位原理示意图

利用差压变送器测密闭容器的液位时，变送器的正压室通过引压管与容器下部取压点相通，负压室则与容器气相相通。若测敞口容器内的液位，则差压变送器的负压室应与大气相通或用压力变送器。

若只需就地指示敞口容器液位，可直接在容器底部安装压力表来进行测量，根据压力与液位成正比的关系，可直接在压力表上按液位进行刻度。

2. 差压式液位计的迁移问题

前面已提到，无论是密闭容器还是敞口容器，都要求取压口(液位零点)与检测仪表在同一水平线上，否则会产生附加静压误差。但是，在实际安装时，不一定能满足这个要求。如地下储槽，为了读数和维护方便，压力检测仪表就不能安装在零液位处的地下。再者，当被测介质是高黏、易凝液体或腐蚀性液体时，为了防止被测介质进入变送器，造成管线堵塞或腐蚀，并保证负压室的液柱高度恒定，往往在变送器正、负压室与取压点之间分别装有隔离罐，并充以隔离液，这样就会造成附加静压。为了使差压变送器能够正确地指示液位高度，必须对压力(差压)变送器进行零点调整，使它在液位为零时输出信号为“零”(如 4 mA)，这种方法称为“零点迁移”。下面以差压变送器检测液位为例进行介绍，如图 2-26 所示。

1) 无迁移

如图 2-26(a)所示，差压变送器的正压室与液位零点在同一水平面上，负压室引压管中充满气体。设差压变送器正、负压室所受到的压力分别为 p_+ 和 p_-，则正、负压室所受的压力分别为

$$p_+ = p_A + H\rho g$$

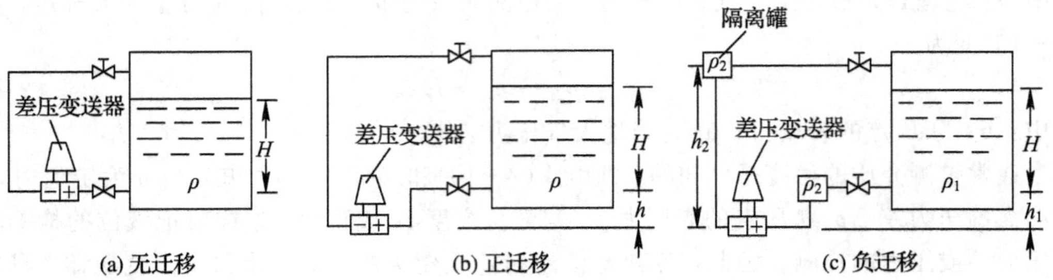

图 2-26　差压式液位计的应用

$$p_- = p_A$$

$$\Delta p = p_+ - p_- = H\rho g \tag{2-12}$$

可见，当 $H=0$ 时，$\Delta p=0$，差压变送器未受任何附加静压，此时差压变送器的输出为 4 mA；当 $H=H_{max}$ 即达到最高液位时，$\Delta p=H_{max}\rho g$。DDZ-Ⅲ型差压变送器的输出为 20 mA，说明差压变送器无需迁移。

2）正迁移

在实际安装差压变送器时，往往不能保证变送器和零液位在同一水平面上，如图 2-26(b)所示。设连接负压室的引压管中充满气体，并忽略气体产生的静压力，则差压变送器所受压力差为

$$\Delta p = p_+ - p_- = H\rho g + h\rho g \tag{2-13}$$

由式(2-13)可知：当 $H=0$ 时，$\Delta p=h\rho g$，差压变送器受到一个附加正差压作用，差压变送器的输出 $I>4$ mA；当 $H=H_{max}$ 时，$\Delta p=H_{max}\rho g+h\rho g$，此时差压变送器的输出 $I>20$ mA。为了使仪表输出的上、下限与液位的零点、量程相对应，必须设法抵消固定差压 $h\rho g$ 的作用，使得 $H=0$ 时，差压变送器的输出仍然为 4 mA；而当 $H=H_{max}$ 时，变送器的输出为 20 mA。

同时改变差压变送器上、下限输出，以抵消固定差压的做法叫零点迁移。如果抵消的固定差压为正值则叫正迁移，如果抵消的固定差压为负值则叫负迁移。各种差压变送器均设有零点迁移装置，如力平衡式差压变送器上有迁移弹簧来实现零点迁移，而电容式差压变送器则采用增减零点电流的方法来实现零点迁移。

3）负迁移

如图 2-26(c)所示，为了保持负压室所受的液柱高度恒定，常常在差压变送器正、负压室与取压点之间分别装上隔离罐，并充以隔离液。如被测介质的密度为 ρ_1，隔离液的密度为 ρ_2，这时差压变送器正、负压室所受到的压力分别为

$$p_+ = p_A + H\rho_1 g + h_1\rho_2 g$$

$$p_- = p_A + h_2\rho_2 g$$

$$\Delta p = p_+ - p_- = H\rho_1 g + h_1\rho_2 g - h_2\rho_2 g \tag{2-14}$$

当 $H=0$ 时，$\Delta p=-(h_2-h_1)\rho_2 g$，差压变送器受到一个附加负差压的作用，使变送器输出 $I<4$ mA。当 $H=H_{max}$ 时，$\Delta p=H_{max}\rho_1 g-(h_2-h_1)\rho_2 g$，差压变送器的输出 $I<20$ mA，此时必须设法抵消固定差压 $-(h_2-h_1)\rho_2 g$ 的作用，进行零点迁移。由于要迁移的量为负值，因此称负迁移，迁移量为 $(h_2-h_1)\rho_2 g$。

从以上分析可知，正、负迁移的实质是调整变送器的零点，同时改变量程的上、下限，而不改变量程的大小。例如，差压变送器的测量范围为 0～5 kPa，当差压由 0 变化到5 kPa时，变送器的输出由 4 mA 变化到 20 mA，这是无迁移的情况，如图 2-27 中曲线 a 所示。当有负迁移时，假定固定压差为 $(h_2-h_1)\rho_2 g=2$ kPa，则通过负迁移使 Δp 从 -2 kPa 变化到 3 kPa 时，变送器的输出从 4 mA 变化到 20 mA，如图 2-27 中曲线 b 所示。它维持原来的量程 5 kPa 不变，只是向负方向迁移了一个 2 kPa 的固定压差。当出现正迁移的情况时，假定固定差压为 $h\rho g=2$ kPa，如图 2-27 中曲线 c 所示。从 2 kPa 到 7 kPa 变化时，变送器的输出从 4 mA 变化到 20 mA，同样量程没变，只改变了上、下限。

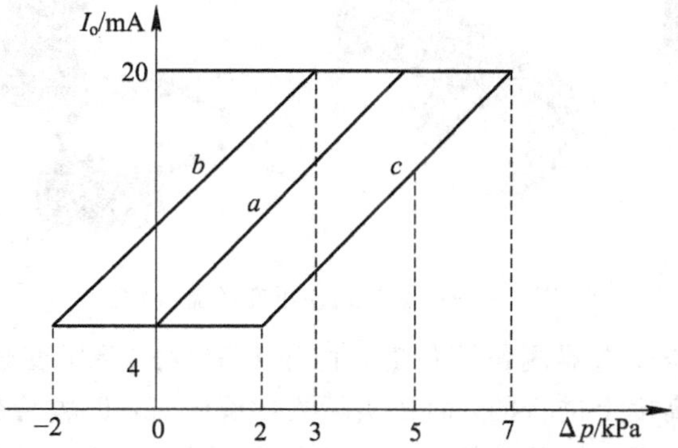

图 2-27　正、负迁移示意图

3. 法兰式差压变送器测量液位

由于差压变送器已经非常成熟，测量精度也很高，因此静压式液位测量方法是工业生产中最常用的液位测量方法。

如果被测介质易凝、易结晶或有腐蚀性，为了避免导压管阻塞与腐蚀，可以采用法兰式差压变送器，其原理图如图 2-28 所示。

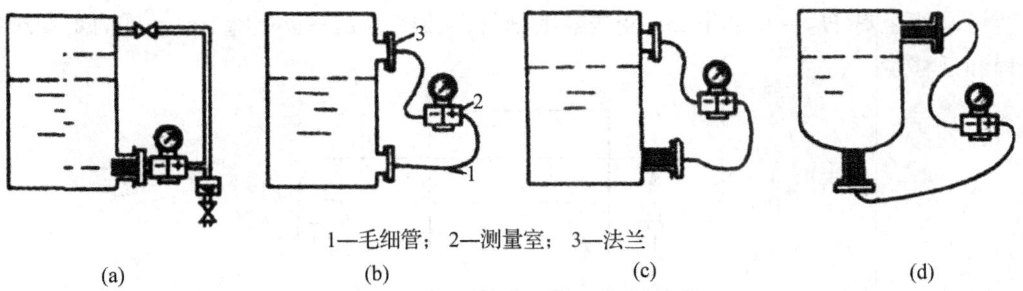

图 2-28　法兰式差压变送器原理图

法兰式差压变送器的敏感元件是金属膜盒，经毛细管与变送器的测量室相通。由膜盒、毛细管、测量室组成的封闭系统内充有硅油，通过硅油传递压力。毛细管的直径较小（一般内径为 0.7～1.8 mm），在毛细管的外部套有金属蛇皮保护管，具有可挠性。单根毛细管长度一般在 5～11 mm 之间可以选择，省去了引压导管，安装也比较方便，解决了导管的腐蚀和阻塞问题。

法兰式差压变送器分为两大类：单法兰式和双法兰式。法兰的结构又分平法兰和插入式法兰。法兰式差压变送器实物如图 2-29 所示，从左到右分别为单插入法兰式、单平法兰式、双平法兰式差压变送器。不同形式的法兰可使用于不同的场合，选择原则如下：

(1) 单平法兰式。用于易凝固、强腐蚀介质的液位测量。

(2) 单插入法兰式。插入容器内部，适用于检测高黏度、易沉淀或结晶介质的液位，容易使容器壁结晶、沉淀结垢。

(3) 双法兰式。被测介质腐蚀性较强、且负压室又无法选用适用的隔离液时，可采用双法兰式差压变送器。对于强腐蚀性的被测介质，可用氟塑料薄膜粘贴到金属膜表面来防腐。

图 2-29　法兰式差压变送器实物图

采用双法兰式差压变送器测量液位时，由于双法兰式差压变送器在出厂校验时，正、负压法兰是放在同一高度上进行的，而在实际测量液位时，负法兰在上，正法兰在下，等于在变送器上预加了一个反向压差而使零位发生了负迁移，所以，在使用时也存在零点迁移问题。当 $H=0$ 时的迁移量为

$$\Delta p=(h_2-h_1)\rho_3 g \tag{2-15}$$

式中，ρ_3 为毛细管内硅油的密度。另外变送器主体安装位置的高低对液位测量值是没有影响的。这是因为正、负压室毛细管内硅油液柱对变送器的正、负压室所产生的压力信号起到相互抵消的作用，所以变送器的位置可以任意安装。

【例 2-1】 图 2-30 所示是双法兰式差压变送器测量密闭容器中有结晶液体的液位，已知被测液体的密度 $\rho=1200\ \mathrm{kg/m^3}$，液位变化范围 H 为 0～950 mm，变送器的正、负压法兰中心线距离 $H_0=1800$ mm，变送器毛细管硅油密度 $\rho_1=950\ \mathrm{kg/m^3}$。试确定变送器的量程和迁移量。

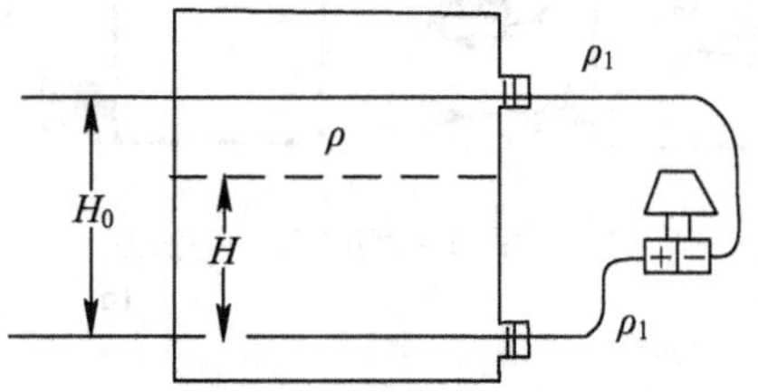

图 2-30　双法兰式差压变送器测量液位

解　液位的变化范围为 0～950 mm 时，差压的变化量为

$$\rho g H_{\max}=1200\times 9.8\times 0.95=1172\ \mathrm{Pa}$$

当 $H=0$ 时

$$\Delta p=-\rho_1 g H_0=-950\times 9.8\times 1.8=-16\ 758\ \mathrm{Pa}$$

差压变送器需要进行负迁移，负迁移量为 16.758 kPa。

2.2.5　电容式液位计

1. 电容式物位计的测量原理

圆柱形电容式物位计的结构如图 2-31 所示，它是由两个同轴圆柱形极板 1 和 3 组成的圆筒电容器，其电容器的电容量为

$$C=\frac{2\pi\varepsilon H}{\ln\left(\frac{D}{d}\right)} \tag{2-16}$$

式中：H 为两极板的长度；ε 为两极板中间介质的介电常数；d 为圆筒形外电极的内径；D 为圆筒形内电极的外径。

由式(2-16)可知，当 D 和 d 一定时，电容量 C 的大小与极板的高度 H、中间介质的介电常数 ε 的乘积成比例。只要 H 或 ε 发生变化，就会引起电容量的变化。

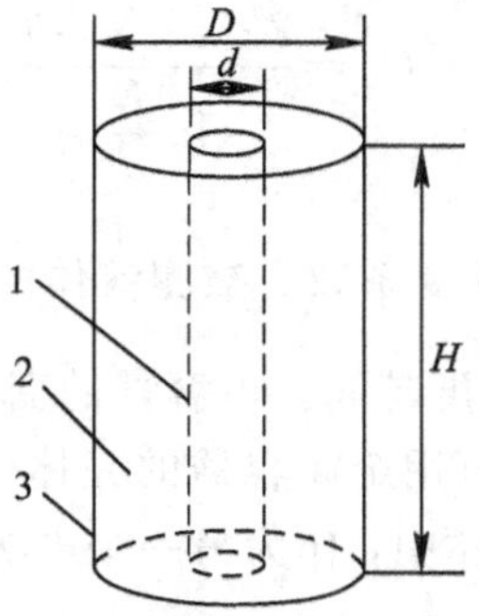

1—内极板；2—被测介质；3—外极板

图 2-31　圆柱形电容式物位计结构图

2. 电容式物位计的测量方式

1) 测量非导电介质液位

测量非导电介质液位的电容传感器原理如图 2-32 所示，它由内电极 1 和一个与它绝缘的同轴金属套筒做的外电极 2 组成，外电极 2 上开了很多流通孔 4，使介质能流进电极之间，内外电极用绝缘套 3 隔开。测量非导电液体的电容式液位计利用被测液体作电极间的

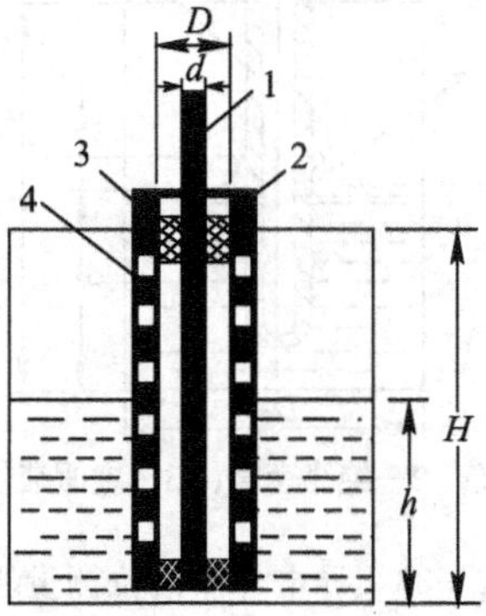

1—内电极；2—外电极；3—绝缘套；4—流通孔

图 2-32　非导电介质的液位测量原理图

绝缘介质，被测液体的液位变化改变了传感器电极间的介电常数，从而引起了电容量的变化，实现液位测量。

当液位为零时，其零点电容如式(2-17)。

$$C_0=\frac{2\pi\varepsilon_0 H}{\ln\frac{D}{d}} \tag{2-17}$$

式中：ε_0 为空气的介电常数；D、d 为分别为外电极内径及内电极外径。

当液位上升为 h 时，电容器的电容量等于上部气体介质部分形成的电容与下部液体部分形成的电容并联，总电容量为

$$C=\frac{2\pi\varepsilon h}{\ln\frac{D}{d}}+\frac{2\pi\varepsilon_0(H-h)}{\ln\frac{D}{d}} \tag{2-18}$$

式中，ε 为被测液体的介电常数。则电容量的增量为

$$C_x=C-C_0=\frac{2\pi(\varepsilon-\varepsilon_0)h}{\ln\frac{D}{d}}=KH \tag{2-19}$$

式中，$K=\frac{2\pi(\varepsilon-\varepsilon_0)}{\ln(D/d)}$ 是仪表的灵敏度系数。被测液体的介电常数越大、D/d 越小(即电容两极板间的距离越小)，仪表的灵敏度越高。电容量的变化 C_x 与液位高度 h 成正比。

当容器直径较小且为金属时，可用金属容器的壳体作为一个电极(外电极)，再将裸金属管(或金属棒)直接插入非导电液体中，作为另一个电极(内电极)。

2) 测量导电介质的液位

如果被测介质为导电液体，为防止内、外电极被导电的液体短路，内电极必须要加一层绝缘层，导电液体与金属容器壁一起作为外电极。

测量导电液体的电容式液位计的原理如图 2-33 所示。直径为 d 的不锈钢电极，外套聚四氟乙烯塑料套管作为绝缘层，导电的被测液体作为外电极，因而外电极内径就是塑料套管的外直径 D。如果容器是金属的，外电极可直接从金属容器壁上引出，但外电极直径仍为 D。

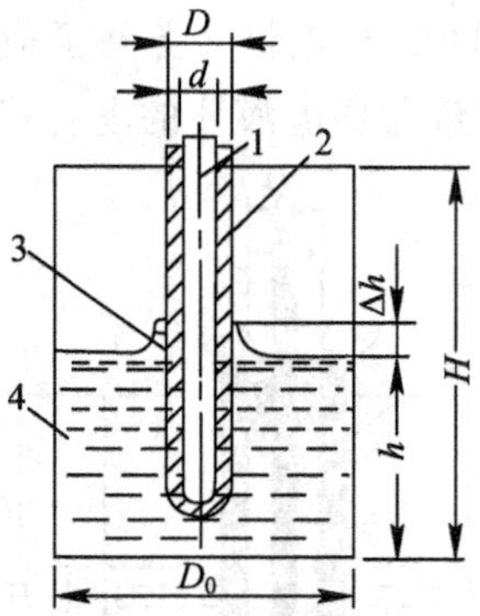

1—内电极；2—绝缘套管；3—虚假液位；4—容器

图 2-33　导电介质液位测量原理图

由于容器直径 D_0 与内电极外径之比 D_0/d 很大，因此上部气体部分所形成的电容可以忽略不计。

该电容器的电容与液位的关系可表示为

$$C_x = \frac{2\pi\varepsilon}{\ln\frac{D}{d}}h \tag{2-20}$$

式中：D 为绝缘套管的外直径；d 为内电极的外径；ε 为绝缘层介电常数；h 为绝缘电极被导电液体浸没的高度。

在测量黏性导电介质时，由于介质沾染电极相当于增加了液位的高度(因为介质是作为电容器的一个极板)，就产生了所谓的“虚假液位”。虚假液位大大影响了仪表精度，甚至使仪表不能正常工作，因此用电容法测量黏性导电介质液位时应考虑虚假液位引起的影响。克服虚假液位可以从以下几个方面来考虑。

(1) 减少虚假液位的形成。可选用和被测介质亲和力较小的套管及涂层材料，使电极套管表面尽量光滑。目前常用聚四氟乙烯或聚四氟乙烯加六氟丙烯材料制作绝缘套管。

(2) 采用隔离型电极。如图 2-34 所示，隔离型电极由同心的内电极 1 和外电极 2 组成，在外电极 2 的下端装有隔离波纹管 6，在波纹管和内外电极之间充以绝缘液体。

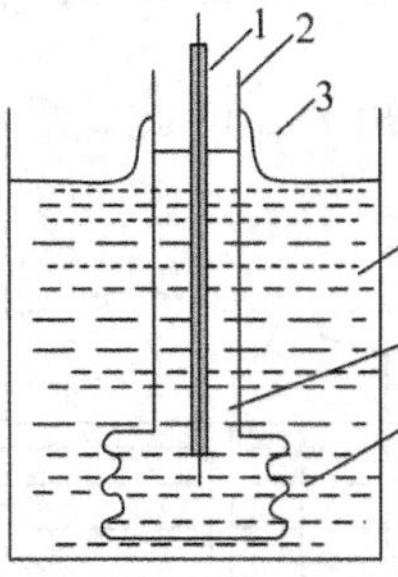

1—内电极；2—外电极；3—虚假液位；
4—被测液体；5—波纹管内充介质；6—隔离波纹管

图 2-34　采用隔离型电极消除虚假液位的影响原理图

当被测容器中黏性导电介质 4 的液位升高时，作用于波纹管的压力增大，波纹管受压体积缩小，将绝缘液体压入内外电极间，改变了内外电极间的电容量，测出此电容量的变化就可知道容器中的液位的高低。而容器中导电液体位于电容器之外，虚假液位对测量结果的影响可以忽略不计。

3. 电容式物位计特点

(1) 电容式物位计可测量液位、粉状料位，也可测界位，具有结构简单、安装要求低等特点。

(2) 当被测介质黏度较大时，液位下降后，电极表面仍会黏附一层被测介质，从而造成虚假液位示值，严重影响测量精度。

(3) 被测介质的温度、湿度等变化都能影响测量精度，当精度要求较高时，应采用修正措施。

2.2.6　超声波式液位计

1. 工作原理

声波的频率为 16～20 000 Hz，而超声波的频率在 20 000 Hz 以上。超声波的发射和接收是利用超声换能器完成的。换能器主要是利用压电晶体的压电效应来实现能量转换的。压电效应有正压电效应和反压电效应。

超声波液位计利用波在介质中的传播特性，在容器底部或顶部安装超声波发射器和接收器，发射出的超声波在相界面被反射，并由接收器接收，测出超声波从发射到接收的时间差，便可测出液位高低。

在超声波检测技术中，把电能转换为超声波发射出去，再接收回来变换成电信号，完成这项功能的装置就叫超声波换能器，也称探头。

当超声波从一种介质向另一种介质传播时，在两种密度不同、传播速度不同的介质分界面上，传播方向将发生改变。一部分被反射，另一部分便折射入相邻介质内。当超声波从液体或固体传播到气体中，或相反的情况下，由于两种介质的密度相差悬殊，所以反射率很高。在图 2-35 中，当置于容器底部的换能器向液面发射短促的脉冲时，经过时间 t，换能器便可以接收到从液面反射回来的回波脉冲。设探头到液面的距离为 H，超声波在液体中的传播速度为 v，往返一次的时间为 Δt，则存在式(2-21)所示的关系。

$$H=\frac{1}{2}v\cdot\Delta t \tag{2-21}$$

对于某一种液体来说，v 是已知的。因此，便可以通过测量时间的方法确定液位的高度 H。

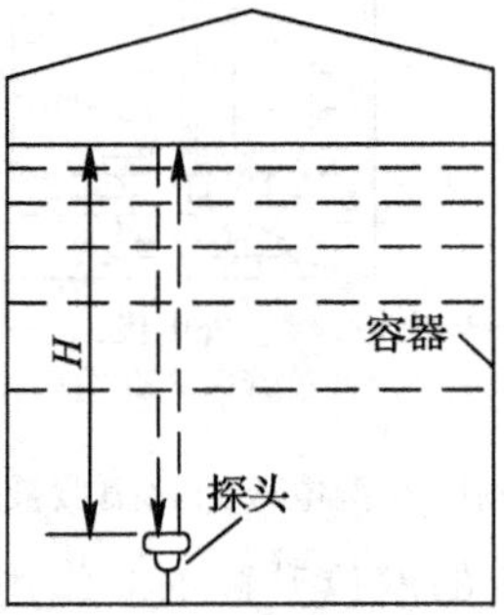

图 2-35　超声波反射测距原理

2. 分类

超声波液位计按传声介质不同，可分为气介式、液介式和固介式三种，如图 2-36 所示。

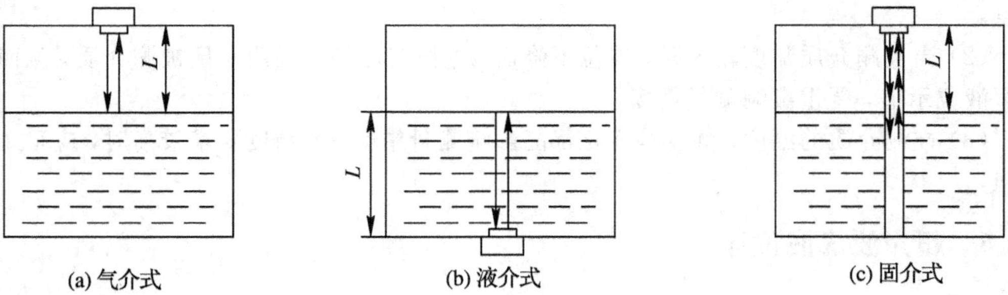

图 2-36　超声波液位计的分类

超声波液位计按探头的工作方式可分为自发自收的单探头方式和收发分开的双探头方式。单探头液位计使用一个换能器，由控制电路控制它分时交替作为发射器与接收器。双探头式则使用两个换能器分别作发射器和接收器，对于固介式，需要有两根金属棒或金属管分别作为发射波与接收波的传输管道。

3. 超声波液位测量的优点

（1）与介质不接触，无可动部件，电子元件只以声频振动，振幅小，仪器寿命长。

（2）超声波传播速度比较稳定，光线、介质黏度、湿度、介电常数、电导率、热导率等对检测几乎无影响，因此适用于有毒、腐蚀性或高黏度等特殊场合的液位测量。

（3）不仅可进行连续测量和定点测量，还能方便地提供遥测或遥控信号。

（4）能测量高速运动或有倾斜晃动的液体的液位，如置于汽车、飞机、轮船中的液位。

4. 超声波液位测量的缺点

（1）超声波仪器结构复杂，价格相对昂贵。

（2）当超声波传播介质温度或密度发生变化时，声速也将发生变化，对此超声波液位计应有相应的补偿措施，否则会严重影响测量精度。

（3）有些物质对超声波有强烈吸收作用，选用测量方法和测量仪器时要充分考虑液位测量的具体情况和条件。

2.2.7　雷达式物位计

雷达式物位计是近些年来推出的一种新型的物位测量仪表，采用了微波雷达测距技术，测量范围大，测量精度高，稳定可靠。仪表无可动部件，安装使用简单方便。雷达式物位计具有耐高温、耐高压，不与被测介质接触，非接触测量等特点，适用于大型储罐、腐蚀性液体、高黏度液体、有毒液体的液位测量。几种常用的雷达式物位计如图 2－37 所示。

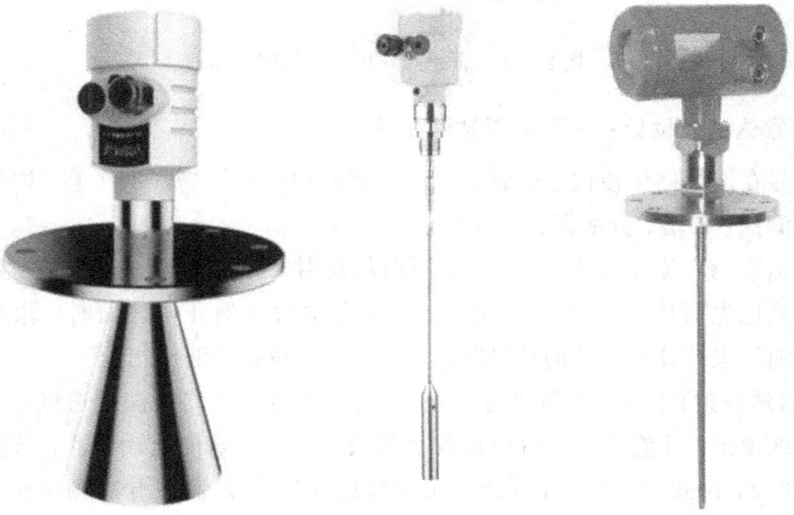

图 2－37　雷达式物位计实物图

1. 雷达式物位计的测量原理

雷达式物位计是利用微波的回波测距法测量液位或料位到雷达天线的距离的，即通过测量空高来测量物位。微波从喇叭状或杆状天线向被测物料面发射微波，微波在不同介电常数的物料界面上会产生反射，反射微波(回波)被天线接收。微波的往返时间与界面到天线的距离成正比，测出微波的往返时间就可以计算出物位的高度。

雷达式液位传感器的基本原理如图 2-38 所示，雷达波的往返时间 t 正比于天线到液面的距离，即

$$d=C\frac{t}{2} \tag{2-22}$$

被测液位为

$$H=L-d=L-C\frac{t}{2} \tag{2-23}$$

式中：C 为电磁波的传播速度(km/s)；d 为被测液面到天线的距离(m)；t 为雷达波往返的时间(s)；L 为天线到罐底的距离(m)；H 为液位高度(m)。

由式(2-23)可知，只要测得微波的往返时间 t，就可计算出液位的高度 H。

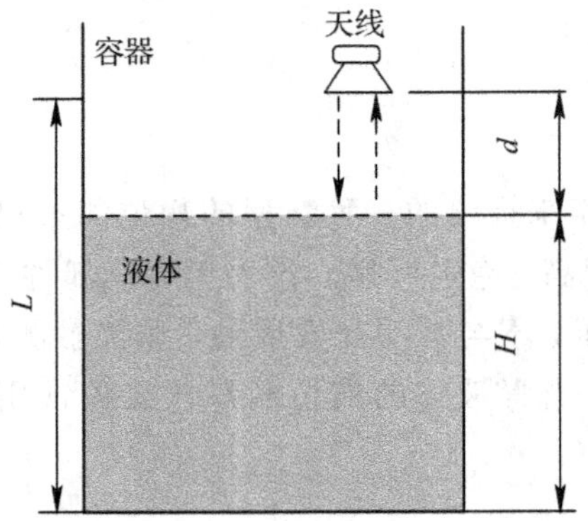

图 2-38　雷达式液位传感器测量原理

2. 常用雷达式液位计——导波雷达液位计

由于信号在波导体中传输不受液面波动和储罐中的障碍物等的影响，因而广泛应用于过程液位的测量，如塔、分液罐、汽包等。

导波雷达液(界)位变送器运用了 TDR(时域反射)原理，发射的电磁波脉冲沿着杆或缆传送。当遇到比先前传导介质(空气或蒸汽)介电常数大的介质表面时，脉冲波被反射回来。用超高速计来计算脉冲波的传导时间，从而实现精确的液位测量。

TDR(时域反射)原理示意图如图 2-39 所示，由变送器将微波发送器生成的一个脉冲微波通过天线发出，经液面反射后由接收器接收，再将信号传给计时器，从计时器得到脉冲的往返时间 t，由式(2-23)可以计算出液位的高度 H。微波脉冲测量法大多采用 5～6 GHz 的辐射频率，发射脉冲宽度约 8 ns。由于雷达波的传播速度非常快，因此，直接精确测量脉冲的往返时间是这种测量方法的关键。

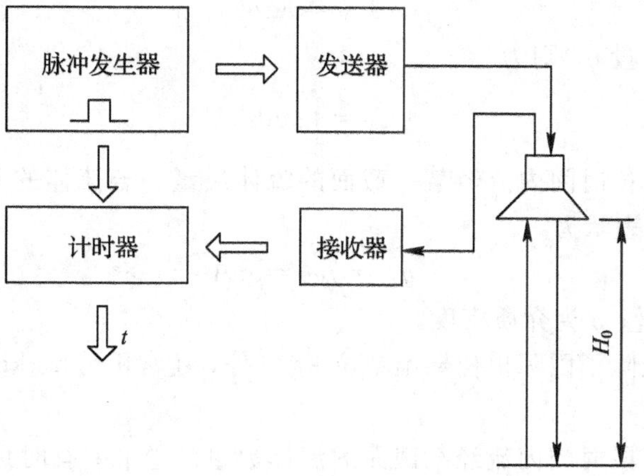

图 2-39 TDR(时域反射)原理示意图

2.3 流量的检测

2.3.1 流量检测的基本知识

工业生产过程中，经常需要测量及控制气、液、蒸汽等各种介质的流量，以便正确地指导生产操作，监控设备运行，确保安全、优质生产。流量也是进行管道运输贸易交接，完成经济核算的重要参数。流量仪表已成为不可缺少的检测仪表之一。

随着科学和生产的发展，人们对于流量检测精度的要求也越来越高，需要检测的流体品种也越来越多，检测对象从气、液单相流到多相流，工作条件从常温、常压到高温、低温、高压、低压。为了满足生产需要，利用各种工作原理、适用于多种介质、性能更加优良的各类新型流量仪表不断涌现。流量检测仪表已成为过程检测仪表中最重要的一类仪表。

1. 流量的概念

流量是指流经管道或设备某一截面的流体数量。按工艺要求不同，可分为瞬时流量和累积流量。

1）瞬时流量

单位时间内流经某一截面的流体数量称为瞬时流量，它可以分别用体积流量和质量流量来表示。

体积流量是单位时间内流过某一截面的流体体积。当截面上的流速均匀相等或已知平均流速 $\overline{v}$ 时，体积流量可以表示为

$$q_V = \overline{v}A \tag{2-24}$$

式中：q_V 为体积流量；A 为流体通过的有效截面积；$\overline{v}$ 为截面 A 上的平均流速。

根据国际单位，导出的体积流量单位为 m^3/s，流量常用单位还有 m^3/h、L/h 等。

生产过程中，往往很难保证流体均匀流动，所以严格地说，只能认为在某截面上某一微小单元面积 dA 上流动是均匀的，速度为 v。这样，流过这个单元面积上的流体流量可以写为

$$dq_V = v\mathrm{d}A \tag{2-25}$$

通过整个截面上的流量 q_V 则为

$$q_V = \int_0^A v\mathrm{d}A \tag{2-26}$$

质量流量是指单位时间内流经某一截面的流体质量。若流体的密度是 ρ，则质量流量可由体积流量导出，表示为

$$q_m = q_V\rho = \rho vA \tag{2-27}$$

式中：q_m 为质量流量；ρ 为介质密度。

质量流量的单位除了国际单位导出单位 kg/s 外，还常用 t/h、kg/h 等。

2）累积流量

累积流量是指一段时间内流经某截面的流体数量的总和，有时称为总量，可以用体积和质量来表示，即

$$V = \int_{t_1}^{t_2} q_V \mathrm{d}t$$

$$m = \int_{t_1}^{t_2} q_m \mathrm{d}t \tag{2-28}$$

累积流量采用的单位分别为 m^3、L、t、kg 等。

测量瞬时流量的仪表一般称为流量计，一般用于生产过程的流量监控和设备状态监测。而测量累积流量的仪表称为计量表，一般用于物质消耗计量、产量核定和贸易结算。但流量计和计量表两者并不是截然分开的，在流量计上配以累积机构，也可以得到累积流量。

2. 流量测量仪表的分类

流量测量的方法很多，其测量原理和所采用的仪表结构形式各不相同，分类方法也不尽相同。按流量测量原理将流量计分类如下：

（1）速度式流量计。速度式流量计主要是以测量流体在管道内的流动速度作为测量依据，根据 $q_V = vA$ 原理测量流量。例如差压式流量计、转子流量计、靶式流量计、电磁流量计、涡轮流量计等均属此类。

（2）容积式流量计。容积式流量计主要以流体在流量计内连续通过的标准体积 V_0 的数目 N 作为测量依据，根据 $V = NV_0$ 进行累积流量的测量，如椭圆齿轮流量计、腰轮（罗茨）流量计、刮板流量计等。

（3）质量式流量计。质量式流量计是直接以测量流体的质量流量 q_m 为测量依据的流量仪表。它具有测量精度不受流体的温度、压力、黏度等变化影响的优点，如热式质量流量计、补偿式质量流量计、振动式质量流量计等。

只有在流体流动时流量检测才有意义，因此流量检测过程与流体流动状态、流体的物理性质、流体的工作条件、流量计前后直管道的长度等因素有关。确定流量测量方法、选择流量仪表必须从整个流量检测系统来考虑，才能获得好的测量结果。

2.3.2 差压式流量计

差压式流量计也叫节流式流量计，是利用测量流体流经节流装置所产生的静压差来显示流量大小的一种流量计。差压式流量计是目前工业生产中检测气体、蒸汽、液体流量最常用的一种检测仪表。差压式流量计具有检测方法简单，没有可动部件，工作可靠，适应

性强，可不经实流标定就能保证一定精度等优点，被广泛应用于生产流程中。

差压式流量计使用历史长久，已经积累了丰富的实践经验和完整的实验资料。国内外已将孔板、喷嘴、文丘里管等最常用的节流装置进行了标准化。国际标准和国家标准代号分别为ISO5167、GB/T2624.3，本书所用公式、数据均来自于此标准。采用标准节流装置，按统一标准、数据设计的差压式流量计，不必进行实验标定即可直接投入使用。差压式流量计目前已成为工业上应用最为广泛的流量计。

差压式流量计由节流装置、导压管和差压变送器(或差压计)三部分组成，如图2-40所示。

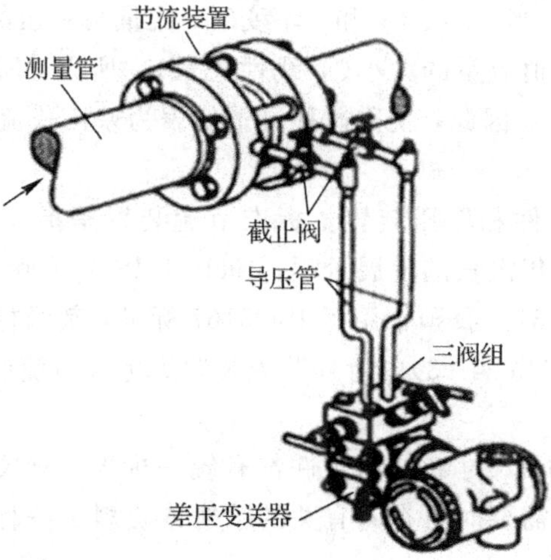

图2-40　差压式流量计的组成

节流装置是使流体产生收缩节流的节流元件和压力引出的取压装置的总称，用于将流体的流量转化为压力差。节流元件的形式很多，如孔板、喷嘴、文丘里管等，但以孔板的应用最为广泛。

导压管是连接节流装置与差压计的管线，是传输差压信号的通道。导压管上通常安装有平衡阀组及其他附属器件。

差压计用来测量压差信号，并把此压差转换成流量指示记录下来。可以采用各种形式的差压计、差压变送器和流量显示积算仪等。

1. 节流装置的流量测量原理

1）节流元件

所谓节流元件就是设置在管道中能使流体产生局部收缩的元件。常用的节流元件有孔板、喷嘴和文丘里管等，虽然结构形式有些不同，但流体流经它们时的节流现象和测量原理基本是一样的。

2）节流原理

在管道内流动的流体具有动能和静压能两种能量形式。流体由于有压力才具有静压能，由于有流速才具有动能。这两种形式的能量在一定条件下是可以相互转化的，但总能量不变(能量守恒定律)。当流体流经节流装置时，由于流通面积突然变小，流束被迫局部收缩，流速加快，动能增加。根据能量守恒定律，增加的动能是靠牺牲静压能来获得的，所以节流元件后的静压低于其前面的静压，在节流元件前后产生了静压差。这个差值与流体

的流量有关，即

$$M = \alpha\varepsilon F_0 \sqrt{2\rho\Delta p} \tag{2-29}$$

$$Q = \alpha\varepsilon F_0 \sqrt{\frac{2}{\rho}\Delta p} \tag{2-30}$$

这就是节流装置的基本流量方程。式中：α 为流量系数，由实验确定；ε 为膨胀校正系数，可查阅有关手册，对于不可压缩液体，可取 $\varepsilon=1$；F_0 为节流装置的开孔截面积(m^2)；ρ 为节流装置前的流体密度(kg/m^3)；Δp 为节流装置前后的压差(Pa)。

从式(2-30)可看出，当 α、ε、F_0 和 ρ 不变时，流量与差压的平方根成正比。即只要能测出差压的大小，就能知道流量的大小(非线性关系)。所以，所有能测量差压的仪表都可与节流元件配合测量流量。因此，就称这种测量仪表为差压式流量计。

3) 标准节流装置

节流装置包括节流元件和取压装置。标准节流装置是指国际(国家)标准化的节流装置。节流装置经历了近百年漫长的发展过程，1980 年 ISO(国际标准化组织)正式通过标准节流装置国际标准 ISO5167。我国采用了 ISO5167 标准，其国标代号为 GB/T2624.93。我们通常称 ISO5167(GB/T 2624.93)中所列节流装置为标准节流装置，其他节流装置称为非标准节流装置。

标准节流元件的结构、尺寸和技术条件都有统一标准，有关计算数据都经过大量的系统实验而有统一的图表，需要时可查阅有关的手册或资料。按标准制造的节流元件不必经过单独标定即可投入使用。

ISO5167(GB/T 2624.93)规定：标准节流装置中的节流元件为孔板、喷嘴和文丘里管；取压方式为角接取压法、法兰取压法、径距取压法，适用条件为流体必须充满圆管和节流装置，流体通过测量段的流动必须保持稳定或仅随时间缓慢变化，流体必须是单相流体或者可以认为是单相流体；工艺管道公称直径在 50～1000 mm 之间。

由于 70%以上的流量测量都采用差压式流量计，所以节流元件均已标准化。标准节流装置由几种标准化了的节流元件和相应长度的前后直管段组成，并有规定的取压方法。因孔板结构最简单、制造方便，所以孔板的应用最广泛。

(1) 孔板。孔板是一块具有圆形开孔并与管道同心的圆形平板，如图 2-41 所示。逆

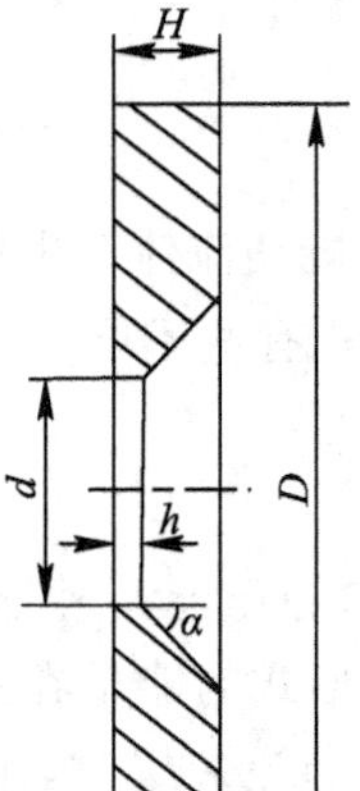

图 2-41　孔板结构图

流方向的一侧是一个具有锐利直角入口边缘的圆柱部分，顺着流向的是一段扩大的圆锥体。用于不同管径的标准孔板，其结构形式基本上是几何相似的。孔板对流体造成的压力损失较大，而且一般只适用于洁净流体介质的测量。

(2) 标准喷嘴。标准喷嘴有 ISA1932 喷嘴和长径喷嘴两种形式，如图 2-42 所示，是一个以管道喉部开孔轴线为中心线的旋转对称体，由两个圆弧曲面构成的入口收缩部分及与之相接的圆筒形喉部所组成。标准喷嘴可用多种材质制造，可用于测量温度和压力较高的蒸汽、气体和带有杂质的液体介质流量。标准喷嘴的测量精度较孔板要高，加工难度大，价格高，压力损失略小于孔板，要求工艺管径 D 不超过 500 mm。

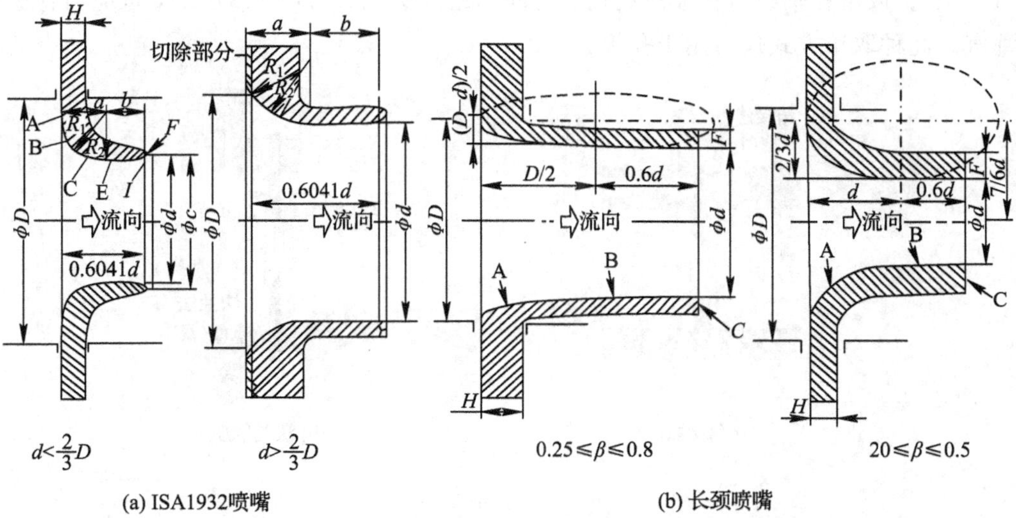

图 2-42　标准喷嘴结构图

(3) 标准文丘里管。标准文丘里管由入口圆筒段、圆锥收缩段、圆筒形喉部、圆锥扩散段组成，如图 2-43 所示。压力损失较孔板和喷嘴都小得多，可测量有悬浮固体颗粒的液体，较适用于大流量气体流量的测量，但制造困难，价格昂贵，不适用于 200 mm 以下管径的流量测量，工业应用较少。

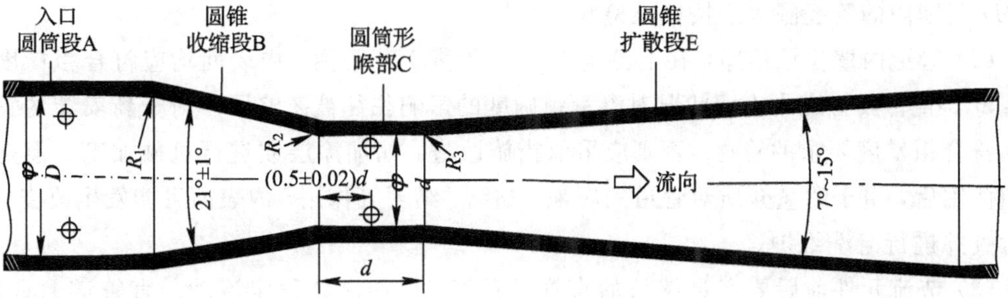

图 2-43　标准文丘里管

2. 取压方式

在我国节流装置的取压方式有国际规定：标准孔板用角接取压或法兰取压，标准喷嘴用角接取压。

1）角接取压

这种取压方式的上、下游取压管口位于孔板（喷嘴）前后两端面外，如图 2-44(a)所示。具体规定为：取压口距节流元件上、下游端面的距离分别等于取压孔径的一半或取压环隙宽度的一半。

2）法兰取压

在距节流元件前、后端面各 1 英寸(25.4 mm)的位置上钻孔取压，如图 2-44(b)所示。一般要求在法兰上钻孔取压，上、下游取压孔直径 d 相同，应满足 $d \leqslant 0.08D$，一般为 6～18 mm。取压孔轴线与孔板前后端面之间的距离 x 为(25.4±0.8)mm，且应与管道中心线垂直。此种取压方式仅适用于孔板。

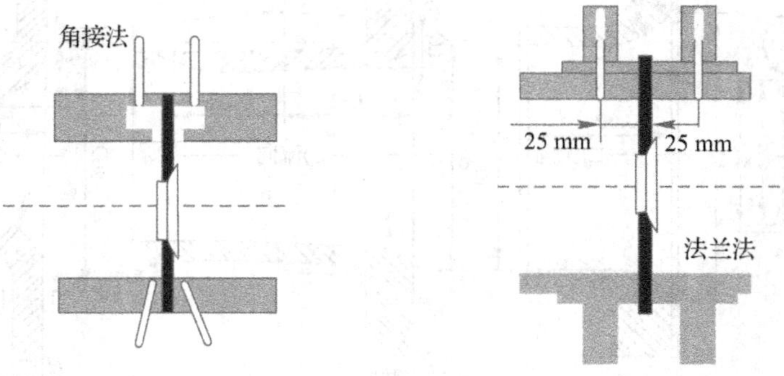

(a) 角接取压　(b) 法兰取压

图 2-44　取压方式

3. 测量管

标准节流装置的流量系数是在一定的条件下通过试验取得的，因此，除对节流元件和取压装置有严格的规定外，对管道安装、使用条件也有严格的规定，否则，引起的测量误差是难以估计的。

(1) 安装节流元件的管道应该是直的，截面为圆形。直线度可用目测，在靠近节流元件 $2D$ 范围内的管径圆度应按标准检验。

(2) 管道内壁应该洁净，在上游 $10D$ 和下游 $4D$ 范围内，内表面均应符合粗糙度参数的规定。直管段管道内表面状况对测量精确度的影响往往被忽略了。对于新安装的管道应选用符合粗糙度要求的管道，否则应采取措施改进，如加涂层或进行机械加工。但是仪表长期使用后，由于测量介质对管道的腐蚀、黏结、结垢等作用，内表面可能发生改变，应定期检查并进行清洗维护。

(3) 节流元件前后要有足够长的直管段长度，以使流体稳定流动。直管道上有拐弯、分叉、汇合、闸门等阻流件，流束流过时会受到严重的扰动，之后要经过很长一段才会恢复平稳。根据阻流件的不同情况，必须在节流元件前后设置直管段。直管段长度与阻流件类型及 β 值有关，β 越大，所需直管段越长。一般情况下上游侧直管段长度在 $10D \sim 50D$ 之间，下游侧直管段长度在 $5D \sim 8D$ 之间。

4. 节流装置的安装和使用

在安装和使用节流装置时，应注意以下事项：

(1) 应使节流元件的开孔与管道的轴线同心，并使其端面与管道的轴线垂直。

(2) 在节流元件前后长度为管径 2 倍的一段管道内壁上，不应有明显的粗糙或不平。

(3) 节流元件的上下游必须配置一定长度的直管。

(4) 标准节流元件(孔板、喷嘴)一般只用于直径 $D>50$ mm 的管道中。

(5) 被测介质应充满全部管道并连续流动。

(6) 管道内的流束(流动状态)必须是稳定的。

(7) 被测介质在通过节流元件时应不发生相变。

5. 压差检测

节流元件将管道中流体的流量转换为压差，该压差由导压管引出，送给差压计来进行测量。用于流量测量的差压计形式很多，如双波纹管差压计、膜盒式差压计、差压变送器等，其中差压变送器使用得最多。

流量与差压之间具有开方关系，为指示方便，希望送给显示仪表的信号与流量呈线性关系，所以常在差压变送器后增加一个开方器，使 I_o' 与流量 Q 变成线性关系后，再送显示仪表进行显示。差压式流量检测系统的组成框图如图 2-45 所示。

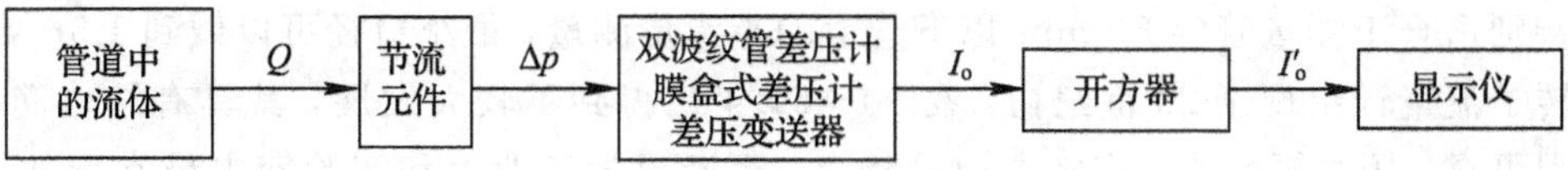

图 2-45　差压式流量检测系统的组成框图

有的差压变送器本身有开方功能(专为与孔板配合测流量而制)，就可省掉开方器了。

常规差压式流量计设计时，把流量方程中的 α、ε 和 ρ 均作为不变的常数来考虑，但在实际检测中，工艺过程的压力和温度不可能与设计时完全一致，特别对气体来说，它的变化会影响以上几个参数发生变化，从而引起较大的测量误差。为此，在要求较高的情况下，都要对差压式流量计进行温度和压力补偿。

6. 差压式流量计的投运

系统开始工作时，差压式流量计的投运是较繁琐的环节，所以要特别注意其投运步骤。

开表前，必须先使导压管内充满液体或隔离液，导压管中的空气要通过排气阀和仪表的放气孔排除干净。

在开表过程中，要特别注意差压计或差压变送器的弹性元件不能受突然的压力冲击，更不要处于单向受压状态。差压式流量计测量示意图如图 2-46 所示，现就投运步骤说明如下。

(1) 打开节流装置引压口截止阀 1 和 2。

(2) 打开平衡阀 5，并逐渐打开正压侧切断阀 3，使差压计的正、负压室承受同样压力。

(3) 开启负压侧切断阀 4，并逐渐关闭平衡阀 5，仪表即投入运行。

仪表停运时，与投运步骤相反，即先打开平衡阀 5，然后关闭正、负侧切断阀 3、4，最后再关闭平衡阀 5。

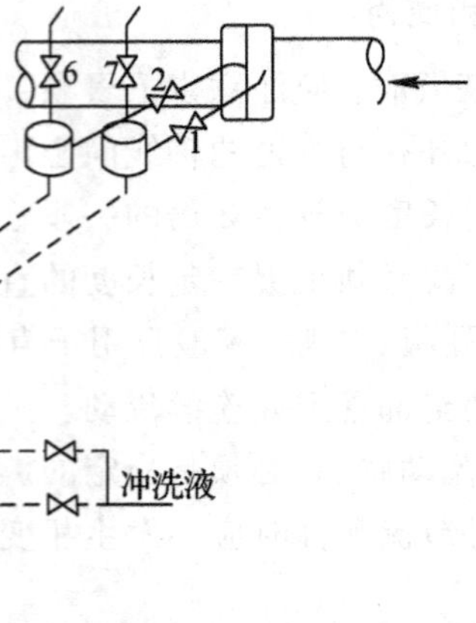

1、2—引压口截止阀；3—正压侧切断阀；4—负压侧切断阀；5—平衡阀；6、7—排气阀

图 2-46　差压式流量计测量示意图

2.3.3　转子流量计

大部分流量计对于小管径、低雷诺数流体的测量精度不高。差压式流量计受原理、结构等方面条件的限制，无法用于管径小于 50 mm、低雷诺数流体的流量测量。而转子流量计则特别适合于测量管径 50 mm 以下管道的小流量测量，最小口径可以做到 1.5～4 mm。

转子流量计出现于 20 世纪初，在 30～50 年代得到了较大发展，其具有结构简单、工作直观可靠、压力损失小、维修方便等特点，逐渐成为工业上和实验室中最常用的一种流量计，广泛应用于石油、化工、发电、食品、制药、水处理等领域。

1. 转子流量计的工作原理

转子流量计基本上由两部分组成，一个是一根自下而上逐渐扩大的垂直锥形管，另一个是置于锥形管内、随流体流量大小可上、下自由移动的转子，如图 2-47 所示。锥形管通常用玻璃制成，透过锥管和透明介质可以看到其内转子位置。锥管锥度一般为 40′至 3°。由于转子在流体中随流量变化而上、下浮动，因此这种流量计又被称为浮子流量计。

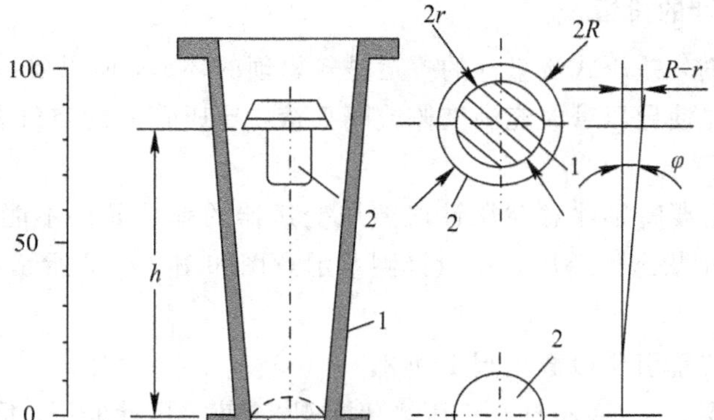

1—锥形管；2—转子

图 2-47　转子流量计

2. 转子流量计的结构类型与特点

1) 转子流量计的结构与分类

转子流量计类型很多，按锥管材料可分为透明锥管转子流量计和金属管转子流量计两种。

(1) 透明锥管转子流量计。透明锥形管多由硼硅玻璃制成，所以习惯上称之为玻璃转子流量计。玻璃强度低，若无导向杆结构，玻璃锥管容易被转子击破。目前，锥管还常用透明的工程塑料如聚苯乙烯、有机玻璃等材料制作。流量分度有直接刻在锥管外壁上的，也有在锥管旁另装分度标尺的。

小口径(DN 4～15 mm)转子流量计工作在压力较低的场合时一般为软管连接方式，如图 2-48(a)所示；螺纹连接方式一般用于口径 40 mm 以下的转子流量计，如图 2-48(b)所示：较大口径(DN 15～100 mm)转子流量计的连接方式多为法兰连接，应用最为普遍，如图 2-48(c)所示。

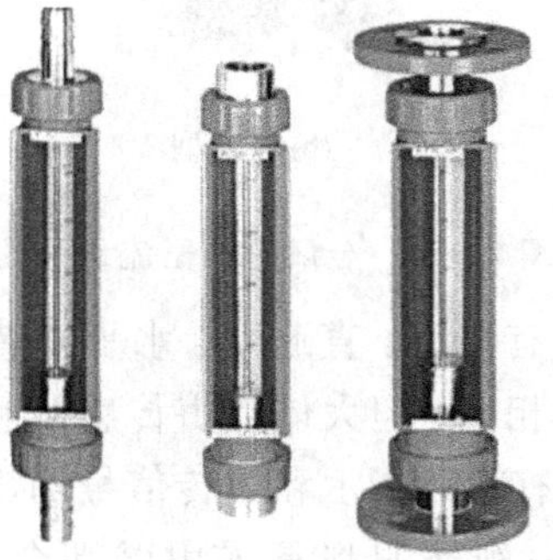

(a) 软管连接 (b) 螺纹连接 (c) 法兰连接

图 2-48　玻璃转子流量计的外形

玻璃转子流量计一般由锥管，转子，与管路连接的上、下基座，密封垫圈、盖和上、下止挡等组成，其结构如图 2-49 所示。

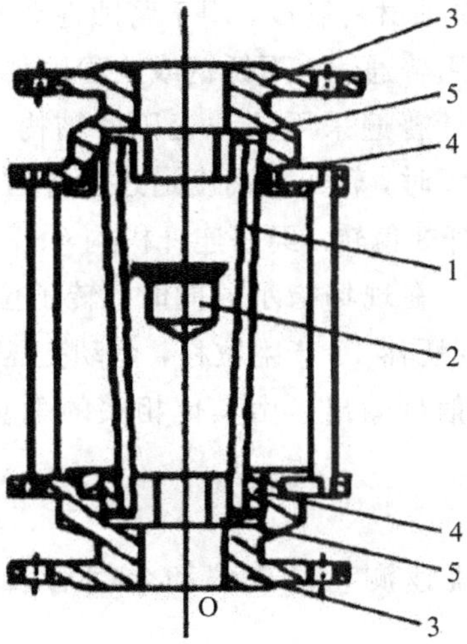

1—锥管；2—转子；3—上、下基座；4—密封垫圈、盖；5—上、下止挡

图 2-49　玻璃转子流量计的结构示意图

玻璃转子流量计虽然结构简单，价格便宜，使用方便，但玻璃强度低、耐压低，玻璃管易碎，多用于常温、常压、透明流体的就地指示。因受工作条件的限制，玻璃转子流量计不宜制成电远传式，电远传式一般采用金属锥形管。

(2) 金属管转子流量计。图 2-50 所示为金属管转子流量计，公称直径 DN 一般为 15～150 mm，连接方式多为法兰式连接。金属管转子流量计与玻璃转子流量计相比，具有耐高压、高温，读数清晰等特点，并可适用于不透明介质和腐蚀性介质的流量测量。

(a) 角型　　(b) 直通型　　(c) 水平安装型

图 2-50　金属管转子流量计的外形

金属管转子流量计的结构有角型、直通型、水平安装型几种。不同型号的金属管转子流量计其内部具体结构也不尽相同，但大体都由传感器和转换器两部分组成。传感器是由锥形管和转子组成的，转换器有就地指示和远传信号输出两大类型。所有金属管转子流量计的传感器与转换器之间无一例外的都是采用磁耦合的方式，将转子位置传送到转换器上。

金属管转子流量计根据不同的应用环境，可分成普通型、防爆型、夹套型、耐腐型几种。其中防爆型用于有爆炸性气体或粉尘的场所；夹套型可在夹套中通入加热或冷却介质，给流体保温以免流体凝固、结晶、汽化；耐腐型转子流量计与流体接触的部位都用聚四氟乙烯 F14、氟塑料 F40 等耐腐蚀材料制成，用于腐蚀性介质的流量测量；而普通型转子流量计与流体接触的部位一般多用普通钢、不锈钢或工程塑料制成。

电远传型金属管转子流量计普遍采用差动变压器结构，其传动原理如图 2-51 所示。当被测流体自下向上流过锥形管时，转子的高度通过内外磁钢 2、1 的磁性耦合方式，将转子的位移传给转换部分，使杠杆 3 偏转，经四连杆机构 6、7、8 带动指针 10 偏转相应角度，在流量刻度盘上指示流量大小。在现场指示的同时，转子位移通过第二套四连杆机构 11、12、13 带动铁芯 14 相对差动变压器 15 产生位移，差动变压器所感应的差动电势$e=e_1-e_2$送至电转换器转换为标准电流信号输出。由其他相关的配套仪表进一步实现流量的显示、记录、累积和调节控制。

2) 转子流量计的特点

(1) 适用于小管径和低流速测量。玻璃和金属管转子流量计的最大口径分别为 100 mm 和150 mm。

(2) 可用于低雷诺数流体测量。如果选用对黏度不敏感的转子形状，则临界雷诺数只有几十到几百，这比其他类型流量计的临界雷诺数要低得多。

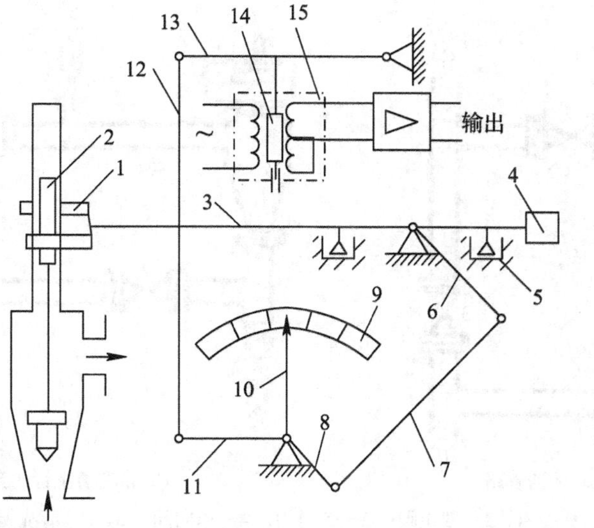

1、2—磁钢；3—杠杆；4—平衡锤；5—阻尼器；6、7、8—连杆机构；
9—标尺；10—指针；11、12、13—连杆机构；14—铁芯；15—差动变压器

图 2-51　金属管转子流量计的传动原理图

(3) 对上游直管段长度的要求较低。

(4) 有较宽的流量范围度，量程比为 10∶1。

(5) 压力损失较低。玻璃转子流量计的压损一般为 2～3 kPa，较高能达到 10 kPa 左右；金属管转子流量计的压损一般为 4～9 kPa，较高能达到 20 kPa 左右。

(6) 流量计的测量精度受被测流体的密度和黏度等因素影响，所以测量精度不高。多用作直观流动指示或测量精度要求不高的现场指示。一旦实际被测流体的密度和黏度与厂家标定介质的情况不同，就应对流量指示值进行修正，以免给使用带来不便。

3. 转子流量计的安装

(1) 要保持转子和锥形管的清洁，如果黏附有污垢则转子的质量及环形流通面积会发生变化，甚至还可能出现转子卡死，会产生很大的测量误差。因此，如果介质中含有固体杂质，应在流量计上游加装过滤器；如果介质中含有铁磁性物质，应在流量计的上游入口处安装磁过滤器。

(2) 若流体为不稳定的脉动流，为防止转子惯性作用造成指示振荡，可选用转子导杆上带阻尼器的转子流量计。

(3) 对工艺上不允许流量中断的管道，在安装流量计时应加设截止阀和旁通管路以便仪表维护。为方便今后仪表的清洗还可再加上清洗管，如图 2-52 所示。正常测量时，流体自入口经阀 1、流量计、阀 2 和 4 流出；检修维护流量计时，阀 1、2 关，流体自入口经阀 3、4 流出；清洗流量计时，清洗介质经阀 5、流量计、阀 6 流出。

(4) 管路中有调节阀时，调节阀一般应安装在流量计的下游。另外，调节流量时不宜采用电磁阀等速开阀门，否则阀门迅速开启时，转子就会因骤然失去平衡而冲到顶部，损坏转子或锥管。

(5) 转子流量计要求垂直安装，流量计中心线与铅垂线之间的夹角对 1.0 级和 1.5 级的

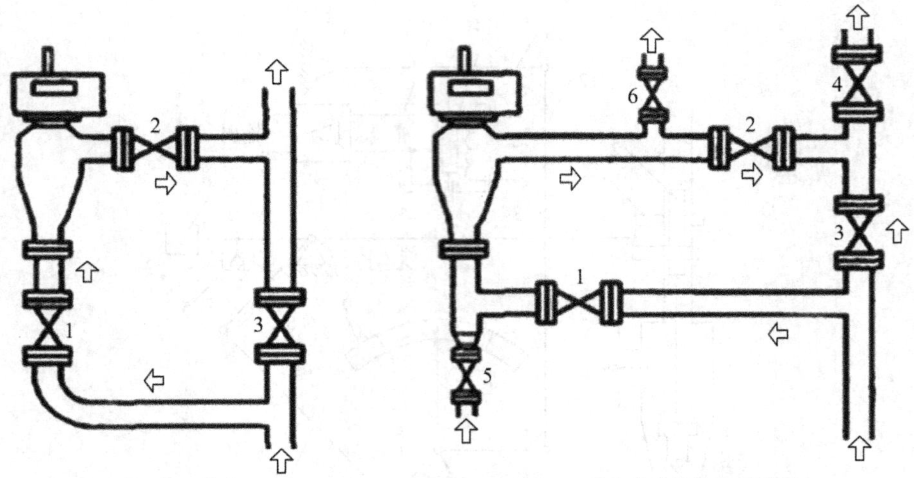

(a) 旁通管路　　(b) 带有清洗管的旁通管路

1、2—截止阀；3—旁通阀；4—单向阀；5、6—清洗阀门

图 2-52　转子流量计的旁通管路和清洗装置

流量计来说不应超过 2°，对低于 1.5 级的流量计来说不应超过 5°，否则就会带来测量误差。

(6) 转子流量计对直管段长度要求不高，一般上游侧直管段长度不小于 5D，下游侧直管段长度不小于 250 mm。

2.3.4　容积式流量计(椭圆齿轮流量计)

椭圆齿轮流量计是容积式流量计中的一种，它对被测流量的黏度变化不敏感，特别适合于高黏度的流体(如重油、聚乙烯醇、树脂等)甚至糊状物的流量测量。

1. 结构及工作原理

椭圆齿轮流量计的工作原理如图 2-53 所示。它的主要部件是测量室(即壳体)和安装在测量室内的两个互相啮合的椭圆齿轮 A 和 B，两个齿轮分别绕自己的轴相对旋转，与外壳构成封闭的月牙形空腔。

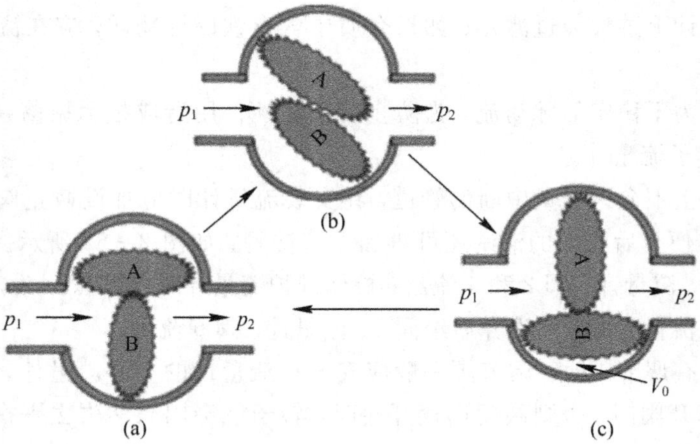

图 2-53　椭圆齿轮流量计工作原理

当流体流过椭圆齿轮流量计时，由于要克服阻力将会引起压力损失，而使得出口侧压力 p_2 小于进口侧压力 p_1，在此压力差的作用下，产生作用力距，使椭圆齿轮连续转动。

在图 2-53(a)所示的位置，$p_1>p_2$，合力矩使齿轮 B 逆时针旋转，此时 B 为主动轮，A 为从动轮，所以 A 顺时针转动。当转到图 2-53(b)所示的中间位置时，两个齿轮均为主动轮。当转至图 2-53(c)位置时，合力矩使 A 轮顺时针方向转动，并把已吸入月牙形空腔内的流体从出口排出，此时 A 为主动轮，B 为从动轮。如此往复循环，两个齿轮交替地由一个带动另一个转动，并把被测介质以月牙形容积为单位一次一次地由进口排至出口。显然，椭圆齿轮每转一周所排除的被测流体的量为月牙形容积的 4 倍。故通过椭圆齿轮流量计的体积流量 Q 为

$$Q=4nV_0 \tag{2-31}$$

式中：n 为椭圆齿轮的转速；V_0 为月牙形测量室容积。

可见，在椭圆齿轮流量计的月牙形容积 V_0 一定的条件下，只要测出椭圆齿轮的转速 n，便可知道被测介质的流量 Q。

椭圆齿轮流量计分为就地显示和远传显示两种形式，配以一定的传动机构和积算机构，还可以记录或显示被测介质的总量。图 2-54 为椭圆齿轮流量计的外形。

图 2-54　椭圆齿轮流量计的外形

2. 椭圆齿轮流量计的使用特点

由于椭圆齿轮流量计是基于容积式测量原理工作的，与流体的黏度等性质无关。因此，特别适用于高黏度介质的流量检测。它的测量精度很高(可达 ±0.5%)，压力损失较小，安装使用也较方便。但为了防止齿轮被卡住，要求被测介质纯净、不含固体杂质，为此，椭圆齿轮流量计的入口段必须加装过滤器。另外，温度过高时，齿轮可能会卡死，所以椭圆齿轮流量计的使用温度有一定的限制。

椭圆齿轮流量计的测量精度取决于齿轮边缘与壳体之间的泄漏量，这就要求间隙一定要小，因此加工精度要求很高，因而成本较高。如果使用不当或使用时间过久，会发生泄漏现象，就会引起较大的测量误差。

腰轮流量计等其他容积式流量计与椭圆齿轮流量计的原理类似。

2.3.5 电磁流量计

在进行流量测量时，如果被测介质具有导电性，则可以使用电磁流量计来检测。

1. 工作原理及组成

电磁流量计是依据法拉第电磁感应定律来测量流量的。

由电磁感应定律可知，导体在磁场中切割磁力线时，便会产生感应电势。同理，当导电的液体在磁场中作垂直于磁力线方向的流动而切割磁力线时，也会产生感应电势。图2-55为电磁流量计原理图，将一个直径为D的管道放在一个均匀磁场中，并使之垂直于磁力线方向。管道由非导磁材料制成，如果是金属管道，内壁上要装有绝缘衬里。当导电液体在管道中流动时，便会切割磁力线。如果在管道两侧各插入一根电极，则可以引出感应电势，其大小与磁场、管道和液体流速有关，由此不难得出流体的体积流量与感应电势的关系为

$$Q=\frac{\pi DE}{4B} \tag{2-32}$$

式中：E为感应电势；B为磁感应强度；D为管道内径。

显然，只要测出感应电势E，就可知道被测流量Q的大小。实际应用中多采用交流磁场，以消除介质的极化影响。

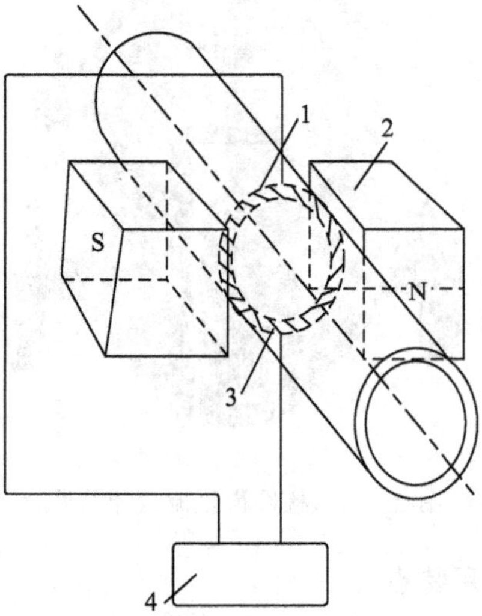

1—导管；2—磁极；3—电极；4—仪表

图2-55 电磁流量计的测量原理

2. 电磁流量计的使用特点

(1) 测量管道内没有可动部件，所以几乎没有压力损失，可以测量各种腐蚀性液体以及带有悬浮颗粒的浆液。

(2) 输出电流与介质流量呈线性关系，且不受液体物理性质(温度、压力、黏度、密度)或流动状态的影响。流速的测量范围大。

(3) 量程比宽(100∶1)，测量的体积流量从每小时数滴到数十万立方米，管道的口径是2 mm～3 m。

(4) 一般精度为 0.5 级到 1.5 级。

(5) 被测介质必须是导电液体。

(6) 信号较弱，慢量程时只有 2.5～8 mV，抗干扰能力差。电源电压的波动会引起磁场强度的变化，从而影响测量信号的准确性。

2.3.6 叶轮式流量计

在管道中，安装一个可以自由转动的有叶片的叶轮，在流体冲击下转动，流体的流速越高，叶轮转速也就越高，测出叶轮的转速，就可确定流过管道的流体流量。日常生活中使用的某些自来水表、油量计等都是利用这种原理制成的，这种仪表称为叶轮式流量计。

涡轮流量计是叶轮式流量计的一种。我国从 20 世纪 60 年代中期开始生产涡轮流量计，目前已形成比较成熟的系列化仪表。涡轮流量计可适用于成品油、石化产品等液体及气体等低黏度流体，通常用于流体总量的测量。涡轮流量计由于测量精度很高，有时也作为标定其他流量计的标准仪表使用。

1. 涡轮流量计

涡轮流量计由涡轮流量变送器和显示仪表两部分组成。

1) 涡轮流量变送器的结构

涡轮流量变送器的结构如图 2-56 所示，主要由壳体、导流器、涡轮、轴承、磁电转换器、放大转换电路等组成。

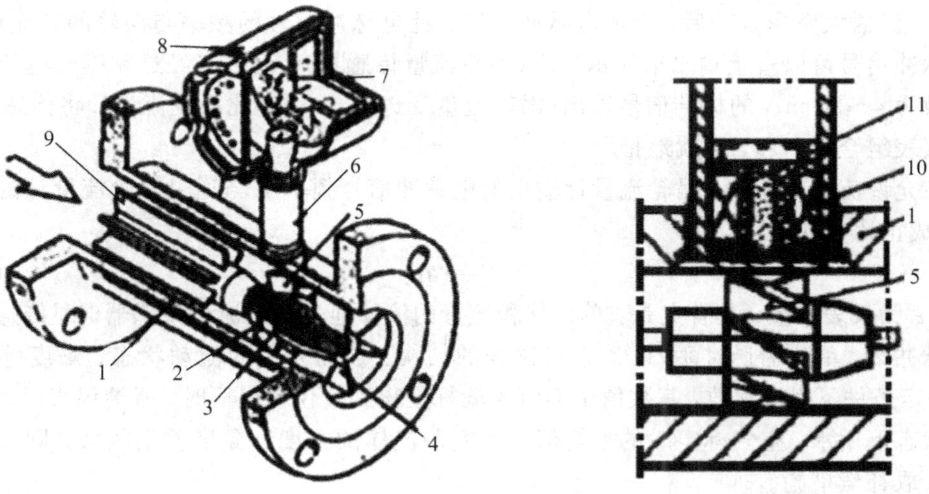

(a) 结构　　(b) 磁电转换器

1—壳体；2—轴承；3—涡轮轴；4—后导流器；5—涡轮叶片；6—磁电转换器；

7—放大转换电路；8—表头；9—前导流器；10—感应线圈；11—永久磁钢

图 2-56　涡轮流量变送器的结构示意图

(1) 壳体。壳体由不导磁的不锈钢或硬质合金材料制成，两端与被测流体管道相连接，有法兰式、夹装式、螺纹式三种连接形式。壳体内装有导流器、涡轮和轴承，壳体外安装有磁电转换器。壳体主要起承受被测流体的压力、固定安装检测部件和连接管道的作用。

(2) 导流器。一般导流器也由不导磁的不锈钢或硬铝材料制成。前导流器 9 使流体到达涡轮前先导直流向，避免流体因自旋而改变对涡轮叶片的作用角度，影响测量精确度。后导流器 4 除起到支承叶轮的作用外，也可起到稳定流体流向减少对下游仪表影响的作用。

(3) 叶轮。涡轮流量计的叶轮叫涡轮，一般由高导磁不锈钢材料制成，由前、后导流器上的轴承 2 支承。涡轮芯上装有叶片 5，叶片有螺旋形、直板形和丁字形等几种，叶片数量根据直径不同有 2～24 片不等。为了使涡轮对流速有很好的响应，要求涡轮质量尽可能小。

轴与轴承通常采用滑动配合石墨轴承或硬质合金轴承，应有足够的硬度、强度和耐磨性。为了比较彻底地解决轴承磨损问题，目前已有生产无轴承的涡轮流量变送器。

(4) 磁电转换器。磁电转换器由永久磁钢和感应线圈等组成，可用来产生一个频率与涡轮转速成正比的电信号，如图 2-56(b)所示。因为永久磁钢对高导磁的涡轮叶片有吸引力，会产生磁阻力矩，所以小口径传感器在通过小流量时，磁阻力矩就成为了主要阻力矩。

2) 涡轮流量计的工作原理

当被测流体通过涡轮流量传感器时，流体通过前导流器沿轴线方向冲击涡轮叶片。由于涡轮的叶片与流体流向之间有一个倾角 θ，流体冲击力的切向分力对涡轮产生转动力矩，使涡轮克服机械摩擦阻力矩和流动阻力矩而转动。实践表明，在一定的流量范围内及一定黏度、密度的流体条件下，涡轮的转速与经过涡轮的流量成正比。所以，可以通过测量涡轮的转速来测量流量。涡轮的转速一般都是通过安装在传感器壳体外面的磁电转换器 6 利用磁电感应原理进行测量的。当涡轮转动时，高导磁的涡轮叶片依次扫过磁钢 11 的磁场，从而周期性地改变磁回路的磁阻和感应线圈的磁通量，叶片在永久磁钢正下方时磁阻最小。感应线圈 10 中的磁通量周期性变化，使线圈中产生同频率的感应电势，送入放大转换电路 7，经放大整形处理后，变成电脉冲信号。此电脉冲信号的频率与涡轮的转速成正比。该电脉冲信号可以直接输出给显示仪表(涡轮流量传感器)，也可以经过频率—电流转换电路转换为 4～20 mA 的标准信号输出(涡轮流量变送器)。一体化涡轮流量计将传感、变送、显示仪表组合在一起，可就地指示。

在允许流量范围内，涡轮流量计输出的电脉冲信号频率 f 与通过涡轮流量计的体积流量 q_V 成正比，即

$$f=\xi q_V \tag{2-33}$$

式中：ξ 为仪表系数，其含义是：单位体积流量的流体通过涡轮流量传感器时，传感器输出的电脉冲数，单位为脉冲数/m^3。ξ 与仪表的结构、被测介质的流动状态、黏度等因素有关，一定条件下 ξ 为常数，其数值由实流校验标定得到。仪表出厂时，所给仪表系数 ξ 是在标准状态下用水、空气标定时的平均值。若实测流体的密度和黏度差别较大，则需重新标定或采取补偿措施。

若已测得传感器输出的电脉冲频率 f 或某一时间内的电脉冲总数量 N，就可以按式(2-34)和式(2-35)，计算瞬时体积流量和体积总量：

$$q_V=\frac{f}{\xi} \tag{2-34}$$

$$V=\frac{N}{\xi} \tag{2-35}$$

式中：N 为一段时间内传感器输出的脉冲总数；V 为被测流体的体积总量(m^3)。

3) 涡轮流量计的流量特性

根据涡轮流量计的流量方程，只有涡轮流量计的仪表系数 ξ 为常数时，流量计才可以

正常测量。涡轮流量计的特性曲线如图 2-57 所示。

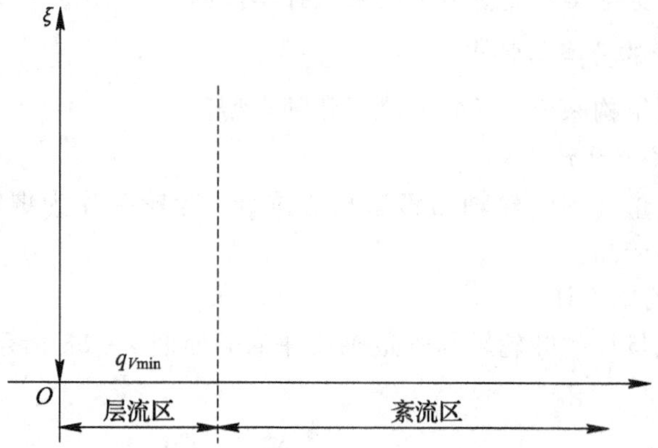

图 2-57 涡轮流量计的特性曲线

涡轮要转动首先必须要克服轴承的静摩擦阻力矩，所谓始动流量 $q_{V\min}$，即涡轮克服静摩擦阻力矩所需的最小流量值。当实际流量小于始动流量值时，涡轮不动，无信号输出。机械摩擦阻转矩越小，流体介质密度 ρ 越大，始动流量值越小。测量气体时，始动流量值相对较大。

当流量较小时，仪表系数 ξ 随流量的增加而迅速增加，流量增加达到紊流状态后仪表系数 ξ 就基本保持不变。当涡轮流量计用于测量较高黏度的低速流体时，必须用实际使用的流体对仪表进行重新标定。

4) 涡轮流量计的特点及应用

涡轮流量变送器具有以下特点：

(1) 精度高、量程比宽、反应速度快、灵敏性好。涡轮流量计基于电磁感应转换原理，涡轮惯性小，反应速度快，测量精度可达 0.2 级，可作为标准计量仪表。涡轮流量计量程比一般为 10∶1～40∶1，适用于流量大幅度变化的场合。

(2) 输出脉冲信号与流量成正比，仪表刻度线性。脉冲信号传输抗干扰性强，容易进行累积测量，便于远传和计算机数据处理。

(3) 耐高压、压力损失小、结构紧凑、安装维修方便。最大流量下其压力损失为 10～100 kPa。

(4) 轴承易磨损。

(5) 对流体清洁度要求较高，只能用于成品油、洁净水、液化气、天然气等洁净介质的测量。流量计前一般均应安装过滤器，以便滤除固体颗粒和机械杂质，延长流量计使用寿命。

(6) 对直管段要求较高，上、下游直管段长度一般应在 $20D$、$5D$ 以上。

使用涡轮流量计时应注意以下几点：

(1) 投运前先进行仪表系数的设定。

(2) 传感器启动时一定要缓慢。严禁传感器在无液体状态时通入高速气体冲击损坏涡轮，应使传感器内缓慢地充满液体。

(3) 传感器的维护周期一般为半年，应及时清洗过滤器，检查清洗涡轮。长期使用后轴承磨损，仪表系数会发生变化，应定期对仪表进行校验标定。

(4) 气体涡轮流量计易受温度和压力的影响，液体涡轮流量计对黏度变化敏感。介质密度、黏度变化时需要对仪表重新标定或采取补偿措施。

2. 叶轮式流量计的分类与特点

叶轮式流量计按结构来分，可分为以下几种类型。

1) 轴向型叶轮式流量计

轴向型叶轮式流量计的叶轮轴与管道轴心重合，叶轮叶片为螺旋形，为涡轮流量计，是叶轮流量计的主导产品。

2) 切向型叶轮式流量计

切向型叶轮式流量计的叶轮轴与管道轴心垂直，如图 2-58 所示，流体从叶轮的切向流过，冲击叶片旋转。

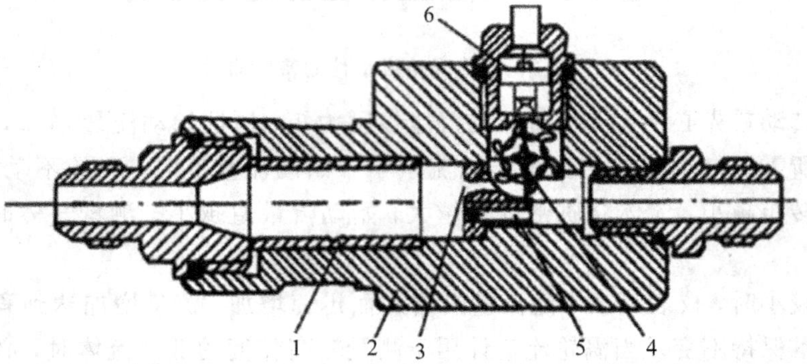

1—套筒；2—壳体；3—喷嘴；4—涡轮；5—调整刻度用槽道；6—光电检测器

图 2-58 切向型叶轮流量传感器结构示意图

为解决微流量时流体对叶轮的冲击力过小的问题，一般入口处装有喷嘴，并且可以更换喷嘴孔径以调节流量范围。叶轮的转速可采用光电法检测，一般不采用会产生磁阻力矩的磁阻法检测。也有的做成插入式的切向叶轮流量传感器，适合大口径流量的测量。

家用水表也是一种切向型叶轮流量计，如图 2-59 所示，但叶轮四周有多个切向进水

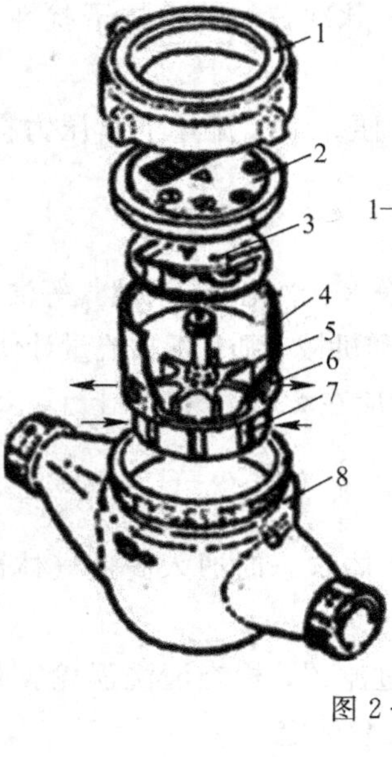

1—表盖；2—示数面板；3—齿轮传动机构；4—叶轮盒；5—叶轮；6—出水孔；7—切向进水孔；8—表壳

图 2-59 叶轮水表结构示意图

孔，灵敏度高，始动流量更小。叶轮的转动是通过齿轮直接传动给指示机构的。内部零件全部由工程塑料制造，长期浸在水中，也有采用磁性耦合传动的。指示机构指示累积流量，采用机械计数器或多位指针式机构，上、下位之间用10∶1齿轮传动。

3）无轴承涡轮流量传感器

有些涡轮流量传感器采用无轴承浮动式结构（也称流体轴承），是用高压流体来代替轴承，使涡轮处于浮动状态，以减小摩擦，解决涡轮流量计的轴承磨损问题，如图2-60所示，一部分流体流经悬臂支承中间的开孔进入支承的内腔，由于内腔压力高于外部流体的压力，内外腔之间的压差作用将涡轮沿轴向均匀托起，使涡轮处于浮动状态。无轴承涡轮流量传感器的缺点是对流体清洁度要求更高。

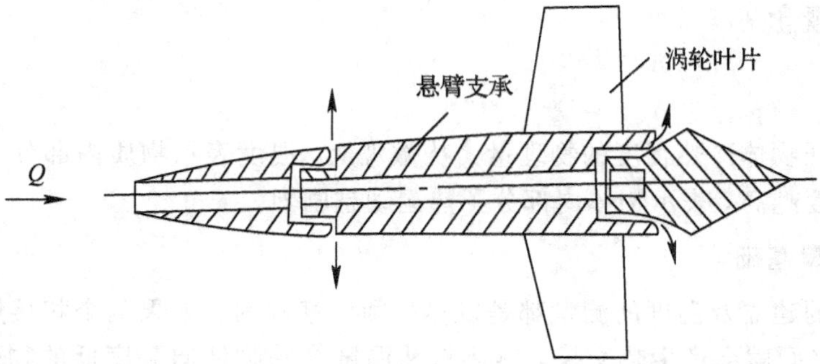

图2-60　无轴承涡轮流量传感器的结构示意图

4）插入式叶轮流量计

插入式叶轮流量计适合测量大口径管道的流量。使用方法是用小的叶轮流量测量头插到管道的平均流速点或最大流速点，测出局部流速推算出通过管道的整体流量。其结构如图2-61所示，可以在关断球阀而不断流的情况下插入或取出测量头，进行流量计的维护或检修。插入头可做成轴向涡轮或切向叶轮两种。

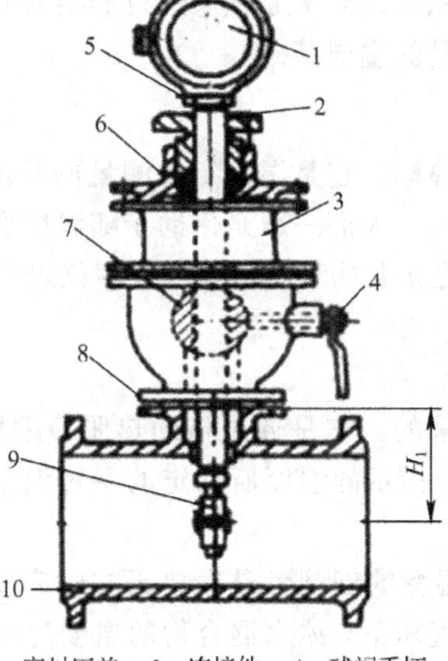

1—表头；2—密封压盖；3—连接件；4—球阀手柄；5—锁紧螺母；
6—密封填料；7—球阀；8—阀体；9—涡轮探头；10—测量管

图2-61　插入式叶轮流量传感器的结构示意图

2.4 温度的检测

温度是国际单位制(SI)7个基本物理量之一，也是工业生产和科学实验中最普遍、最重要的工艺参数。许多生产过程都是在一定温度下进行的，例如精馏塔利用混合物中各组分沸点的不同实现组分分离；塔釜、塔顶等的温度都必须按工艺要求分别控制在一定数值上，否则将无法生产出质量合格的产品。在氨合成工艺中，温度也是关键的控制指标之一，温度的检测和控制非常普遍。

2.4.1 基本概念

1. 温度

温度是表征物体冷热程度的物理量。从微观上，温度表示物质内部分子热运动平均动能的大小。温度越高，表示物体内部分子热运动越剧烈。

2. 温度测量基础

温度概念的建立及温度的测量都是以热平衡为基础的。如果两个相接触的物体的温度不相同，它们之间就会产生热交换，热量将从温度高的物体向温度低的物体传递，直到两个物体达到相同的温度为止。因此测量温度时，一般需要通过热交换使温度计敏感元件的温度与被测温度相同。

温度定义本身并没有提供衡量温度高低的数值标准，因此不能直接加以测量。但自然界有许多现象都与温度有关(称为热效应)，所以温度的测量一般是根据物质的某些特性与温度之间的函数关系，通过对这些特性参数的测量间接地获得。当用以测温的敏感元件与被测物体温度达到相等时，通过测量敏感元件的温敏物理量，便可以定量得出被测物体的温度数值。也可以利用热辐射原理或光学原理等进行非接触测量。

热平衡和热效应是温度测量的重要基础。

3. 温标

温度的数值表示方法称为温标。它是温度定量测量的基准，规定了温度的读数的起点(即零点)和测量温度的基本单位。人们一般是借助于随温度变化而变化的物理量和某些温度固定的点来定义温度数值、建立温标和制造温度检测仪表的。

下面简要介绍几种温标。

1) 经验温标

经验温标是最先被制定出来的。它是通过借助热胀冷缩原理制造的玻璃水银温度计，用实验的方法，根据温度计实际指示的温度所确定的一种温度表示方法。常用的有摄氏温标和华氏温标。

(1) 摄氏温标(℃)。摄氏温标的创制者是瑞典天文学家安德斯·摄耳修斯，经法国人克里斯廷修订。规定在一个大气压下，冰水混合物的温度为0℃，水的沸点为100℃，两者之间分为100个等份，每一等份为一摄氏度，用符号℃表示。

(2) 华氏温标(°F)。华氏温标由德国物理学家华伦海特提出。规定在标准大气压下纯水的冰点温度为32°F，水的沸点温度为212°F，中间划分为180等份，每一等份为一华氏度，用符号°F 表示。西方国家在日常生活中普遍使用华氏温标。

可见，用不同的温标所确定的同一温度的数值大小是不同的。利用上述两种温标测得的温度数值，与温度计所采用的材料的物理性质(如水银的纯度)及玻璃管材料等因素有关，因此不能严格保证世界各国所采用的基本测温单位完全一致。

2) 热力学温标

1848 年威廉·汤姆首先以热力学第二定律为基础，建立了温度仅与热量有关而与物质无关的热力学温标。热力学温标与物体的物理性质无关，国际权度大会采纳其为国际统一的基本温标。

热力学温标有一个绝对零度，它规定了分子运动停止时的温度为绝对零度，因此又称为绝对温标。由于建立热力学温标的基础——能够实现卡诺循环的可逆热机是不存在的，所以说，热力学温标是一种理想温标，是不可能实现的温标。

3) 国际实用温标

国际实用温标是用来复现热力学温标的。自 1927 年建立国际实用温标以来，随着社会生产及科学技术的进步，温标的复现也在不断发展。根据第 18 届国际计量大会(CGPM)的决议，自 1990 年 1 月 1 日起在全世界范围内实行“1990 年国际温标(ITS-90)”，以此代替使用多年的“1968 年国际实用温标(IPTS-68)”和“1976 年 0.5～30K 暂行温标(EPT-76)”。我国于 1994 年 1 月 1 日起全面实施 ITS-90。

(1) 温度单位。

ITS-90 规定热力学温度是基本物理量，其单位为开尔文(K)，温标单位大小定义为水三相点的热力学温度的 1/273.16。

ITS-90 同时定义了国际热力学温度 T_{90} 和国际摄氏温度 t_{90}。虽然水三相点的热力学温度为 273.16 K，T_{90} 和 t_{90} 之间保留以前温标定义中的计算关系，摄氏温度的分度值与热力学温度的分度值相同，温度间隔 1 K 等于 1℃，即

$$t_{90} = T_{90} - 273.15$$

式中，T_{90}、t_{90} 的单位分别是 K 和℃。

我们目前实际使用的温标是上述 ITS-90 定义的国际热力学温度和国际摄氏温度。但为了描述方便，一般不注脚标，写为 T 和 t。

(2) ITS-90 定义。

ITS-90 通过划分温区和分温区来定义。

0.65 K 到 5.0 K 之间，由 ^3He 和 ^4He 蒸汽压与温度的关系式来定义。

3.0 K 到氖三相点(24.5561 K)之间，是用氖气体温度计来定义的。它使用三个定义固定点，分别为氖三相点(24.5561 K)、H_2 三相点(13.8033 K)以及 3.0 K 到 5.0 K 之间的一个温度点。

平衡氢三相点(13.8033 K)到银凝固点(1234.93 K)之间，是用铂电阻温度计来定义的，它使用一组规定的定义固定点及利用所规定的内插方法来分度。所采用的定义固定点一般是一些纯物质的三相点或是熔点、凝固点，如 O_2、Ar、Hg、H_2O 的三相点，In、Sn、Al、Ag、Au、Cu 的凝固点等。

银凝固点以上，T_{90} 借助于一个定义固定点和普朗克辐射定律来定义，可使用单色辐射温度计或光学高温计来复现。所采用的定义固定点为 Ag、Au、Cu 的凝固点。

4. 测温仪表的分类及测温方法

温度测量仪表的分类方法有很多，按测温方式可分为接触式和非接触式两大类；按用途可分为基准温度计和工业温度计；按工作原理可分为膨胀式、热电阻式、热电式、辐射式等；按输出方式可分为自发电型、非电测型等。

接触式测温仪表比较简单、可靠，测量精度较高。但因其测温元件与被测介质需要进行充分的热交换，需要一定的时间才能达到热平衡，所以存在测温的延迟现象，同时受耐高温材料的限制，不能应用于很高温度的测量。

非接触式仪表是通过热辐射原理来测量温度的，测温元件不需与被测介质接触，测温范围广，不受测温上限的限制，也不会破坏被测物体的温度场，反应速度一般也比较快。但受到物体的发射率、测量距离、烟尘和水汽等外界因素的影响，其测量误差较大。

常用的工业用测温方法有以下几种。

(1) 应用热膨胀原理测温。利用液体或固体受热时产生热膨胀的原理，可以制成膨胀式温度计，如玻璃液体温度计、双金属温度计等。

(2) 应用压力随温度变化的原理测温。利用封闭在固定体积中的气体、液体或某种液体的饱和蒸汽受热时，其压力会随着温度而变化的性质，制成压力式温度计。

(3) 应用热阻效应测温。利用导体或半导体的电阻随温度变化的性质，可制成热电阻式温度计，如铂热电阻、铜热电阻和半导体热敏电阻温度计等。

(4) 应用热电效应测温。两种不同的导体形成的热电偶，其回路输出电势与两接点处温度有关。利用热电效应制成的热电偶温度计在工业生产中使用广泛。

(5) 应用热辐射原理测温。利用物体辐射能随温度变化的性质可以制成辐射温度计。由于测温元件不与被测介质相接触，故属于非接触式温度计。

我们可以根据成本、精度、测温范围及被测对象的不同，选择不同的温度测量仪表。表 2-5 所示为常用测温仪表的工作原理、测温范围和特点。

表 2-5　常用测温方法、类型及特点

测温方式		温度计名称	简单原理及常用测温范围	优点	缺点
接触式	热膨胀	玻璃温度计	液体受热时体积膨胀 −100～600℃	价廉、精度较高、稳定性好	易破损，只能安装在易观察的地方
		双金属温度计	金属受热时线性膨胀 −50～600℃	示值清楚、机械强度较好	精度较低
		压力式温度计	温包内的气体或液体因受热而改变压力 −50～600℃	价廉、最易就地集中检测	毛细管机械强度差，损坏后不易修复
	热电阻	热电阻温度计	导体或半导体的电阻值随温度而改变 −200～600℃	测量准确，可用于低温或低温差测量	和热电偶相比，维护工作量大，振动场合容易损坏
	热电势	热电偶温度计	两种不同金属导体接点受热产生热电势 −50～1600℃	测量准确，和热电阻相比安装维护方便，不易损坏	需要补偿导线，安装费用较高

续表

测温方式		温度计名称	简单原理及常用测温范围	优点	缺点
非接触式	热辐射	光学高温计	加热体的亮度随温度高低而变化 700～3200℃	测温范围广，携带使用方便，价格便宜	只能目测，必须熟练才能测得比较准确的数据
		光电高温计	加热体的颜色随温度高低而变化 50～2000℃	反应速度快，测量较准确	构造复杂，价格高，读数麻烦
		辐射高温计	加热体的辐射能量随温度高低而变化 50～2000℃	反应速度快	误差较大

2.4.2 膨胀式温度计

膨胀式温度计是利用液体、气体或固体热胀冷缩的性质，即利用测温敏感元件在受热后尺寸或体积发生变化的特点，根据尺寸或体积的变化值得到温度的变化值。膨胀式温度计分为液体膨胀式温度计和固体膨胀式温度计两大类。

1. 玻璃管液体温度计

玻璃管液体温度计是利用液体受热后体积随温度膨胀的原理工作的，是应用最广泛的一种温度计，其结构简单、使用方便、准确度高、价格低廉。

如图 2－62 所示，玻璃管液体温度计主要由玻璃温包、毛细管、工作液体和刻度标尺等组成。玻璃温包和毛细管连通，内充工作液体。当玻璃温包插入被测液体中时，由于被测介质温度的变化，使温包中的液体膨胀或收缩，因而沿毛细管上升或下降，由刻度标尺显示出温度的数值。

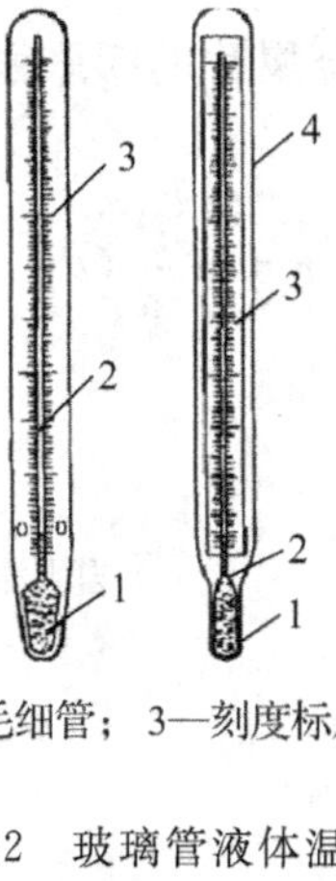

1—玻璃温包；2—毛细管；3—刻度标尺；4—工作液体

图 2－62　玻璃管液体温度计

液体受热后体积膨胀与温度之间的关系可用式(2－36)表示

$$V_t = V_{t_0}(\alpha - \alpha')(t - t_0) \qquad (2-36)$$

式中：V_t 为工作液在温度为 t 时的体积；V_{t_0} 为工作液在温度为 t_0 时的体积；α 为工作液体积膨胀系数；α'为玻璃材料体积膨胀系数。

从式(2－36)可以看出，工作液的体积膨胀系数 α 越大，温度计的灵敏度越高。玻璃管液体温度计一般采用水银和酒精作为工作液，其中水银与其他液体相比有许多优点，如不黏附玻璃、不易氧化、容易提纯、线性较好、准确度高。

玻璃管温度计按用途分类，可分为工业用玻璃管液体温度计和标准玻璃管液体温度计两类。标准玻璃管液体温度计可用来检定其他温度计，准确度高，测量绝对误差仅为0.05～0.1℃。工业用玻璃管液体温度计为了避免使用时被碰碎，在玻璃管外通常罩有金属保护套管，仅露出标尺部分，供操作人员读数，如图 2-63 所示。另外，保护管上还有安装到设备上的固定连接装置(一般采用螺纹连接)。

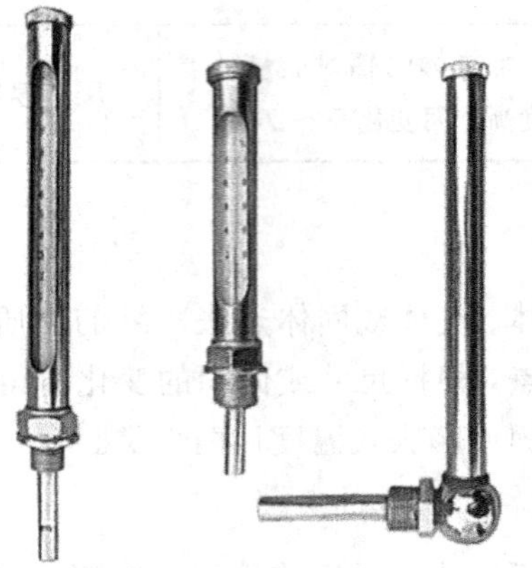

图 2-63　工业用玻璃管液体温度计

2. 双金属温度计

双金属温度计是利用两种膨胀系数不同的金属元件的膨胀差异来测量温度的。双金属片是由两种膨胀系数不同的金属薄片叠焊在一起制成的测温元件，如图 2-64(a)所示，其中双金属片的一端为固定端，另一端为自由端。当 $t=t_0$ 时，两金属片都处于水平位置；当 $t>t_0$ 时，双金属片受热后由于两种金属片的膨胀系数不同而使自由端产生弯曲变形，弯曲的程度与温度的高低成正比，即

$$x=G\frac{l^2}{d}(t-t_0) \tag{2-37}$$

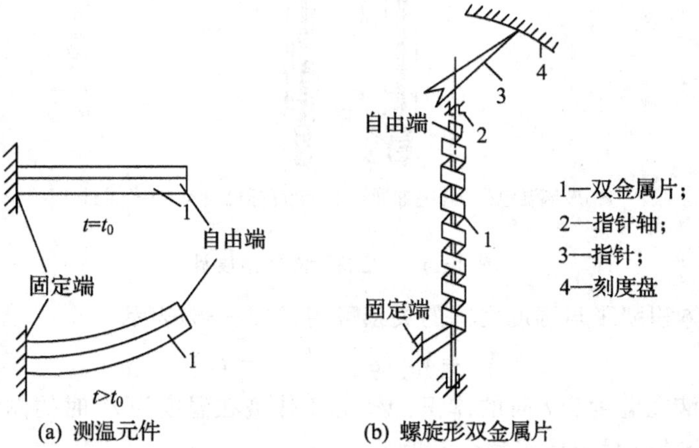

图 2-64　双金属温度计测温原理

式中：x 为双金属片自由端的位移；l 为双金属片的长度；d 为双金属片的厚度；G 为弯曲率，取决于双金属片的材料。

双金属片常被用作温度继电控制器、温度开关或仪表的温度补偿器。

工业上应用的双金属温度计为了提高仪表的灵敏度，将双金属片制成螺旋形，如图 2-64(b)所示。

双金属温度计结构简单、耐震动、耐冲击、使用方便、维护容易、价格低廉，适于震动较大的场合的温度测量。目前国产双金属温度计的使用温度范围为－80～600℃，可部分取代水银温度计，用于气体、液体及蒸汽的温度测量，准确度等级为 1～2.5 级，但测量滞后较大。

3. 压力式温度计

1）压力式温度计的结构及原理

压力式温度计虽然属于膨胀式温度计，但它不是靠感温元件本身受热膨胀后的体积或尺寸变化来反映温度的，而是靠在密闭容器中液体或气体受热后压力的升高来反映被测温度。因此这种温度计的指示仪表实际上就是普通的压力表。压力式温度计的主要特点是结构简单，强度较高，抗震性能较好。压力温度计的典型结构示意图如图 2-65 所示。

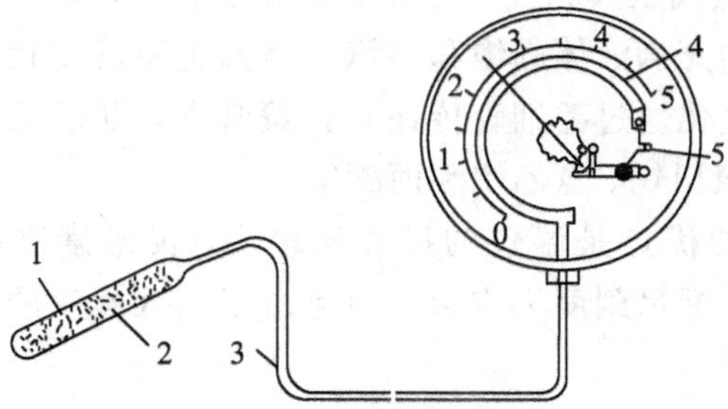

1—温包；2—感温介质；3—毛细管；4—弹簧管；5—双金属元件

图 2-65　压力式温度计结构示意图

压力式温度计由充有感温介质的温包、传递压力的毛细管及压力表组成。测温时，将温包置入被测介质中，被测温度升高时，温包内的感温介质体积膨胀，但由于温包、毛细管和弹簧管组成的封闭系统容积基本不变，介质体积膨胀受限，造成系统压力升高；被测温度降低时，压力减小。压力的变化经毛细管传给弹簧管使其产生变形，进而通过传动机构带动指针偏转，指示出相应的温度。

温包直接与被测介质接触，其材料应该具有良好的导热率和防腐能力。为了提高灵敏度，温包本身的体积膨胀系数要小，还应有足够的机械强度。通常温包用不锈钢或铜材制造。毛细管用来传递压力，直径一般为 2.5 mm，长度根据需要定制。

压力式温度计和玻璃管温度计相比，具有强度大、不易破损、读数方便、准确度较低、体积较大等特点。压力式温度计测温范围下限能达－100℃以下，上限最高可达 600℃，常用于空压机、内燃机、汽轮机等设备的油、水系统的温度测量。

压力式温度计根据充入密闭系统内感温介质的不同可分为液体压力式温度计、气体压力式温度计和蒸汽压力式温度计。

(1) 液体压力式温度计。

液体压力式温度计的感温液体常用水银，测温范围为－30～500℃，上限可达650℃。当用于测量150℃或400℃以下的温度时，可分别用甲醇和二甲苯作为感温液体。这种温度计的测量下限不能低于感温液体的凝固点，但上限却可以高于常压下的沸点。这是由于感温液体压力较高时，其沸点升高。使用液体压力式温度计时应将温包全部浸入被测介质之中，否则会引起较大的测量误差。环境温度变化过大，也会对示值产生影响。为此，在弹簧管的自由端与传动机构之间插入一条双金属片，环境温度变化时，双金属片产生相应的形变，以补偿因环境温度变化而出现的附加误差。

(2) 气体压力式温度计。

气体状态方程式 $pV=mRT$ 表明，对一定质量 m 的气体，如果它的体积 V 一定，则它的温度 T 与压力 p 成正比。因此，在密封容器内充以气体，就构成了充气体的压力温度计。工业用气体压力温度计通常充氮气，测温上限可达500～550℃；在低温下则充氢气，测温下限可达－120℃。在过高的温度下，温包中充填的气体会较多地透过金属壁而扩散，这样会使仪表读数偏低。

(3) 蒸汽压力式温度计。

低沸点液体的饱和蒸汽压只和气液分界面的温度有关，其温包中充入约占2/3容积的低沸点液体，其余容积则充满液体的饱和蒸汽。当温包温度变化时，蒸汽的饱和蒸汽压发生相应变化，这一压力变化通过毛细管传递到弹簧管中，以指示被测温度。感温包中充入的低沸点液体常用的有氯甲烷、氯乙烷和丙酮等。

蒸汽压力式温度计的优点是温包的尺寸比较小，灵敏度高；缺点是测量范围小，温度—压力关系呈非线性，标尺刻度不均匀。而且由于充入蒸汽的原始压力较小，故其测量精度易受大气压力的影响。

2) 压力式温度计的安装与应用

压力式温度计在使用、安装中要注意下面几个问题。

(1) 气体或液体压力式温度计易受周围环境温度的影响，无法得到完全的补偿，因此使用时环境温度不能超出规定范围。

(2) 当温包安装位置不同时，液体压力式温度计感温液体的液柱高度产生的静压力不同，会产生系统误差，应进行零点调整或进行修正。

(3) 蒸汽压力式温度计测量温度不能超过其测量上限，否则温包内所有液体全部汽化，这时的蒸汽压力已不是饱和蒸汽压了，甚至还会由于蒸汽的剧烈膨胀而损坏仪表。

(4) 压力式温度计的毛细管容易断裂和渗漏，安装时要注意保护。转弯处毛细管不可拉成直角，不应与蒸汽管等高温热源靠近。

2.4.3 热电偶温度计

热电偶温度计是利用热电偶传感器的热电效应实现温度测量的仪表。热电偶能将温度转换成毫伏级热电势信号输出，通过导线连接显示仪表和记录仪表，进行温度指示、报警及温度控制等，如图2-66所示。

热电偶温度计具有测温范围广、性能稳定、结构简单，动态响应好、测量精度高等特点，能够满足大部分工业过程温度测量的需要。热电偶输出为电信号，可以远传，便于集中检测和自动控制，因而在工业生产和科研领域应用极为广泛。

热电偶温度传感器的敏感元件是热电偶。热电偶由两根不同的导体材料将一端焊接或绞结而成，如图 2-67 中 A、B 所示。组成热电偶的两根导体称为热电极；焊接的一端称为热电偶的热端，又称测量端，与导线连接的一端称为热电偶的冷端，又称参考端。

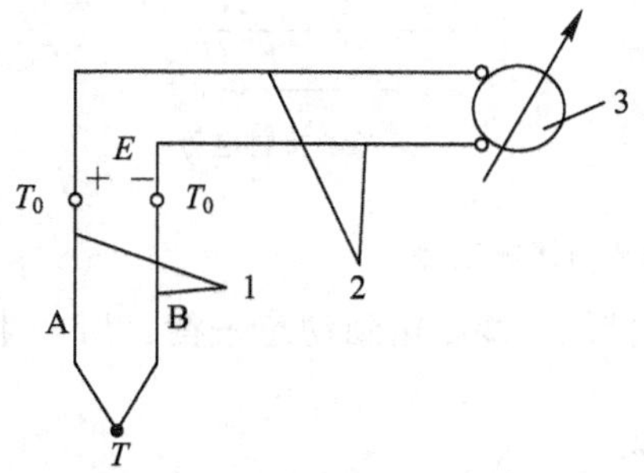

图 2-66　热电偶温度计组成示意图

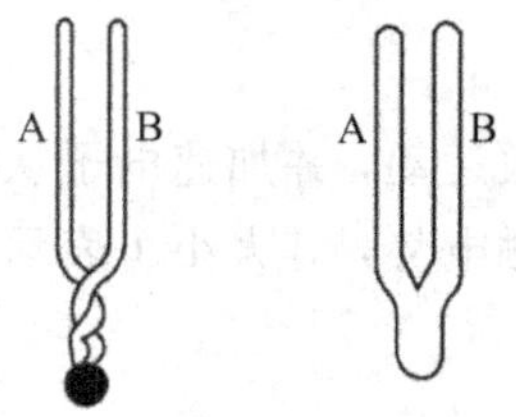

图 2-67　热电偶示意图

热电偶的热端一般要插入需要测温的生产设备中，冷端置于生产设备外，如果两端所处温度不同，则测温回路中会产生热电势 E。在冷端温度 T_0 保持不变的情况下，用显示仪表测得 E 的数值后，便可知道被测温度的大小。

1. 热电偶测温原理

1）热电效应

热电偶产生的热电动势由接触电势和温差电势两部分组成。

(1) 温差电势。

当同一导体的两端温度不同时，由于高温端（温度为 T）的电子能量比低温端（温度为 T_0）的电子能量大，因此导体内的自由电子将从温度高的一端向温度低的一端扩散，如图 2-68(a)所示，则高温端失去电子带正电，低温端得到电子带负电。电子电荷的积累在导体内建立静电场 E_S。当电场对电子的作用力与扩散力平衡时，扩散作用达到动态平衡，即单位时间内 T 漂移到 T_0 的电子数，等于反方向漂移的电子数目。此时电场 E_S 产生一个稳定的电动势称为温差电势，可表示为

$$E_A(T, T_0)=\frac{K}{e}\int_{T_0}^{T}\frac{1}{N_{At}}\mathrm{d}(N_{At}\cdot t) \qquad (2-38)$$

式中：e 为单位电荷，$e=1.6\times10^{-19}$ C；K 为波尔兹曼常数，$K=1.38\times10^{-23}$ J/K；N_{At} 为导体 A 在温度 t 时的电子密度。

由式(2-38)可以看出，温差电势与材料性质和导体两端的温度有关。如果两接点的温度相同，温差电势为零。

(2) 接触电势。

在两种不同导体 A、B 接触时，由于材料不同，两者有不同的电子密度。如 $N_A>N_B$，则在单位时间内，从导体 A 扩散到导体 B 的自由电子数比相反方向的多，即自由电子主要从导体 A 扩散到导体 B，这时导体 A 因失去电子而带正电，导体 B 因得到电子而带负电，如图 2-68(b)所示。因此，在接触面上形成了自 A 到 B 的内部静电场。此静电场将阻止电

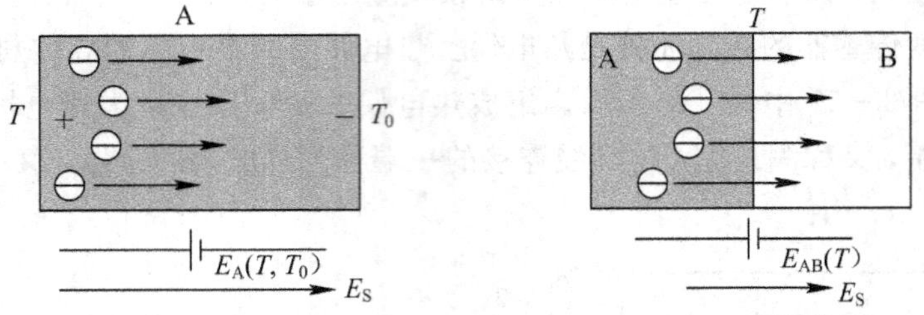

(a) 温差电势　　(b) 接触电势

图 2-68　温差电势与接触电势

子的扩散运动，并加速电子从 B 到 A 的反方向扩散，最后达到动态平衡。所产生的电位差即为接触电势，其大小可表示为

$$E_{AB}(T)=\frac{KT}{e}-\ln\frac{N_{AT}}{N_{BT}} \tag{2-39}$$

式中：T 为 A、B 导体接触处的温度；N_{AT}、N_{BT}分别为导体 A、B 在温度 T 时的电子密度。

由式(2-39)可知，接触电势的大小与温度、材料的电子密度有关。温度越高，接触电势越大；两金属电子密度比值越大，接触电势也越大。

(3) 热电偶回路总电势。

导体 A 和 B 组成的热电偶回路如图 2-69 所示，当接点温度 $T>T_0$，$N_A>N_B$ 时，回路中总热电势为

$$E_{AB}(T,T_0)=E_{AB}(T)E_{AB}(T_0)+E_A(T,T_0)-E_B(T,T_0)$$

经简化得

$$E_{AB}(T,T_0)=\frac{K}{e}\int_{T_0}^{T}\ln\frac{N_{At}}{N_{Bt}}\mathrm{d}t \tag{2-40}$$

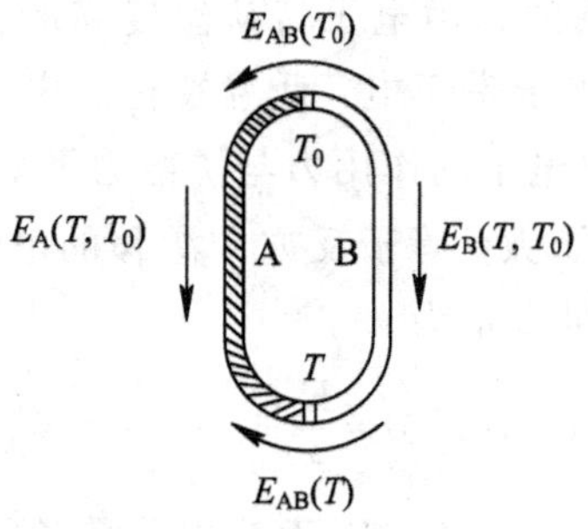

图 2-69　热电偶回路电势

在总电势中，温差电势比接触电势小很多，可忽略不计。又由于 $T>T_0$，$N_A>N_B$，因此，回路总电势 $E_{AB}(T,T_0)$中，热端处接触电势 $E_{AB}(T)$占主导地位，且 A 为正极，B 为负极。

当参考端的温度 T_0 恒定时，$f(T_0)=C$ 为常数，则

$$E_{AB}(T,T_0)=f(T)-C=\varphi(T) \tag{2-41}$$

由此可知，当热电偶回路的冷端温度保持不变，则热电偶回路总电势只随热端温度的变化而变化。两端的温差越大，回路总电势也越大，回路的总电势为 T 的函数。这就是热

电偶测温的基本原理。

在实际应用中，热电势与温度之间的关系是通过热电偶分度表来确定的。分度表是在参考端温度为0℃时，通过实验建立的热电势与工作端温度之间的数值对应关系。

2）热电偶的基本定律

（1）均质导体定律。两种均质金属组成的热电偶，其电势大小与热电极直径、长度及沿热电极长度上的温度分布无关，只与热电极材料和两端温度有关。

如果材质不均匀，则当热电极上各处温度不同时，将产生附加电动势，造成无法估计的测量误差，因此，热电极材料的均匀性是衡量热电偶质量的重要指标之一。

（2）中间导体定律。若在热电偶回路中插入中间导体（第三种导体），则只要中间导体两端温度相同，就对热电偶回路的总热电势无影响，如图2-70所示。

利用热电偶来实际测温时，连接导线、显示仪表和接插件等均可看成是中间导体，只要保证这些中间导体两端的温度各自相同，则对热电偶的热电势没有影响，因此中间导体定律对热电偶的实际应用是十分重要的。在使用热电偶时，应尽量使上述元器件两端的温度相同，才能减少测量误差。

（3）中间温度定律。热电偶A、B两接点的温度分别为T、T_0时所产生的热电势$E_{AB}(T, T_0)$等于该热电偶在T、T_n及T_n、T_0时的热电势$E_{AB}(T, T_n)$与$E_{AB}(T_n, T_0)$的代数和，这就是中间温度定律，如图2-71所示。可用式（2-42）表示：

$$E_{AB}(T, T_0)=E_{AB}(T, T_n)+E_{AB}(T_n, T_0) \qquad (2-42)$$

根据这一定律，只要给出自由端为0℃时的“热电势—温度”关系，就可以求出冷端为任意温度T_0时热电偶的热电势。

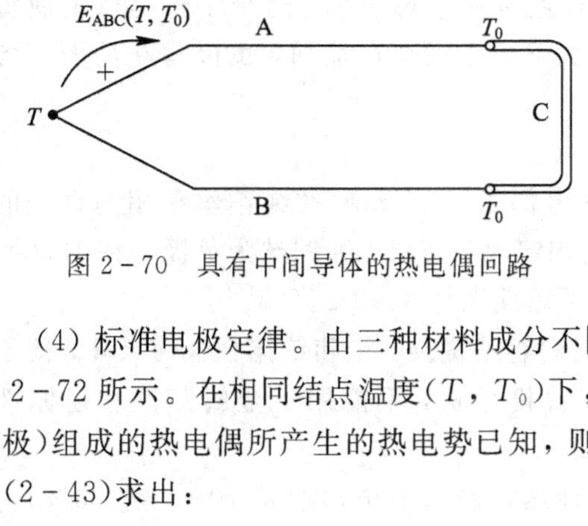

图2-70　具有中间导体的热电偶回路

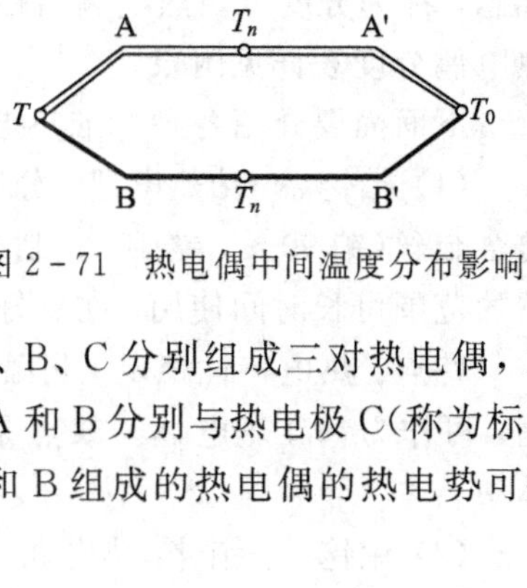

图2-71　热电偶中间温度分布影响

（4）标准电极定律。由三种材料成分不同的热电极A、B、C分别组成三对热电偶，如图2-72所示。在相同结点温度（T，T_0）下，如果热电极A和B分别与热电极C（称为标准电极）组成的热电偶所产生的热电势已知，则由热电极A和B组成的热电偶的热电势可按式（2-43）求出：

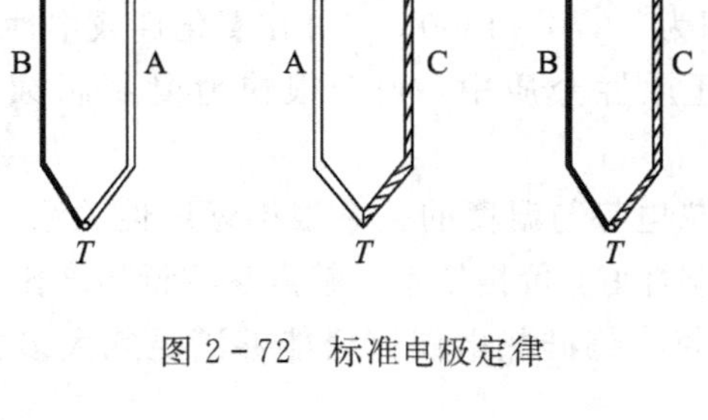

图2-72　标准电极定律

$$E_{AB}(T, T_0) = E_{AC}(T, T_0) + E_{BC}(T, T_0) \quad (2-43)$$

标准电极C通常用纯度很高、物理化学性能非常稳定的铂制成，称为标准铂热电极。利用标准电极定律可大大简化热电偶的选配工作，只要已知任意两种电极分别与标准电极配对的热电势，即可求出这两种热电极配对的热电偶的热电势，而不需要测定。

【例2-2】 当 T 为100℃，T_0 为0℃时，铬合金—铂热电偶的 E(100℃，0℃)＝3.13 mV，铝合金—铂热电偶的 E(100℃，0℃)＝－1.02 mV，求铬合金—铝合金组成热电偶的热电动势 E(100℃，0℃)。

解 设铬合金为A，铝合金为B，铂为C。由题意可知

$$E_{AC}(100℃, 0℃) = 3.13\ \text{mV},\ E_{BC}(100℃, 0℃) = -1.02\ \text{mV}$$

则

$$E_{AB}(100℃, 0℃) = E_{AC}(100℃, 0℃) - E_{BC}(100℃, 0℃)$$
$$= 3.13 + 1.02 = 4.15\ \text{mV}$$

2. 常用热电偶的类型及结构

任何不同的导体或半导体构成的回路均可以产生热电效应，但并非所有导体或半导体均可作为热电极来组成热电偶，必须对它们进行严格选择。

能够完全满足上述要求的材料是很难找到的，因此在应用中应根据具体情况选用不同的热电极材料。国际电工委员会(IEC)对其中公认的性能较好的热电极材料制定了统一标准。我国大部分热电偶按IEC标准进行生产。

1) 标准热电偶

目前，国际上有8种标准化热电偶，其名称用专用字母表示，这个字母是热电偶型号标志，称为分度号。热电偶名称由热电极材料命名，正极写在前面，负极写在后面。各种热电偶分度表详见附录。

下面简要介绍各种标准热电偶的性能和特点。

(1) 铂铑$_{10}$—铂热电偶，分度号S。此种热电偶由 ϕ0.5 mm的纯铂丝和相同直径的铂铑合金丝(铂90%，铑10%)制成。热电偶中，铂铑丝为正极，纯铂丝为负极。在1300℃以下的范围可长时间使用，在良好的使用环境下可短期测量1600℃高温。

特点：热电特性稳定，测温准确度高，铂材料容易提纯，铂和铂铑合金熔点高，便于复制，可作为基准热电偶。缺点是热电势较低，价格昂贵，不能用于金属蒸汽和还原性气体中。

(2) 铂铑$_{30}$—铂铑$_{6}$热电偶，分度号B。此种热电偶以铂铑$_{30}$丝(铂70%，铑30%)为正极，铂铑$_{6}$丝(铂94%，铑6%)为负极。可长期测量1600℃的高温，短期可测量1800℃。

(3) 镍铬—镍硅热电偶，分度号K。镍铬为正极，镍硅为负极。热偶丝直径一般为 ϕ1.2～2.5 mm，测量范围为－270～1300℃，可在氧化性或中性介质中长时间地测量900℃以下的温度。如果用于还原性介质中，则会很快地受到腐蚀，此情况下只能用于测量500℃以下的温度。

特点：热电势较大，热电势与温度的关系很接近线性关系，有较强的抗氧化性和抗腐蚀性，化学稳定性好，复制性好，价格便宜。缺点是测量精度比S型热电偶低，热电势稳定性也较差。尽管如此，镍铬—镍硅热电偶完全能够满足绝大多数工业条件下的测温要求，

是工业生产中最常用的一种热电偶。

(4) 镍铬—铜镍热电偶，分度号 E。镍铬为正极，铜镍为负极。热偶丝直径一般为 φ1.2～2 mm，测量范围为−200～800℃，适用于还原性或中性介质，长期使用温度不可超过 600℃，短期测温可达 800℃。

特点：热电势较大，热电灵敏度高，电阻率小，适用于还原性和中性气体下测温，价格便宜。缺点是测量范围低且窄，铜镍合金易受氧化而变质。

(5) 铜—铜镍热电偶，分度号 T。纯铜为正极，铜镍为负极。热偶丝直径一般为 ϕ1.2～2 mm，适用于还原性或中性介质，测温范围为−248～370℃。

特点：热电势大，热电特性好，价格低廉，可在−200～0℃下使用，性能十分稳定。缺点是在高温下铜极易氧化，故不宜在氧化性气体中工作，较适用于低温和超低温测量。

2) 非标准热电偶

非标准热电偶在生产工艺上还不够成熟，在应用范围和数量上均不如标准热电偶。它没有统一的分度表，也没有与其配套的显示仪表。但这些热电偶具有某些特殊性能，能满足一些特殊条件下测温的需要，如超高温、极低温、高真空或核辐射环境，因此在应用方面仍有重要意义。非标准热电偶有铂铑系、铱铑系、钨铼系及金铁热电偶、双铂钼等。

3) 普通热电偶

普通热电偶主要用于测量气体、蒸汽、液体等介质的温度。由于使用的条件基本相似，所以这类热电偶结构已有通用标准，其组成基本相同。其结构主要包括热电极、保护管、绝缘管、接线盒和安装固定件等，如图 2-73 所示。

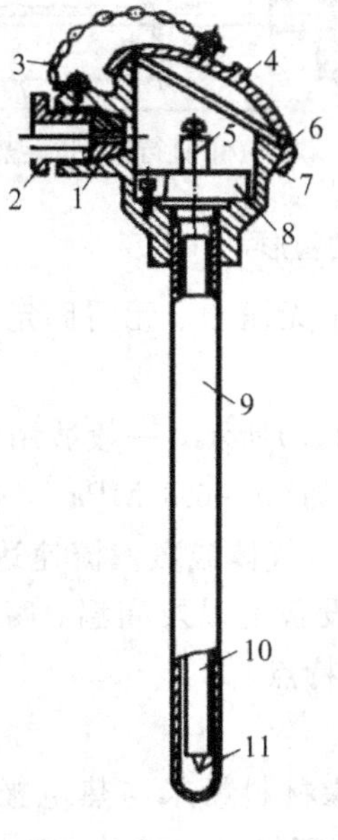

1—出线孔密封圈；2—出线孔压紧螺母；

3—防掉链；4—接线盒盖；

5—接线柱；6—密封圈；

7—接线盒座；8—接线绝缘座；

9—保护管；10—绝缘管；

11—热电极

图 2-73　普通热电偶结构

(1) 热电极。热电极为感温元件，其中一端焊接在一起，用于感受被测的温度；另一端接在接线盒内接线柱上，与外部接线连接，输出感温元件产生的热电势。贵金属热电极的直径为 0.015～0.5 mm，普通金属热电极的直径为 0.2～3.2 mm。热电极的长度根据测温的要求，一般为 0.35～2 m。

(2) 绝缘管。绝缘管套在热电极上，用以防止热电极短路。绝缘管的材料一般用耐火陶瓷(用于1200℃以下)、氧化铝 Al_2O_3(用于1600℃以下)和氧化镁 MgO(用于2000℃以下)。绝缘管的形式有单孔、双孔和多孔几种。

(3) 保护管。热电极套上绝缘管后装入保护管内。保护管的作用是使热电极与被测介质隔离，免受化学侵蚀和机械损伤。保护管应具有耐高温，耐温度急变，耐腐蚀，气密性、导热性和机械强度好的特点。用作保护管的材料有金属和非金属两类，如不锈钢 $1Cr_{18}Ni_9Ti$(用于900℃以下)、高温钢 $Cr_{25}Ti$(用于1000℃以下)、高温不锈钢 CH_{40}(用于1200℃以下)、氧化铝 Al_2O_3(用于1600℃以下)、氧化镁 MgO(用于2000℃以下)和氧化锆 ZrO_2(用于2400℃以下)。

(4) 接线盒。热电偶的接线盒用来固定接线座和连接外接导线，起着保护热电极和连接外接导线的作用。接线盒一般由铝合金制成，根据被测介质温度对象和现场环境条件要求，设计成普通防溅型、防水型、防爆型等。

普通热电偶的结构形式根据保护管形状、固定装置形式和接线盒类型进行分类，下面介绍几种常见结构形式，如图2-74所示。

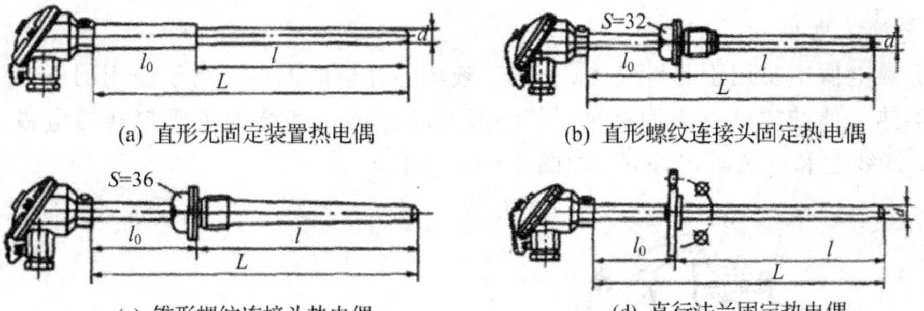

(a) 直形无固定装置热电偶　(b) 直形螺纹连接头固定热电偶

(c) 锥形螺纹连接头热电偶　(d) 直行法兰固定热电偶

图2-74　普通热电偶结构形式

直形无固定装置热电偶如图2-74(a)所示，用于无压力、无需固定的测温场合，如加热炉、水池等。

螺纹连接头固定热电偶如图2-74(b)、图2-74(c)所示，一般适用于无腐蚀介质的管道安装，具有体积小、安装紧凑的优点，可耐一定压力(0～6.3 MPa)。锥形螺纹连接头固定热电偶适用于高压、高流速冲击场合，可承受液体、气体或蒸汽流速达80 m/s。

法兰固定热电偶如图2-74(d)所示，适用于在设备上以及高温、腐蚀性介质的中、低压管道上安装，具有适用性广、防腐蚀、方便维护等特点。

4) 特殊热电偶

(1) 铠装热电偶。铠装热电偶是将保护管、绝缘材料粉末与热电极三者组合成一体，经多次拉伸制成的细长形似铁丝样的热电偶，也称套管热电偶或缆式热电偶。

金属套管材料常使用铜、不锈钢和镍基高温合金等，绝缘材料常使用电熔氧化镁、氧化铝粉末，热电极无特殊要求。套管中热电极有单支(双芯)、双支(四芯)，彼此间互不接触。我国已生产出S型、R型、B型、K型、E型、J型铠装热电偶，已达到标准化、系列化。铠装热电偶体积小，热容量小，动态响应快，可挠性好，具有良好柔软性，强度高，耐压、耐震、耐冲击，因此被广泛应用于工业生产过程中。

图 2-75 所示为铠装热电偶结构图，其结构特点是热电偶可做得很细很长，并且可弯曲。

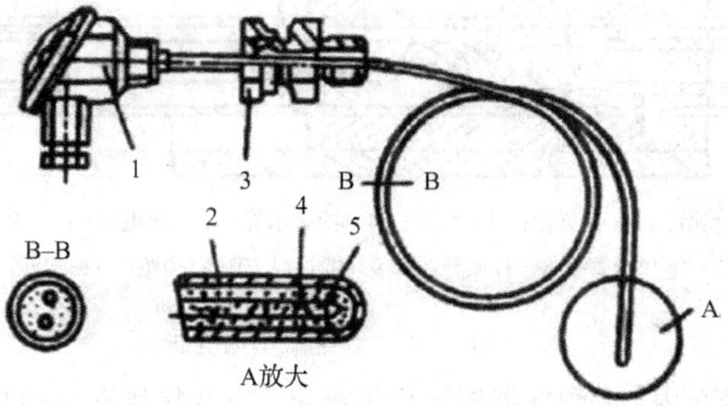

1—接线盒；2—保护管；3—固定装置；4—绝缘材料；5—热电极

图 2-75　铠装热电偶的结构图

热电偶的套管外径最细能达 0.25 mm，长度可达 100 m 以上，便于在复杂场合安装，特别适用于结构复杂(如狭小弯曲管道内)的温度测量。

(2) 薄膜热电偶。薄膜热电偶如图 2-76 所示。它是用真空蒸镀的方法，把热电极材料蒸镀在绝缘基板上而制成的。薄膜热电偶的测量端既小又薄，厚度约为几微米，热容量小，响应速度快，便于敷贴，适用于测量微小面积上的瞬变温度。

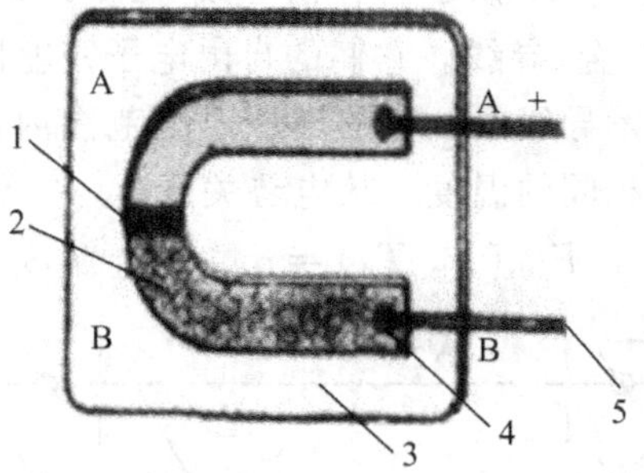

1—工作端；2—薄膜热电极；3—绝缘基板；4—引脚接头；5—引出线（相同材料的热电极）

图 2-76　薄膜热电偶

(3) 快速微型热电偶。快速微型热电偶是一种一次性的专门用来测量钢水和其他熔融金属温度的热电偶，其结构如图 2-77 所示。当热电偶插入钢液后，保护钢帽迅速熔化，此时 U 形管和被保护的热电偶工作端暴露于钢液中，在 4～6 s 内就可测出温度。在测出温度后，热电偶和石英保护管以及其他部件都被烧坏，因此也称为消耗式热电偶。

3. 热电偶的冷端补偿

由热电偶测温原理可知，热电偶的输出热电势是热电偶两端温度 T 和 T_0 差值的函数。当冷端温度 T_0 不变时，热电势才与工作端温度成单值函数关系。各种热电偶温度与热电势关系的分度表都是在冷端温度为 0℃时做出的，因此用热电偶测量时，若要直接应用热电偶的分度表，就必须满足 $T_0=0℃$ 的条件。但在实际测温时，由于热电偶长度有限，自由端温度将直接受到被测物温度和周围环境温度的影响。例如，热电偶安装在电炉壁上，

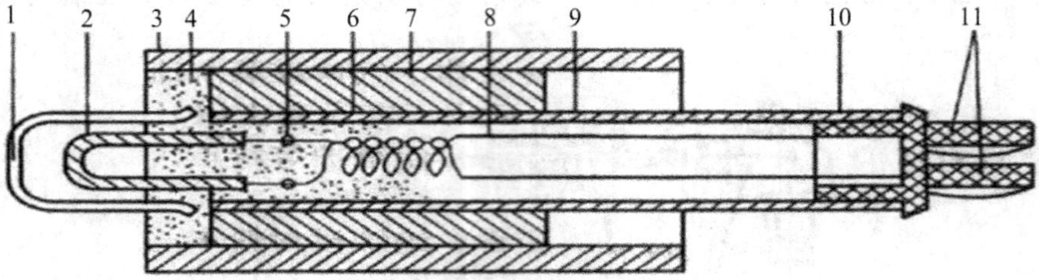

1—钢帽；2—石英管；3—纸杯；4—绝热水泥；5—热电极；6—棉花；
7—绝热纸管；8—补偿导线；9—纸管；10塑料插座；11—簧片

图 2-77　快速微型热电偶

而自由端放在接线盒内，电炉壁周围温度不稳定，波及接线盒内的自由端，会造成测量误差。这样 T_0 不但不是 0℃，而且也不恒定，因此将产生误差。一般情况下，冷端温度均高于0℃，热电势总是偏小。常用的消除或补偿这一损失的方法有以下几种。

1）补偿导线

虽然可以将热电偶做得很长，但用贵金属热电极当导线来使用是不经济的，这将提高测量系统的成本。工业中一般选择价格低廉的金属丝作为补偿导线来延长热电偶的冷端，使之远离高温区。只要在常用冷端温度范围内，两种廉价金属相配后产生的热电势与主热电偶的热电势相同即可。

补偿导线测温电路如图 2-78 所示。补偿导线（A′、B′）是两种不同材料的、相对比较便宜的金属（多为铜与铜的合金）导线。它们的自由电子密度比和所配接型号的热电偶的自由电子密度比相等，所以补偿导线在一定的环境温度范围内，如 0～100℃，与所配接的热电偶的灵敏度相同，即具有相同的温度—热电势关系：

$$E_{AB}(T, T_0) = E_{A'B'}(T, T_0) \tag{2-44}$$

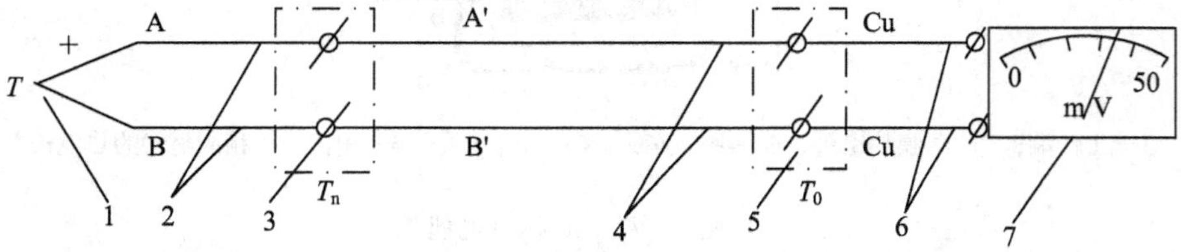

1—测量端；2—热电极；3—接线盒（中间温度）；4—补偿导线；
5—接线盒（新的冷端）；6—铜引线（中间导体）；7—毫伏表

图 2-78　利用补偿导线延长热电偶的冷端

必须指出的是，使用补偿导线仅能延长热电偶的冷端，使热电偶的冷端移动到控制室的仪表端子上。虽然总的热电势在多数情况下会比不用补偿导线时有所提高，但从本质上看，这并不是因为温度补偿引起的，而是因为使冷端远离高温区、两端温差变大的缘故，故将其称为“补偿导线”只是一种习惯用语。因此，还需采用其他修正方法来补偿冷端温度 $T_0 \neq 0$℃对测温的影响。

使用补偿导线必须注意四个问题。一是两根补偿导线与热电偶两个热电极的接点必须具有相同的温度；二是各种补偿导线只能与相应型号的热电偶配用；三是必须在规定的温度范围内使用；四是极性切勿接反。常用的补偿导线如表 2-6 所示。

表 2-6　常用热电偶补偿导线的特性

型号	配用热电偶正—负	补偿导线正—负	导线外皮颜色		100℃时热电势/mV	20℃时的电阻率/(Ω·m)
			正	负		
SC	铂铑$_{10}$—铂	铜—铜镍①	红	绿	0.646±0.023	0.05×10^{-6}
KC	镍铬—镍硅	铜—康铜	红	蓝	4.096±0.063	0.52×10^{-6}
$WC_{5/26}$	镍铼$_5$—钨铼$_{26}$	铜—铜镍②	红	橙	1.451±0.051	0.10×10^{-6}

注：① 99.4%Cu，0.6%Ni。

② 98.2%～98.3%Cu，1.7%～1.8%Ni。

2）*冷端恒温法*

将热电偶的冷端置于装有冰水混合物的恒温容器中，使冷端的温度保持在 0℃不变，此法也称冰浴法，它消除了 T_0 不等于 0℃而引入的误差。由于冰融化较快，所以一般只适用于实验室中。图 2-79 是冷端置于冰瓶中的接线布置图。

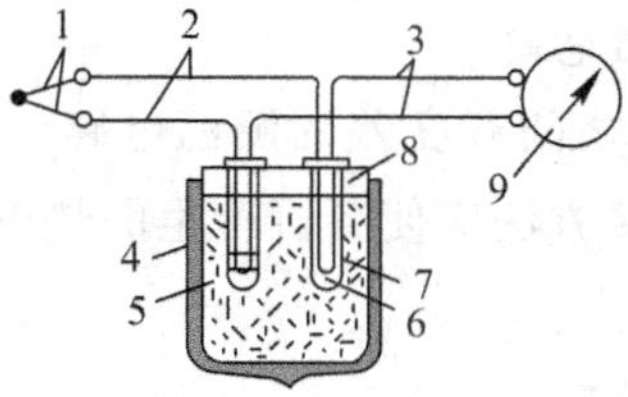

1—热电偶；2—补偿导线；3—铜质导线；4—保温瓶；
5—冰水混合物；6—导热油；7—试管；8—盖；9—显示仪表

图 2-79　冰浴法接线图

3）*计算修正法*

当热电偶的冷端温度 $T_0\neq0$℃时，由于热端与冷端的温差随冷端温度的变化而变化，所以测得的热电势 $E_{AB}(T, T_0)$与冷端温度为 0℃时所测得的热电势 $E_{AB}(T, 0℃)$不等。若冷端温度高于 0℃，则 $E_{AB}(T, T_0)<E_{AB}(T, 0℃)$，可以利用式(2-45)计算并修正测量误差：

$$E_{AB}(T, 0℃)=E_{AB}(T, T_0)+E_{AB}(T_0, 0℃) \tag{2-45}$$

式(2-46)中，$E_{AB}(T, T_0)$是用毫伏表直接测得的热电势毫伏数。修正时，先测出冷端温度 T_0，然后从该热电偶分度表中查出 $E_{AB}(T_0, 0℃)$(此值相当于损失掉的热电势)，并把它加到所测得的 $E_{AB}(T, T_0)$上。根据式(2-45)求出 $E_{AB}(T, 0℃)$，根据此值再反查分度表，查出相应的温度值。计算修正法需要查两次分度表。如果冷端温度低于 0℃，由于查出的$E_{AB}(T_0, 0℃)$是负值，所以仍可用式(2-45)计算修正。

【例 2-3】　用镍铬—镍硅(K)热电偶测炉温时，其冷端温度 $T_0=30$℃，用直流毫伏表测得的热电势 $E_{AB}(T, 30℃)=38.500$ mV，试求炉温为多少？

解　查镍铬—镍硅热电偶 K 分度表，得到 $E_{AB}(30℃, 0℃)=1.203$ mV。

根据式(2-45)，有

$$E_{AB}(T, 0℃)=E_{AB}(T, 30℃)+E_{AB}(30℃, 0℃)=38.500+1.203=39.703\ \text{mV}$$

反查K分度表，求得 $T=960℃$。

该方法适用于热电偶冷端温度较恒定的情况。在智能化仪表中，查表及运算过程均可由计算机完成。

4. 热电偶常用测温电路

1）测量某点温度的基本电路

图2-80所示是测量某点温度的基本电路，图中A、B为热电偶，C、D为补偿导线，T_0为使用补偿导线后热电偶的冷端温度，E为铜导线，在实际使用时就把补偿导线一直延伸到配用仪表的接线端子，这时冷端温度即为仪表接线端子所处的环境温度。

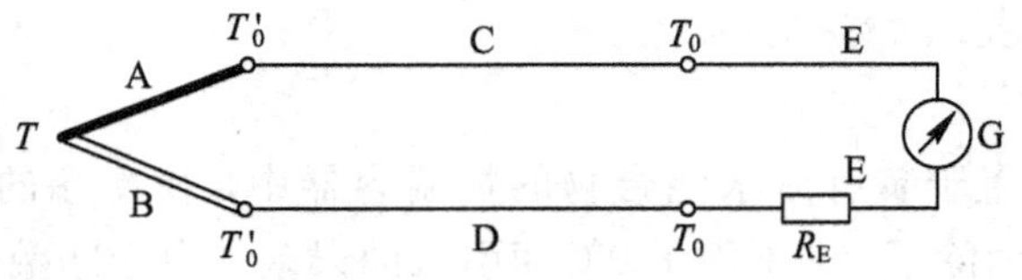

图2-80　测量某点温度的基本电路

2）测量两点温度差的测温电路

图2-81所示是测量两点之间温度差的测温电路，用两个相同型号的热电偶，配以相同的补偿导线C、D。这种连接方法应使各自产生的热电动势互相抵消，仪表可测出 T_1 和 T_2 之间的温度差。

3）测量多点温度的测温电路

多个被测温度用多个热电偶分别测量，但多个热电偶共用一台显示仪表，它们是通过专用的切换开关来进行多点测量的，测温电路如图2-82所示。各个热电偶的型号要相同，测温范围不要超过显示仪表的量程。多点测温电路多用于自动巡回检测中，此时温度巡回检测点可多达几十个，可以轮流显示或按要求显示某点的温度，而显示仪表和补偿热电偶只用一个就够了，这样就可以大大节省显示仪表和补偿导线。

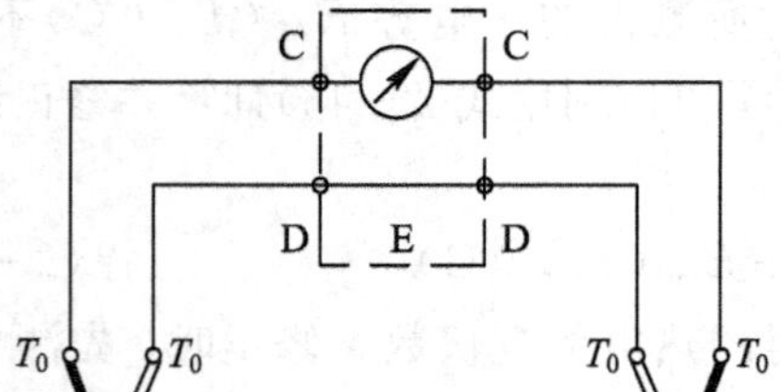

图2-81　测量两点之间温度差的测温电路

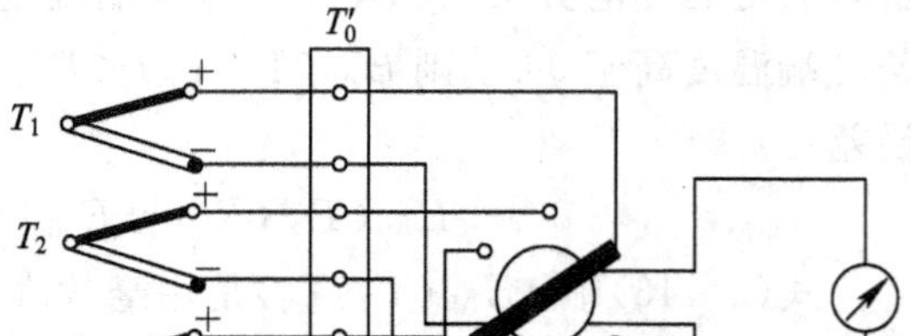

图2-82　多点测温电路

5. 一体化热电偶温度变送器

一体化温度变送器由测温元件和变送器模块两部分构成。变送器模块把测温元件的输出信号 E_t 或 R_t 转换成为统一标准信号。

所谓一体化温度变送器，是指将变送器模块安装在测温元件接线盒或专用接线盒内的一种温度变送器。一体化温度变送器采用两线制，电源为24 V DC，输出信号是4～20 mA

DC标准电流信号，就是变送器的工作电流。它作为新一代测温仪表被广泛应用于冶金、石油、化工、电力、轻工、纺织、食品、国防以及科研等工业部门。

配热电偶的一体化温度变送器型号为SBWR型，有不同的分度号，如E、K、S、B、T等。按输出信号有无线性化又分为与被测温度呈线性关系的、与输入电信号(热电动势或电阻值)呈线性关系的两种。

一体化温度变送器的基本误差不超过量程的±0.5%，环境温度影响约为每1℃变动不超过0.05%，可安装在−25～80℃的环境中。

电源电压额定值虽为24 V，但允许用于12～35 V的电源电压下，不过负载电阻应适当改变。额定负载电阻为250 Ω，如电源保持额定电压，则负载电阻可在0～600 Ω间选用。

一体化温度变送器的主要特点是：

(1) 节省了热电偶补偿导线或延长线的投资，只需两根普通导线连接。

(2) 其连接导线中为较强的4～20 mA信号，比传递微弱的热电动势具有明显的抗干扰能力。

(3) 体积小巧紧凑，通常为直径几十毫米的扁圆形，安装在热电偶或热电阻套管接线端子盒中，不必占用额外空间。

(4) 不需调整维护，因为全部采用硅橡胶或树脂密封结构，适应生产现场环境，耐环境性较好，但损坏后只能整体更换。

仪器仪表里需输入温度信号时，也可将一体化温度变送器作为输入接口部件使用。

2.4.4 热电阻温度计

热电阻温度计在工业生产中被广泛用来测量−200～960℃范围内的温度。按热电阻性质不同，热电阻温度计可分为金属热电阻和半导体热电阻两大类。

1. 热电阻温度计的测温原理

热电阻温度计是利用导体或半导体的电阻值随温度变化的性质来测量温度的，由热电阻(感温元件)、连接导线和显示仪表构成。

作为测温用的热电阻材料，希望其具有电阻温度系数大、线性好、性能稳定、使用温度范围宽、加工容易等特点。在所能利用的材料中，铂和铜的性能较好，被用来制作热电阻。工业用铂电阻的适用温度范围为−200～850℃；铜电阻价格低廉并且线性好，但温度过高易氧化，故只适用于−50～150℃的较低温度环境中，目前已逐渐被铂热电阻所取代。

1) 热电阻的温度特性

对于金属材料，当温度升高时，金属内部原子晶格的振动加剧，从而使金属内部的自由电子通过金属导体时的阻力增大，宏观上表现出电阻率变大、电阻值增大，即电阻值与温度的变化趋势相同，具有正温度系数。

2) 热电阻温度计的测温电路

热电阻温度计的测量电路常用电桥电路。由于工业用热电阻安装在生产现场，离控制室较远，热电阻的引线暴露在室外，环境温度的变化能够使引线电阻发生变化，而引线电阻与热电阻串联，因此对测量结果有较大影响。为了减小或消除引线电阻产生的测量误差，目前，热电阻引线的连接方式经常采用三线制。

在电阻体的一端连接两根引线，另一端连接一根引线，此种引线形式称为三线制。当热电阻和电桥配合使用时，这种引线方式可以较好地消除引线电阻的影响，提高测量精度，所以工业热电阻多半采用这种方式。

如图 2－83 所示，R_1、R_2、R_3 为桥路固定电阻，R_P 为零位调节电阻，热电阻 R_t 通过三根导线和电桥连接。引线电阻分别为 r_1、r_2 和 r_3，一般引线相同，则 $r_1=r_2=r_3=r$，其中 r_1、r_3 分别接在相邻的两臂内，r_2 与电源相接。桥路输出电压 $U_{CD}=U_{CA}-U_{DA}$。当环境温度变化时，引线电阻 r_1、r_3 的变化产生的桥路电压 $\Delta U_{CA}=\Delta U_{DA}$，相互抵消，对桥路输出没有影响，不会产生温度误差。而 r_2 接在电源的回路中，其电阻变化也不会影响电桥的平衡状态。三线连接法的缺点是可调电阻 R_P 的触点接触电阻和电桥臂的电阻相连，可能导致电桥的零点不稳。

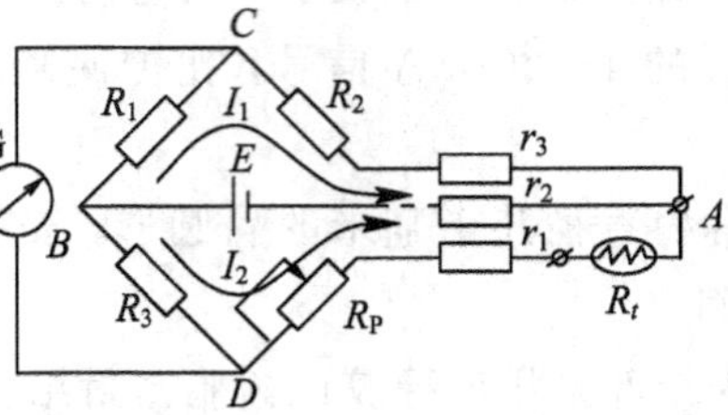

图 2－83　热电阻测温电桥的三线连接法

在设计电桥时，为了避免热电阻中流过电流的热效应，要保证流过热电阻的电流尽量小，一般希望小于 10 mA 。尤其当测量环境中有不稳定气流时，工作电流的热效应有可能产生很大的误差。

热电阻温度计和其他类型测温变换器相比有许多优点，它的性能最稳定，测量范围很大，精度也高，特别是在低温测量中得到了广泛的应用。其缺点是需要辅助电源，热电阻的热容量较大即热惯性大，限制了它在动态测量中的应用。

2. 常用热电阻的种类及结构

1）常用热电阻

(1) 铂热电阻。

铂的物理、化学性能非常稳定，铂金属易于提纯，是目前制造热电阻的最好材料。ITS-90 中规定在 13.8～1234.93 K 温度范围内，用铂电阻作为标准电阻温度计来复现温标。铂热电阻广泛应用于温度基准、标准的传递，其长时间稳定的复现性可达 10^{-4} K。

工业用铂电阻工作范围为－200～850℃。铂电阻与温度之间的关系即特性方程如下。

在－200～0℃温度范围内：

$$R_t=R_0[1+A_t+Bt^2+C(t-100)t^3] \tag{2-46}$$

在 0～850℃温度范围内：

$$R_t=R_0[1+A_t+Bt^2] \tag{2-47}$$

式中：R_t 为 t℃时的铂电阻值；R_0 为 0℃时的铂电阻值；A、B、C 为系数，$A=3.908\ 03\times10^{-3}$(℃$^{-1}$)，$B=-5.775\times10^{-7}$(℃$^{-2}$)；$C=-4.183\times10^{-12}$(℃$^{-4}$)。

目前，我国工业用铂热电阻常用的有两种，其 R_0 分别为 10 Ω 和 100 Ω，分度号分别为 Pt_{10} 和 Pt_{100}。

(2) 铜热电阻。

由于铂是贵重金属，因此，在一些测量精度要求不高且温度较低的场合，普遍采用铜电阻进行温度测量。铜电阻测量范围一般为 −50～150℃。在此温度范围内线性好，灵敏度比铂电阻高，容易提纯、加工，价格便宜，复现性能好。但是铜易于氧化，一般只用于 150℃以下的低温测量。与铂相比，铜的电阻率低，所以铜电阻的体积较大。

铜电阻的阻值与温度之间的关系为

$$R_t = R_0(1 + \alpha_0 t) \tag{2-48}$$

式中：R_t 为 t℃时的铜电阻值；R_0 为 0℃时的铜电阻值；α_0 为系数，$\alpha_0 = 4.28 \times 10^{-3}$(℃$^{-1}$)。

目前，我国工业上用的铜电阻有两种，分度号分别为 Cu_{50} 和 Cu_{100}，R_0 分别为 50 Ω 和 100 Ω。

2) 热电阻的结构

(1) 普通热电阻。工业用普通热电阻的结构形式如图 2-84 所示，它主要由电阻体、绝缘管、保护管和接线盒等部分组成。绝缘管、保护管、接线盒的作用、材料及结构与热电偶的类似。

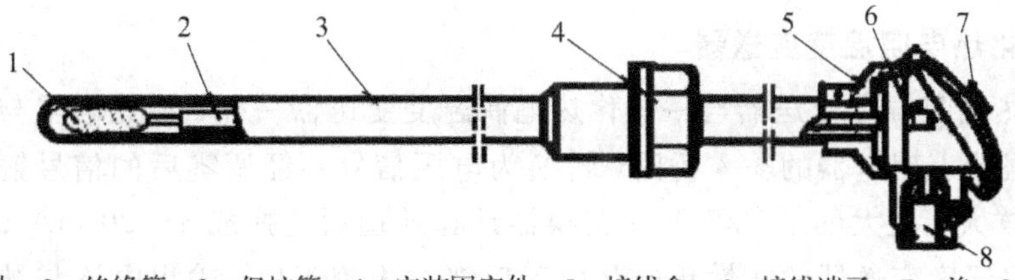

1—电阻体；2—绝缘管；3—保护管；4—安装固定件；5—接线盒；6—接线端子；7—盖；8—出线口

图 2-84　热电阻结构

电阻体是由细铂丝或铜丝绕在支架上构成的。由于铂的电阻率较大，而且相对机械强度较大，通常铂丝的直径在 0.05 mm 以下，且电阻丝不能太长，因此往往只绕一层，而且是裸丝，每匝间要留有空隙以防短路。铜的机械强度较低，电阻丝的直径需较大，一般为 0.1 mm，由于铜电阻的电阻率很小，要保证 R_0 需要很长的铜丝，因此，需将铜丝绕成多层，这就必须用漆包铜丝或丝包铜线。为了使电阻感温体没有电感，无论哪种热电阻都必须采用无感绕法，即将电阻丝对折起来双绕，使两个端头都处于支架的同一端。

电阻体引出端和接线盒之间的线称为内引线，它位于绝缘管内，铜电阻内引线材料也是铜，铂电阻的内引线为镍丝或银丝，其接触电势较小，以免产生附加电势。同时内引线的线径应比电阻丝大很多，一般在 1 mm 左右，以减少引线电阻的影响。

(2) 铠装热电阻。铠装热电阻是在铠装热电偶基础上发展起来的热电阻新品种。它的特点与铠装热电偶相近，外径尺寸可以做得很小(最小直径可达 1.0 mm)，因此反应速度快，有良好的机械性能、耐震性和耐冲击性。引线和保护管做成一体，具有较好的挠性，便于使用和安装。电阻体封装在金属管内，不易受有害介质的侵蚀。

图 2-85 所示为铠装热电阻的结构示意图，一般首先把电阻体焊封在保护管内，电阻

体与外套有很好的绝缘。目前国产定型的铠装热电阻外径为3～8 mm，其基本特性与相应的电阻温度计相同。

(3) 薄膜热电阻。目前研制生产的薄膜型铂热电阻如图2-86所示。它是利用真空镀膜法或用糊浆印刷烧结法使铂金属薄膜附着在耐高温基底上，其尺寸可以小到几平方毫米，可将其粘贴在被测高温物体上测量其局部温度，具有热容量小、反应快的特点。薄膜型铂热电阻的R_0有100 Ω、1000 Ω等多种。

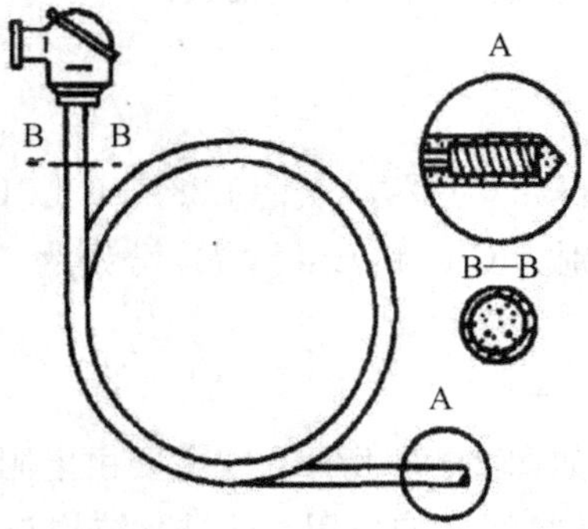

图2-85　铠装热电阻结构

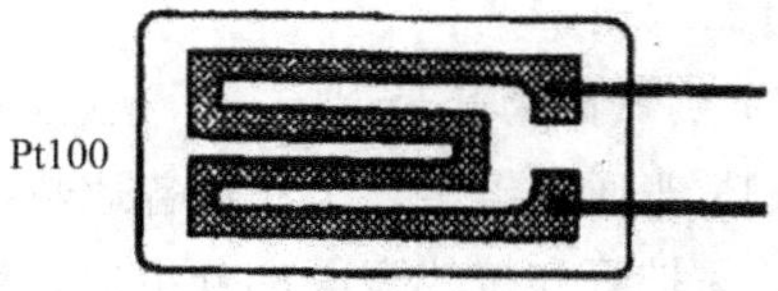

图2-86　薄膜型铂热电阻

3. 一体化热电阻温度变送器

一体化热电阻温度变送器与一体化热电偶温度变送器一样，将热电阻与变送器融为一体，将热电阻接入变送器的输入桥路，转换为电压信号。经调零后的信号输入到运算放大器进行信号放大，放大的信号经V/I转换器计算处理后转换成4～20 mA DC的标准信号输出。热电阻温度变送器的线性化电路用正反馈方式校正后，输出电流与被测温度呈线性正比关系。

一体化热电阻温度变送器的变送模块与一体化热电偶温度变送器一样，也置于接线盒中，其外形与热电偶变送模块相似。热电阻与变送器融为一体组装，消除了常规耐温方式中连接导线所产生的误差，提高了抗干扰能力。

2.4.5　非接触式温度计

1. 特点

非接触式温度计主要是利用物体的辐射能随温度变化的原理制成的，这样的温度检测仪表也称辐射式温度计。辐射式温度计在应用时，只需把温度计对准被测物体，而不必与被测物体直接接触。它可以用于运动物体以及高温物体表面的温度检测。与接触式测温法相比，非接触式温度计具有以下特点。

(1) 温度计不与被测对象接触，不会破坏被测对象的温度场，故可测量运动物体的温度并可进行遥测。

(2) 由于温度计不必达到与被测对象同样的温度，故仪表的测温上限不受温度计材料熔点的限制。

(3) 在检测过程中温度计不必和被测对象达到热平衡，故检测速度快，响应时间短，适于快速测温。

2. 测温原理

非接触式温度计的测温原理如下：自然界中任何物体只要其温度在绝对零度以上，就会不断地向周围空间辐射能量。温度越高，辐射能量就越多。同时，所有物体又能吸收辐射、透射或反射辐射能量。热力学温度为 T 的物体对外辐射的能量 E 可用普朗克定律描述，即

$$E(\lambda, T)=\varepsilon_T C_1\lambda^{-5}(e^{\frac{C_2}{\lambda T}}-1)^{-1} \qquad (2-49)$$

式中：ε_T 为物体在温度 T 下的辐射率（也称"黑度系数"）；λ 为辐射波长；C_1 为第一辐射常数，$C_1=3.741\ 32\times10^{-16}\ \mathrm{W\cdot m^2}$；$C_2$ 为第二辐射常数，$C_2=1.438\ 786\times10^{-2}\mathrm{m\cdot K}$。

设 $\varepsilon_T=1$，将式(2-49)在波长自零到无穷大进行积分，可得在整个波长范围内全部辐射能量的总和，即

$$E=\int_0^{\infty}E(\lambda, T)\mathrm{d}\lambda=\sigma T^4=F(T) \qquad (2-50)$$

式中，系数 $\sigma=5.670\ 32\times10^{-8}\mathrm{W/(m^2\cdot K^4)}$，称为黑体的斯蒂芬-玻尔兹曼常数。

式(2-50)表明黑体($\varepsilon_T=1$)在整个波长范围内的辐射能量与温度的四次方成正比。但是一般物体都不是黑体(即 $\varepsilon_T<1$)，而且 ε_T 不仅与温度有关，也与波长有关。

令式(2-49)中的波长为常数 λ_C，则

$$E(\lambda_C, T)=\varepsilon_T C_1\lambda_C^{-5}(e^{\frac{C_2}{T\lambda_C}}-1)^{-1}=f(T) \qquad (2-51)$$

它表明物体在特定波长上的辐射能是温度 T 的单一函数。

取两个不同的特定波长 λ_1 和 λ_2，满足 $C_2/T\lambda_C\gg1$ 时，则在这两个特定波长上的辐射能之比为

$$\frac{E(\lambda_1, T)}{E(\lambda_2, T)}=\left(\frac{\lambda_1}{\lambda_2}\right)^{-5}e^{\frac{C_2}{T}\left(\frac{1}{\lambda_2}-\frac{1}{\lambda_1}\right)}=\varphi(T) \qquad (2-52)$$

式(2-52)称为维恩公式，它表明两个特定波长上的辐射能之比 $\varphi(T)$ 也是温度的单值函数。

因此，只要设法获得 $F(T)$、$f(T)$ 和 $\varphi(T)$，就可求得对应的温度。

3. 基本方法

辐射测温主要有如下三种基本方法。

(1) 全辐射法。测出物体在整个波长范围内的辐射能量 $F(T)$，并以其辐射率 ε_T 修正后确定被测物体的温度。

(2) 亮度法。测出物体在某一波长(实际上是一个波长段 $\lambda\sim\lambda+\Delta\lambda$)上的辐射能量式 $f(T)$，经辐射率 ε_T 修正后确定被测物体的温度。

(3) 比色法。测出物体在两个特定波长上的辐射能之比 $\varphi(T)$，确定被测物体的温度。

无论采用何种辐射测温法，辐射温度计一般都是由光学系统、检测元件、转换电路和信号处理等部分组成，如图 2-87 所示。

光学系统是通过光学透镜、反射镜以及其他光学元件获得物体辐射能中的特性光谱，并聚焦到检测元件上。检测元件将辐射能转换成电信号，经信号放大、辐射率的修正和标度变换后输出与被测温度相对应的信号。部分辐射温度计需要参考光源。

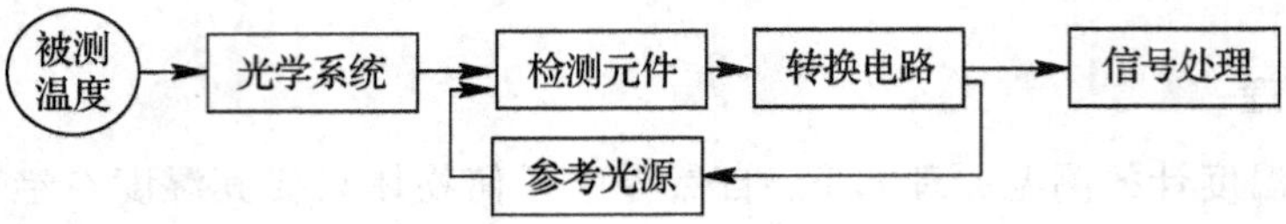

图 2-87 辐射温度计主要组成框图

2.5 成分自动检测仪表

2.5.1 分析仪表的基本知识

1. 分析仪表的分类及特点

分析仪表是指用于工业生产中对物质的成分和性质进行自动分析与检测的仪器仪表，如图 2-88 所示。

图 2-88 分析仪表

如果按测量原理分类，分析仪表可分为电化学式、热学式、磁学式、光学式、射线式、电子光学及离子光学式、色谱仪八大类。

过程分析仪表(在线)与实验室分析仪器相比，有三个特点：第一，过程分析仪表必须有自动取样和试样预处理系统；第二，过程分析仪表必须是完全自动的；第三，过程分析仪表的精度可以低一些，但长时间的稳定性必须好。

2. 分析仪表的组成

图 2-89 为分析仪表的组成方框图，一般包括六个部分。

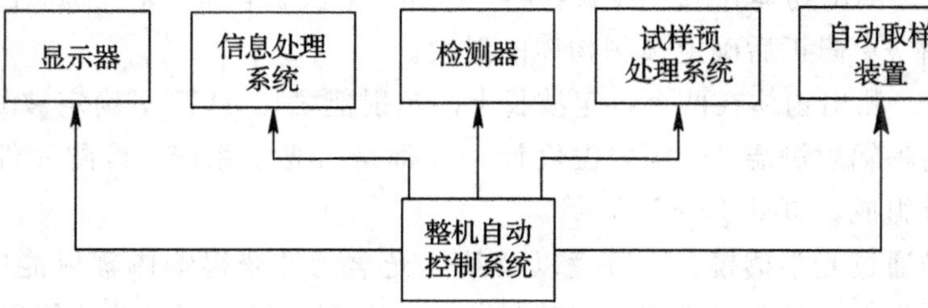

图 2-89 分析仪表的组成框图

（1）自动取样装量：其任务是快速地将待分析试样取到仪表主机处。

（2）试样预处理系统：它的任务是对气体或液体试样进行过滤、稳压、冷却、干燥、定容、稀释、分离等作业，对固体试样进行切割、研磨、粉碎、缩分、加工成型等作业。

（3）检测器：其任务是根据某种物理或化学原理把被测的成分信息转换成电信号。

（4）信息处理系统：对检测器输出的微弱电信号进行放大、对数转换、模数转换、数学运算、线性补偿等信息处理工作。

（5）显示器：采用模拟、数字或屏幕显示器显示出被测成分量的数值。

（6）整机自动控制系统：控制各个部分自动而协调地工作；每次测量时进行自动调零、校准；有故障时显示报警或自动处理故障。

以上六个部分是对较大型的分析仪表而言的，并非所有的过程分析仪表都包括这六个部分。比如，有的将检测器直接放入试样中，不需要自动取样和试样预处理系统；但也有的需要相当复杂的自动取样和试样预处理系统。其中信息处理系统、显示器和整机自动控制系统常总称为仪表的电气线路。

2.5.2　热导式气体分析器

热导式气体分析器类型较多、应用较广，常用来自动分析混合气体中 SO_2、CO_2、H_2 等多种气体的百分含量。

不同的气体具有不同的热传导能力，通常用热导率来描述。对于不发生化学反应的多组分混合气体而言，总的热导率为各组分热导率的平均值。混合气体的热导率随混合物中各组分的百分含量而改变。

热导式气体成分分析器就是根据不同的气体具有不同的热导率，以及混合气体的热导率随所分析气体成分的百分含量而改变这一物理特性工作的。

利用热导式成分分析器分析混合气体中某组分的百分含量，必须满足下列条件。

（1）待测组分的热导率与其他组分的热导率相比，要有显著的差别。差别愈大，则测量愈灵敏。

（2）非待测组分的热导率要尽可能相同或十分接近。

（3）混合气体应具有较恒定的温度。因为气体的热导率与温度有关，因此必须保证温度在一定的范围内。

由于热导式气体分析器是通过对混合气体的热导率的测量来分析待测组分含量的，而直接测量气体的热导率又比较困难，因此目前都是将气体中待测组分的变化所引起的总热导率的变化转化为电阻的变化，而电阻值的测量是很容易的。

2.5.3　RD-004 型氢分析器

1. 工作原理

检测气体热导率的是一个用铂丝做工作桥臂和参比桥臂的不平衡电桥，工作原理如图 2-90 所示。

参比桥臂室Ⅰ、Ⅱ内充标准气体（纯氢），被测气体流过工作桥臂室Ⅲ、Ⅳ，电桥各桥臂加载稳定电流，加热至一定温度。当被测气体浓度为 100% H_2 时，各桥臂温度一样，阻值相等，电桥平衡，显示仪表指示 100% H_2。此时如果电桥稍有不平衡，可以调节“零位调节"电位器 R_{P3}。当被测气体的浓度改变时，气体的热导率也就随之发生变化，因此工作桥臂Ⅲ、Ⅳ的温度及电阻也随之改变，电桥失去平衡而输出一个电信号，显示仪表即指示出相应的气体浓度值。调节"量程调节"电位器 R_{P2}，可以使电信号符合仪器的测量范围。为了使仪器工作稳定，铂丝电桥由晶体管稳压电源供电，并在50℃恒温条件下工作。

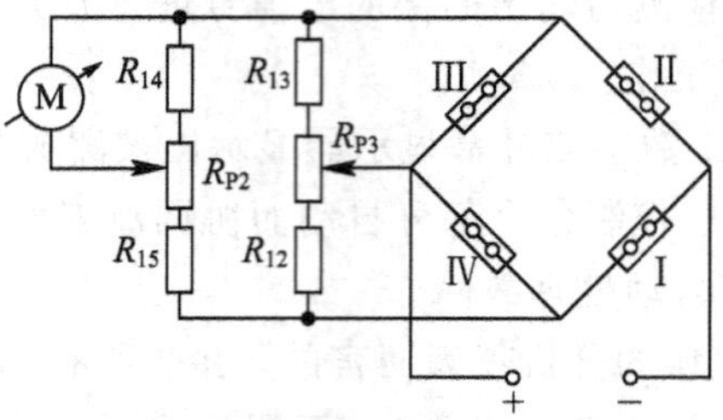

图 2-90　测量电桥工作原理图

2. 传感器

RD-004型传感器就是将上述测量电桥的4个桥臂都放置在同一块导热性能良好的桥体材料中，传感器的全部元件装在塑料底座上，上面罩以铸铝钟罩。在桥体上有两组互相对称的气室，一组为参比气室，其中封有 H_2 的标准气样，并在其中悬有铂丝；另一组为测量气室，气室中有气路，构成扩散对流式传感器的结构。在桥体外面金属管架上，装有加热线圈及温度检测元件，以控制桥体在50℃(或60℃)恒温下工作。

3. 预处理装置

预处理装置用于对取样作稳压、过滤等处理，气样流程如图2-91所示。

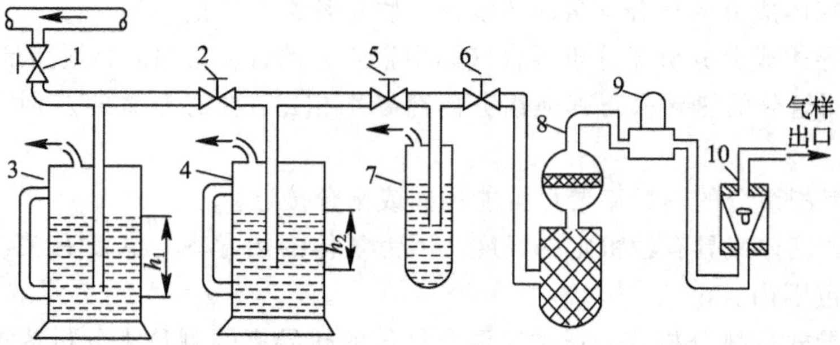

1、2、5、6—针型阀；3、4—水封稳压器；7—小型稳压阀；8—过滤干燥器；9—传感器；10—转子流量器

图 2-91　气样流程图

气样从工艺管道取出，经针形阀1减压，同时为了减小工艺过程中气压波动对分析的影响，还需要对气样进行稳压，稳压采用水封的方法。图中由于采用了3、4两级水封稳压，所以气样压力波动很小。气样进入仪表前再经过一个小型稳压阀7，可使进入传感器的压力更稳定，另外还有过滤干燥器8(内装硅胶)使气样过滤干燥后进入传感器9，再经转子流量计10，然后放空。可以通过调节针型阀6的开度来控制传感器中气样流量的大小。

2.5.4　氧化锆氧分析仪

常用的氧化锆氧分析仪有ZO-112型、CY-2D型等。下面以ZO-112型为例进行介绍。该氧化锆烟气氧分析仪由数字显示转换器和直插式氧化锆检测器组成，其实物图如图2-92所示。

氧化锆检测器可以直接插入烟道内进行测量，能准确地反映炉内即时氧含量，及时提供燃烧状况。与自控装置配套使用，可以有效地控制烟道挡板、油门、风门等，对提高燃烧热效率有显著的作用。

数字显示转换器是以微处理器为核心的智能化测试仪器，具有快速核准和自诊断功能。

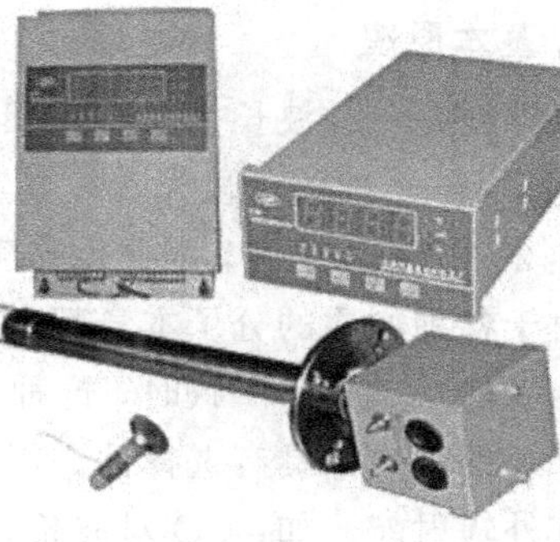

图 2-92　氧化锆分析仪实物图

1. 工作原理

烧结氧化锆陶瓷是一种固体电解质，用该固体电解质组成氧浓差电池来测量氧的含量。氧浓差电池在高温下是氧离子的良好导体，由参比半电池和测量半电池所组成。两个半电池中气体的氧分压不同，在两个电极间产生浓差电动势。氧分子在氧浓度高的阴极上获得电子而成为氧离子，通过固体电解质到达阳极，并在阳极解放电子，又变成氧分子。

氧化锆烟气氧分析仪将氧化锆元件加热到规定的温度(752℃)，测量气在一边流动。测量气中氧浓度和参比气中氧浓度之比的对数与两电极之间的电动势 E 成正比，根据 E 的值可以求得被测气体中氧气的浓度。

2. 系统配置

图2-93为ZO-112型氧化锆烟气氧含量自动分析仪的系统配置图，基本上由检测器和转换器两部分所组成。图中的标准气装置用来校准仪表的零点和量程。标准检测器的插入长度为400 mm。如果插入长度超过400 mm，就必须加装探头接管。

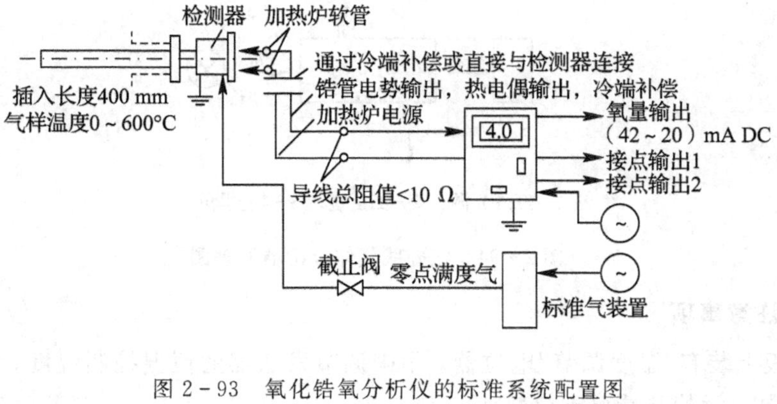

图 2-93　氧化锆氧分析仪的标准系统配置图

2.5.5　红外线气体分析器

红外线气体分析器是根据气体对红外线的吸收原理制成的一种物理式分析仪器，能连续测量被测气体中某一组分的含量。

1. 基本原理

红外线是一种波长范围在0.76～420 μm之间的电磁波，但在成分分析仪表中主要是利用1～25 μm之间的一段光谱。其实由于工业红外线气体分析器主要分析对象的吸收峰值大多在2～10 μm之间，因此用作工业测量的波段范围也只是2～10 μm。

由于各种物质的分子本身都有一个特定的振动和转动频率，只有在红外光谱的频率与分子本身的特定频率一致时，这种分子才能吸收红外光谱辐射能，所以，各种物质的分子对红外线的吸收都具有选择性。不同分子的混合物只能吸收某一波长范围或某几个波长范围的红外辐射能。如：CO对波长为4.65 μm附近的红外线吸收能力强，具有最大的吸收，CO_2对波长为2.78 μm和4.26 μm的红外线具有最大的吸收；CH_4的特征吸收波长则为3.3 μm和7.65 μm。这是利用红外线进行成分分析的基础之一。但需要说明的是，同种原子构成的具有对称结构又无极性的双原子气体，如N_2、O_2、Cl_2、H_2以及各种惰性气体如He、Ne、Ar等，它们并不吸收1～25 μm波长范围内的红外辐射能，所以红外线分析器不能分析这些气体。

工业红外线气体分析器主要分析对象为CO、CO_2、NH_3、CH_4、C_2H_2、C_2H_4、C_2H_6等气体的百分含量。

红外线气体分析器的工作原理如图2-94所示。从红外线光源发出的红外线强度为I_0，经过有被测组分连续通过的测量气室时，其被测组分就会选择性地吸收其特征波长的辐射能，所以从容器中射出的红外线的强度衰减为I(设气室壁对红外线无吸收作用)。当光源辐射强度I_0和气室长度L一定时，红外线被吸收的程度只与组分的浓度有关，且透过光的强度I随介质浓度和吸收层厚度的增加而按指数规律衰减。这种非线性关系会给仪表的刻度带来一定的误差。对于浓度很低成吸收层很薄的介质，可近似认为是线性吸收规律。

所以，一般的红外线气体分析器为了保证仪表的读数与浓度之间呈线性关系，当被测气体的浓度较大时，就选用比较短的测量室；当待测气体浓度较小时(如微量分析)，则选用较长的测量室。

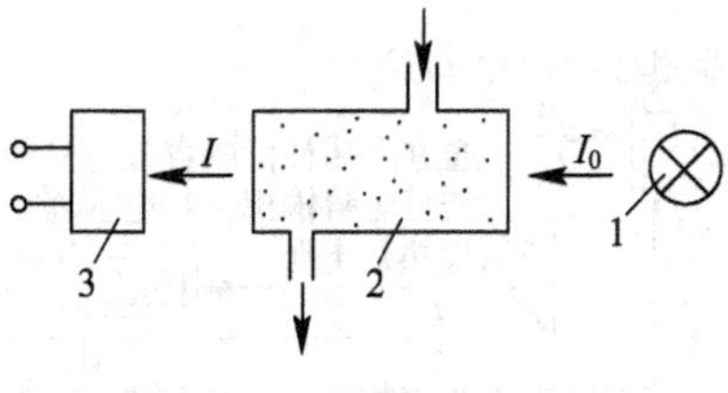

1—红外光源；2—测量室；3—检测器

图2-94 红外线气体分析器原理图

2. 使用注意事项

(1) 面板上装有“温度调节”电位器，用来调节发送器的恒温控制温度，仪器出厂时恒定调节在40℃，无特殊情况不应变动。

(2) 干燥器中的氯化钙吸水后要生成糊状块疤，有可能堵塞干燥器进口，可在干燥器的进口处加塞棉花，以防堵塞。

(3) 用红外线分析器测量CO_2时，若样气中含有少量氨气，二者发生作用会生成碳酸氢氨而堵塞取样管道，可用蒸汽将取样管加热保温，并用硫酸溶液去掉氨气，就可消除堵塞。

(4) 用红外线分析器测量氮肥厂精炼气中微量 CO、CO_2 时，因有游离碘存在，应注意用硫脲吸净，以防带进污染工作室，使仪器指针发生漂移。

3. 特点

(1) 精度高，一般在 2.5 级左右，有的可达 1.0 级，能满足工业生产中的控制要求。

(2) 灵敏度高，不仅可以分析气体上限浓度为 100%的样品，还可进行微量分析和痕量分析。

(3) 有良好的选择性，对背景气成分要求不严。

2.5.6　工业气相色谱仪

1. 色谱分析的基本原理

色谱分析属于物理化学的分析方法。其特点是使被分析的混合物通过色谱柱将各组分进行分离，并通过适当的检测器进行测定。在一根内径约 1～6 mm 的金属或玻璃管内充填有某种填料，这些填料对一些特定的混合物具有分离效能，这种管子就被称为色谱柱。

色谱柱中的填料称为固定相。通过固定相而流动的流体称为流动相。固定相可以是具有一定活性表面的固体，也可以是高沸点的液体，流动相既可以用气体，也可用液体。根据所选用流动相和固定相的不同，色谱法可以分为气—液色谱、气—固色谱、液—液色谱和液—固色谱等。使流动相从固定相的间隙中通过，并将流动相中所含的混合组分分离的方法总称为色谱分析法。流动相为气体的色谱分析法称为气相色谱法。由于气体的控制和操作比较方便，其组分也比较容易检测，因此气相色谱法发展很快，应用很广。

2. 色谱柱分离原理

气相色谱柱有两种：一种叫分配色谱法，是利用被分离组分在固定相中溶解度的差异而工作的；另一种叫吸附色谱法，是利用被分离组分在固定相中的吸附效果不同而工作的。

以分配色谱法为例，如果某组分在柱中流动时，部分溶解于固定相液体中，使得这种组分在液体固定相和气态流动相中的浓度有一个固定的比例。该组分在柱中反复进行溶解和挥发，而后全部返回气相中，即组分在柱中具有可逆性的溶解与挥发特性。

在气—液色谱中所要取的分析样品量很小，分析组分在气相中的浓度与固定液中的浓度接近线性关系。样品能在瞬时完成溶解过程，则当样品由载气携带进入色谱柱后，样品中的一部分就溶解在固定液中，留下的一部分继续随载气移动，样品中各组分的溶解度不同决定了它们在色谱柱中移动速度的不同。完全不溶的组分随载气一起移动，溶解度小的被固定液滞留的时间短一些，溶解度大的滞留时间长一些，从而达到了分离的目的。

3. 色谱图

色谱分析仪的基本功能首先是将混合样品中的各组分进行分离，样品经色谱柱分离后，由检测器把各组分的浓度转换成电信号，然后传送给电子记录仪记录。由记录仪描绘出的信号随时间变化的曲线叫做色谱图，也叫色谱流出曲线，如图 2-95 所示。

色谱图是研究色谱过程、进行定性定量分析的依据。图 2-95 中横坐标代表时间，纵坐标代表信号的大小(mV)。

色谱图中基本参数的意义如下：

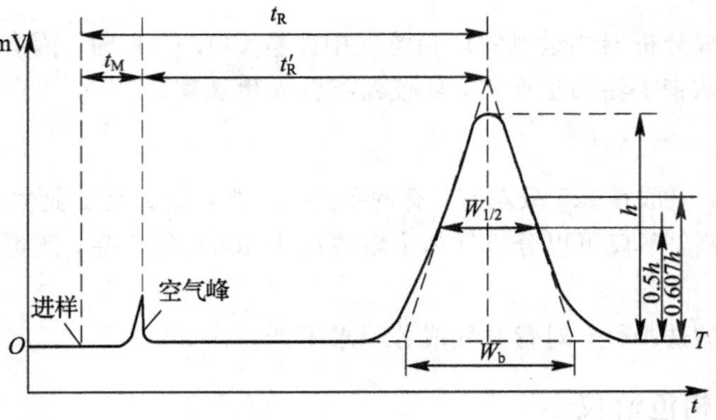

图 2-95 色谱图

(1) 基线：当色谱仪启动后，如果没有样品注入，经过检测器的只是纯净的载气，此时记录仪仍有一定的输出，则为基线。稳定的基线是一条直线，即图中的 OT 线。

(2) 色谱峰：待测组分通过检测器时，检测器输出的信号随待测组分的浓度或质量而改变，此时所得到的信号—时间曲线称为色谱峰，一般简称峰。每种被分离的组分都有一个色谱峰。理想峰是对称而均匀分布的。

(3) 峰高(h)：峰顶到基线的距离。峰高与进入检测器的待测组分的量(浓度或质量)成正比。

(4) 峰宽(W_b)：从峰两侧的拐点(0.607h)处作切线，在基线延长线上的截距。

(5) 半峰宽($W_{1/2}$)：峰高一半处峰的宽度。

峰宽和半峰宽是样品性质和色谱柱效率的反映，分析时希望它们的值越小越好。

(6) 保留值：保留值是分析色谱特性的依据，是描述样品组分在色谱柱中保留特性的参数。

① 死时间(t_M)：不与固定相液体发生作用的气体通过色谱柱时所需的时间。

② 保留时间(t_R)：从进样开始到最大值出现时所经过的时间。

③ 调整保留时间(t'_R)：保留时间与死时间的差值。

4. 检测器

检测器是工业色谱仪的主要组件之一，其任务是检测从色谱柱中流出的组分，并将组分的浓度或量的变化转变成相应的电信号，以便于测量和记录。检测器的种类多达几十种，但在工业色谱仪中应用的主要有热导式(浓度型)和氢火焰离子化(质量型)检测器。

热导式检测器是应用最广的一种检测器，其结构简单、性能稳定、操作方便，对无机、有机样品都有响应，而且不破坏样品。

2.5.7 色谱仪的运行

在“设定”方式中将确定的变量全部写入后，即可投入“自动”运行方式。如果仪器的变量未设定或未设定完全，则无法切入自动工作方式。

为了保证仪器长期稳定运行，应注意以下问题。

(1) 样品的预处理。生产工艺现场的样品情况复杂，其温度、压力、物理状态、杂质含量、水分含量多变，一般均不能满足工业色谱仪对样品的要求。因此工业样品一般均需经过预处理，如图 2-96 所示。不经预处理的工业样品往往会对仪器造成伤害，影响其长期正常运行。

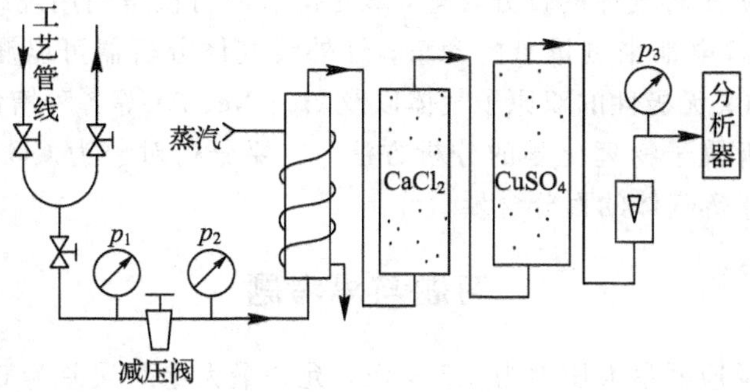

图 2-96　预处理系统示意图

(2) 载气的纯度。载气是工业气相色谱仪运行时必不可少的气体，它的纯度对测量影响很大。载气中的水分以及其他杂质的含量会破坏正常的分析，严重时会使色谱柱失效，用于热导检测器的载气应有 99.95%的纯度。

本章小结

本章主要介绍工业生产过程中五大变量的检测方法及检测仪表。

压力检测仪表按测量原理不同可分为液柱式、弹性式、活塞式、电气式几大类。其中弹簧管压力计主要用于现场就地指示压力，选用时要考虑被测压力的大小以及被测介质的性质；力矩平衡式、电容式、智能型等压力变送器都属于能将压力检测出来并远传到控制室的仪表。

液位、料位、界位统称为物位。根据测量原理不同，物位测量仪表可分为直读式、差压式、浮力式、电容式、超声波式、光学式物位计等。由于液位与差压的对应关系，使得所有压力、压差仪表，只要量程合适，都可用来测量液位。但差压式液位计在使用时，要考虑零点迁移问题。浮力式液位计中的浮筒式液位计应用非常广泛，而电容式、超声波式、光学式物位计都属于较先进的仪表，应用也越来越广。

流量有瞬时流量与总量之分。根据测量原理不同，流量检测仪表可分为差压式、速度式、容积式等。差压式流量计多用孔板将流量转换成差压信号，然后用差压计或差压变送器实现压差检测；转子流量计多用于现场的流量指示，配以信号转换变送器，也可实现信号远传；电磁流量计是根据电磁感应定律进行工作的，因此要注意被测介质为导电液体，并注意对电磁干扰的防护、屏蔽；涡轮流量计用来测量封闭管道中低黏度流体的体积流量或总量，还适合测量低温介质和各种腐蚀性及放射性介质。

温度检测仪表按工作原理可分为膨胀式、热电偶、热电阻、辐射和光学温度计等。膨胀式温度计可指示现场温度；热电偶温度计是利用热电效应原理进行工作的，它存在着冷端温度补偿问题；热电阻温度计是将被测温度转换成阻值的变化来实现温度测量的，使用时一定要考虑三线制连接。温度变送器分为热电偶温变、热电阻温变和直流毫伏变送器三个品种。显示仪表有模拟、数字、图像几种显示方式，ER180系列为模拟显示仪表；数字式显示仪表优点很多，应用广泛；无纸记录仪为图像显示仪表。

成分分析仪表用来检测物质的成分。热导式气体成分分析器常用来自动分析混合气体中 SO_2、CO_2、H_2 等多种气体的百分含量，氧化锆氧分析仪是利用烧结氧化锆陶瓷这种固体电解质组成氧浓差电池来测量氧的含量；红外线气体分析器可以测量除 N_2、O_2、Cl_2、H_2 等具有对称结构又无极性的双原子气体以及He、Ne、Ar等各种惰性气体以外的各种气体的成分；色谱分析属于物理化学的分析方法，主要分析对象为CO、CO_2、NH_3、CH_4、C_2H_2、C_2H_4、C_2H_6 等气体的百分含量。

习题与思考题

2-1　如果某反应器最大压力为0.8 MPa，允许最大绝对误差为0.01 MPa，现用一测量范围为0～1.6 MPa，精度为1级的压力表来进行测量，能否符合工艺上的误差要求？若采用一台测量范围为0～1.0 MPa，精度为1级的压力表，能否符合误差要求？试说明其理由。

2-2　有一个变化范围为320～360 kPa的压力。若用下列A、B两台压力变送器进行测量，那么在正常情况下哪一台的测量精度高？压力变送器A：1级，0～600 kPa。压力变送器B：1级，25～500 kPa。

2-3　某压力表刻度0～100 kPa，在50 kPa处计量检定值为49.5 kPa，求在50 kPa处仪表示值的绝对误差、相对误差和引用误差。

2-4　按工作原理不同，物位测量仪表有哪些主要类型？

2-5　电容式物位计的测量原理是什么？

2-6　如图2-97所示，用差压式液位计测量闭口容器的液位。已知被测介质的密度为 ρ，隔离罐中的隔离液密度为 ρ'。问：(1) 变送器的量程应选多少？(2) 是否需要迁移？如需要迁移，说明是正迁移还是负迁移，迁移量是多少。

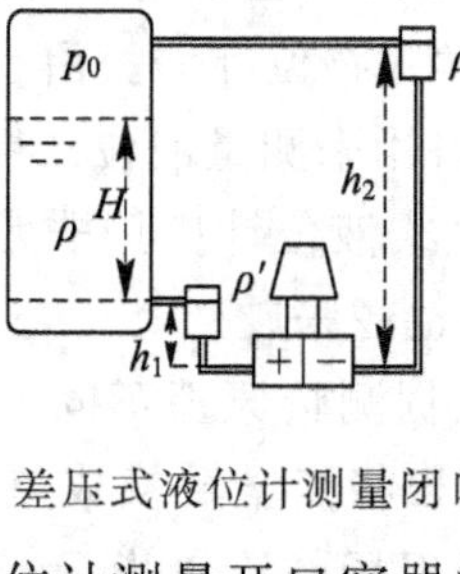

图2-97　差压式液位计测量闭口容器的液位

2-7　图2-98是用单法兰液位计测量开口容器的液位，其最高液位和最低液位如图所示。被测介质的密度为 ρ。问：(1) 变送器的量程为多少？(2) 是否需要迁移？如需要迁移，说明是正迁移还是负迁移？迁移量是多少？

2-8　标准节流件和特殊节流件有哪些？取压方式有哪几种？

2-9　何谓节流现象？静压差 Δp 产生的原理是什么？写出流量基本方程式。

2-10　气体或蒸汽的膨胀校正系数 ε 与哪些因素有关？He、Ar、N_2、O_2、CO、空气、CO_2、过热蒸汽、饱和蒸汽和 NH_3 在常温常压下绝热指数 K 分别为多少？

2-11　差压式流量计使用特点是什么？

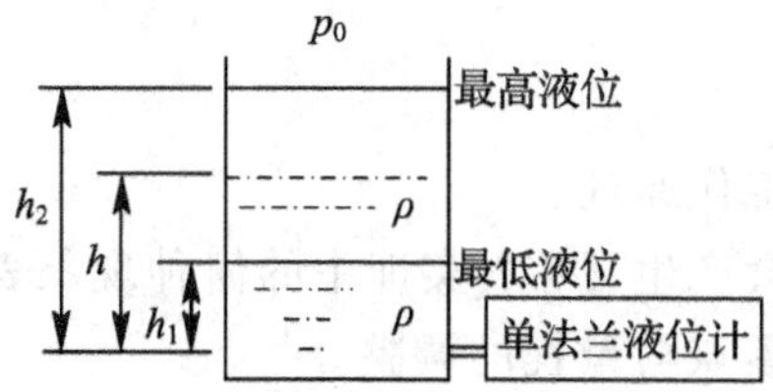

图 2-98　用单法兰液位计测量开口容器的液位

2-12　差压式流量计由哪三部分组成？

2-13　用差压变送器配合孔板测量某管道中的流量，若已知被测流量范围为 0～20 m^3/h，当流量为 10 m^3/h 时，变送器的输出信号为多少？

2-14　原来测量水的差压式流量计，现在用来测量相同测量范围的油的流量，读数是否正确？为什么？

2-15　标准孔板的取压方式有哪几种？其中角接取压法有哪几种具体的结构形式？标准节流装置的使用条件是什么？

2-16　在用标准节流装置测量流量时为何要求流体的雷诺数大于临界雷诺数？

2-17　孔板实际流量系数 α 和原始流量系数 α_0（光管流量系数）的区别是什么？在何条件下两者是一致的？

2-18　角接取压孔板流束膨胀校正系数 ε 的求取有几种方法？其适用范围是什么？

实践训练项目二　压力变送器的认识和使用

1. 训练目标

(1) 掌握压力变送器的结构、明确各部件的功能。

(2) 熟悉压力变送器的工作原理及其特性。

(3) 能够对压力变送器进行安装与维护。

(4) 能够对压力变送器进行校验。

2. 实践训练设备

(1) THJ-FCS 型高级过程控制系统实训装置。

(2) 水箱、水泵、扩散硅压力变送器、AI818 智能调节器、电动调节阀。

(3) 万用电表一只。

3. 任务描述

在水箱液位控制中，扩散硅压力变送器可以将液位信号转换成压力信号，实现参数的间接测量。扩散硅压力变送器由扩散硅压力芯片和信号处理电路组成，采用精密的补偿技术及信号处理技术，具有测量范围宽、测量精度高的特点，可以长期在线检测压力信号，实现生产过程的自动检测和控制，可广泛应用于各种工业领域中压力的检测。扩散硅压力变送器精度高，最高精度可达 0.1%FS，有外部零点及满度调整可选，适合测量低压量程，过载压力强。

扩散硅压力变送器测量的是压力信号，根据液体的静压差原理实现液位测量。在实训装置中，上、中、下水箱水位检测各采用工业用的扩散硅压力变送器 1 个，量程为 0～5 kPa，精度为0.5级。

4. 任务要求

(1) 简述压力变送器的工作原理。

(2) 压力变送器为什么会产生迁移？实训中的何种现象表明产生了迁移？如何处理？

(3) 完成压力变送器的零点与量程的调整。

(4) 在压力变送器校验完成后，完成表2-7的填写。

表2-7 压力变送器测量液位正反行程的数据记录表

输入	输入信号刻度分值		0%	25%	50%	75%	100%
输出	输出信号标准值 $I_{\text{o标}}$/mA						
	输出信号实测值 $I_{\text{o实}}$/mA	正行程					
		反行程					
误差	实测引用误差/%	正行程					
		反行程					
	$(I_{\text{o正}}-I_{\text{o反}})$/mA						
	实测基本误差/%						
	实测变差/%						
	实测精度等级						

备注：误差的计算公式：

绝对误差 $\Delta=I_{\text{o实}}-I_{\text{o标}}$

引用误差 $=\pm\Delta/(I_{\text{o上}}-I_{\text{o下}})\times100\%$

基本误差 $=\pm\Delta_{\text{MAX}}/(I_{\text{o上}}-I_{\text{o下}})\times100\%$

变　差 $=|I_{\text{o正}}-I_{\text{o反}}|_{\text{MAX}}/(I_{\text{o上}}-I_{\text{o下}})\times100\%$

$I_{\text{o标}}$——某点输出信号的标准值，单位mA。

$I_{\text{o实}}$——某点输出信号的实际值，单位mA。

Δ_{MAX}——各校验点绝对误差的最大值，单位mA。

$I_{\text{o上}}-I_{\text{o下}}$——仪表的输出量程，单位mA。

$|I_{\text{o正}}-I_{\text{o反}}|_{\text{MAX}}$——各检验点正反行程实测值的最大绝对差值，单位mA。

(5) 分析液位变送器的静态特性，画出液位变送器的输入—输出静态特性曲线。

5. 任务实施

(1) 将储水箱中储足水量，接通控制柜和控制台电源，旋开电动调节阀、磁力驱动泵、电磁流量计的电源开关，给电动调节阀、磁力驱动泵、电磁流量计上电。

(2) 将调节器的220 V插头插入面板上的220 V电源插座。

(3) 应用实训装置中的供水回路给水箱供水。

(4) 在扩散硅式压力变送器的侧面找到零点和量程调整的螺钉，分别标为"Z"和"R"，对扩散硅式压力变送器进行零点和量程的调整。

(5) 在水箱没水时，观察AI818智能调节器的显示是否为0(液位值)，否则调整标"Z"的螺钉，使其显示为0。零点调整好后，手动给水箱加水，当水箱的液位到达满刻度时，观察 AI818 智能调节器的显示是否与水箱实际液位一致，若两者有差距则根据液位的实际刻度与调节器显示的读数之间的差值来调整标“R”的螺钉，进行量程调整。

(6) 量程调整后会影响零点，因此零点和满量程需多次反复调整，直到满足要求为止。

(7) 调整完毕后，给水箱加水，分别加到压力变送器的 0%、25%、50%，观察调节器上的显示是否与水箱液位值一一对应。

6. 完成评价

每个实践训练项目结束后，小组之间要填写小组互评表，如表 2-8 所示。教师要对每组进行评价，填写表 2-9 的教师评价表。

表 2-8　小组互评表

实践训练项目	班　级	组　别	姓　名
评价类别	评价标准		评价等级
准备工作	资料准备		
	计划制订		
	材料准备		
工作能力	系统的搭建		
	系统及仪表的调试		
	排查故障		
工作态度	积极主动		
	团结协作		
	服从分配		
文明安全	安全规范		
	遵守纪律		
	文明习惯		
综合评定			
备注：评价等级为四个等级，分别为 A(优)、B(良)、C(一般)、D(不合格)。有 10 个以上 A 者，则综合评定为优，8～9 个 A 评定为良好，6 个和 7 个 A 评定为一般，6 个以下 A 则不合格。			

表 2-9　教师评价表

实践训练项目		班　级	组　别	姓　名
评价类别	评价标准	评价标准		评价值
学习准备	资料准备	能参与资料收集与整理(5)		
	计划制订	能完成任务计划的制订(5)		

续表

评价类别	评价标准	评价标准	评价值
学习过程	操作过程	能完成仪表的设置、接线，完成软件编程及系统的调试和运行(30)	
	问题探究	在实践中发现问题，并能用理论知识解释实践中的问题(5)	
	文明安全	遵守制度，服从管理(5)	
学习态度	主动程度	主动性强(5)	
	合作意识	能够和同组人团结协作(5)	
	严谨细致	认真仔细，不出错误(5)	
学习拓展	知识迁移	能够实现前后知识的迁移和贯通(5)	
	应变能力	举一反三，能够提出改进的建议和方案(5)	
	创新意识	有创新的建议(5)	
项目完成情况	全部完成	系统调试成功(20)	
	完成大部分	还存在一部分内容没有完成(12)	
	完成小部分	只完成项目要求的一小部分(8)	
综合评定			
备注：教师根据每组完成情况打分。			

实践训练项目三　热电偶的使用及校验

1. 训练目标

(1) 熟悉热电偶的结构、工作原理及使用方法。

(2) 掌握工业热电偶的校验方法。

(3) 了解热电偶自由端(冷端)温度对测量的影响以及补偿方法。

(4) 掌握电位差计的使用方法。

2. 实践训练设备

(1) 铂铑—铂热电偶，WRK－120，0.5 级。

(2) 镍铬—镍硅热电偶，0.5 级。

(3) 直流电位差计，0.05 级。

(4) 回转式管式电阻炉。

(5) 直流稳压电源。

3. 任务描述

热电偶温度计在工业中使用极为广泛，其主要优点是：测温精度高；热电动势与温度在小范围内基本上呈单值、线性关系；稳定性和复现性较好，响应时间较快；测量范围广。

常用热电偶可分为标准热电偶和非标准热电偶两大类。标准热电偶是指国家标准规定了其热电势与温度的关系、允许误差并有统一的标准分度表的热电偶，它有与其配套的显示仪表可供选用。我国从 1988 年 1 月 1 日起，热电偶和热电阻全部按 IEC 国际标准生产，并指定 S、B、E、K、R、J、T 七种标准化热电偶为我国统一设计型热电偶。

热电偶校验的过程也就是对热电偶进行分度的过程，一般有五种分度方法：

(1) 纯金属定点法：利用纯金属相变平衡具有固定不变温度的特点来对热电偶进行分度。

(2) 比较法：用高一级的标准热电偶温度计与被检热电偶温度计直接比较的分度方法。

(3) 黑体空腔法：适用于高温热电偶温度计的分度方法。

(4) 恒温槽分度法：将被检热电偶温度计放在恒温槽中与标准温度计进行比较分度，是比较法的一种。

(5) 计算法：标准热电偶温度计的分度计算公式已知，根据热电偶测量端温度求得相应的热电势值。

在实践训练中我们采用比较法(工程上也多采用比较法)。用一支新的工业用铂铑—铂热电偶(分度号为 S)作为标准热电偶去校验另一支镍铬—镍硅热电偶(分度号为 K)。两支热电偶焊点应牢固，表面光滑无气孔等缺陷。铂铑—铂热电偶不应有电极脆弱、色斑发黑等现象，镍铬—镍硅热电偶不应有严重腐蚀、电极脆弱等缺陷。

4. 任务要求

(1) 通过任务的实施，完成表 2-10 的填写。表 2-11 中规定了工业用热电偶的允许误差范围。

表 2-10　检定通知单

<table>
<tr><td colspan="5">检　定　通　知　单</td></tr>
<tr><td colspan="5">标准热电偶型号　　　　　　　　　　编号
被检热电偶型号　　　　　　　　　　编号</td></tr>
<tr><td>被检定点温度/℃</td><td>200</td><td>400</td><td>600</td><td>800</td></tr>
<tr><td>标准偶热电势/mV</td><td></td><td></td><td></td><td></td></tr>
<tr><td>被检偶热电势/mV</td><td></td><td></td><td></td><td></td></tr>
<tr><td>被检偶修正值/mV</td><td></td><td></td><td></td><td></td></tr>
<tr><td>检　定　结　果</td><td></td><td></td><td></td><td></td></tr>
<tr><td colspan="5">冷端温度　℃
第　　　组
日　　期</td></tr>
</table>

表 2-11　工业用热电偶允许误差范围

热电偶分度号	检测温度/℃	允许偏差
S	600	≤600℃时，　±3.0℃
	800	>600℃时，占所测热电势的±0.5%
	1000	
	1200	
K	200	≤400℃时，　±4℃
	400	
	600	>400℃时，占所测热电势的±1.00%
	800	

5. 任务实施

(1) 两支热电偶外观检查合格后将热端用铂丝捆在一起放入炉内。

(2) 按 UJ31 直流电位差计的说明熟悉仪表的使用方法。

① 按 UJ31 直流电位差计的要求将所需外围设备(标准电池、检流计、直流稳压电源、热电偶)接入，接线时注意正负极性，不得接错。

② 根据所接热电偶型号的不同来选择直流电位差计的量程。接 S 热电偶的电位差计量程挡位置“×1”挡，接 K 热电偶的电位差计量程挡位置“×10”挡。

③ 调整工作电流：将功能转换开关置“标准”，调节“粗”、“中”、“细”三个旋扭，使检流计指针指零，此时工作电流已调好。

④ 测量：将功能转换开关置于“未知 1”或“未知 2”(视具体接线情况而定)，此时旋转刻度盘使检流计指针指零，则刻度盘的读数乘以倍率即为被测热电势值。

(3) 按图 2-99 的实验原理图将线路接好，经指导教师同意后方可通电开始实验。

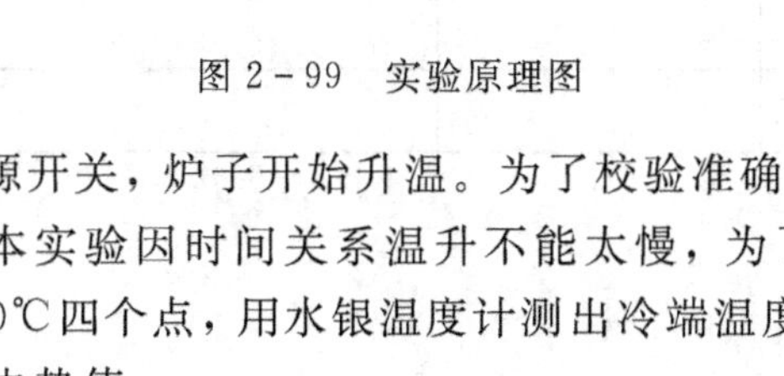

图 2-99　实验原理图

(4) 打开温控器的电源开关，炉子开始升温。为了校验准确，正规校验要求炉温每分钟变化不超过 0.5℃，但本实验因时间关系温升不能太慢，为了节省时间，我们仅检定 200℃、400℃、600℃、800℃四个点，用水银温度计测出冷端温度 T_0(环境温度)。由分度表查出各检定点对应的热电势值。

S 热电偶：　E(200℃，0℃)=1.440 mV　　E(400℃，0℃)=3.260 mV

E(600℃，0℃)=5.237 mV　　E(800℃，0℃)=7.345 mV

K 热电偶： $E(200℃, 0℃)=8.137\ mV$　　$E(400℃, 0℃)=16.395\ mV$

$E(600℃, 0℃)=24.902\ mV$　　$E(800℃, 0℃)=33.277\ mV$

再查出两只热电偶冷端温度 T_0 对应的热电势值 $E_S(T_0, 0℃)$ 和 $E_K(T_0, 0℃)$，根据公式 $E(T, 0)=E(T, T_0)+E(T_0, 0℃)$，分别计算出 S 热电偶的热电势 $E(200℃, T_0)$、$E(400℃, T_0)$、$E(600℃, T_0)$、$E(800℃, T_0)$，并填入表 2－10“标准偶热电势”栏中。

当炉温升到第一个检测点时，接 S 热电偶电位差计的检流计指针指零，这说明此时炉温是 200℃，要求同时调节接 K 热电偶的电位差计的刻度旋钮使检流计指针指零，再读取数据。由于炉温变化快，所以每一检定点都要两检流计同时指零同时读取数据，否则无效。以下各检定点均按此步骤进行，数据记入表 2－10 中。如果某检定点测试不顺利，可改此检定点为下一个整刻度进行重测。

(5) 将所有所需实验数据测取后，关断电源、拆线、整理好导线和仪器设备。

6. 完成评价

每个实践训练项目结束后，小组之间要填写小组互评表，如表 2－12 所示。教师要对每组进行评价，填写表 2－13 的教师评价表。

表 2－12　小组互评表

实践训练项目	班　级	组　别	姓　名
评价类别	评价标准		评价等级
准备工作	资料准备		
	计划制订		
	材料准备		
工作能力	系统的搭建		
	系统及仪表的调试		
	排查故障		
工作态度	积极主动		
	团结协作		
	服从分配		
文明安全	安全规范		
	遵守纪律		
	文明习惯		
综合评定			
备注：评价等级为四个等级，分别为 A(优)、B(良)、C(一般)、D(不合格)。有 10 个以上 A 者，则综合评定为优，8～9 个 A 评定为良好，6 个和 7 个 A 评定为一般，6 个以下 A 则不合格。			

表 2-13 教师评价表

<table>
<tr><td colspan="2">实践训练项目</td><td>班　级</td><td>组　别</td><td>姓　名</td></tr>
<tr><td colspan="2"></td><td></td><td></td><td></td></tr>
<tr><td>评价类别</td><td>评价标准</td><td colspan="2">评价标准</td><td>评价值</td></tr>
<tr><td rowspan="2">学习准备</td><td>资料准备</td><td colspan="2">能参与资料收集与整理(5)</td><td></td></tr>
<tr><td>计划制订</td><td colspan="2">能完成任务计划的制订(5)</td><td></td></tr>
<tr><td rowspan="3">学习过程</td><td>操作过程</td><td colspan="2">能完成仪表的设置、接线，完成软件编程及系统的调试和运行(30)</td><td></td></tr>
<tr><td>问题探究</td><td colspan="2">在实践中发现问题，并能用理论知识解释实践中的问题(5)</td><td></td></tr>
<tr><td>文明安全</td><td colspan="2">遵守制度，服从管理(5)</td><td></td></tr>
<tr><td rowspan="3">学习态度</td><td>主动程度</td><td colspan="2">主动性强(5)</td><td></td></tr>
<tr><td>合作意识</td><td colspan="2">能够和同组人团结协作(5)</td><td></td></tr>
<tr><td>严谨细致</td><td colspan="2">认真仔细，不出错误(5)</td><td></td></tr>
<tr><td rowspan="3">学习拓展</td><td>知识迁移</td><td colspan="2">能够实现前后知识的迁移和贯通(5)</td><td></td></tr>
<tr><td>应变能力</td><td colspan="2">举一反三，能够提出改进的建议和方案(5)</td><td></td></tr>
<tr><td>创新意识</td><td colspan="2">有创新的建议(5)</td><td></td></tr>
<tr><td rowspan="3">项目完成情况</td><td>全部完成</td><td colspan="2">系统调试成功(20)</td><td></td></tr>
<tr><td>完成大部分</td><td colspan="2">还存在一部分内容没有完成(12)</td><td></td></tr>
<tr><td>完成小部分</td><td colspan="2">只完成项目要求的一小部分(8)</td><td></td></tr>
<tr><td colspan="4">综合评定</td><td></td></tr>
<tr><td colspan="5">备注：教师根据每组完成情况打分。</td></tr>
</table>

第三章　工业生产过程的控制仪表及其控制规律

知识目标

◆ 控制器的 PID 控制规律
◆ 模拟式控制器和数字式控制器的结构原理
◆ 执行器的结构
◆ 控制阀的结构和工作方式
◆ 控制阀的选择、安装与维护

技能目标

◆ 能够对模拟式控制器进行选择、安装和维护
◆ 能够对数字式控制器进行选择、安装和维护
◆ 能够根据控制系统的特点选择执行器
◆ 能够对执行器进行安装与维护

3.1　过程控制仪表概述

在工业生产过程的变量控制中，常将控制器(也称调节器)、电—气转换器、执行器等称为过程控制仪表，它们是实现工业生产过程自动化的核心装置。在过程控制系统中，变量的检测通过检测仪表实现，变量检测仪表将被控变量转换成电流、电压或气压信号，一方面通过显示仪表对其进行显示和记录，另一方面则将其送往控制器与给定信号进行比较产生偏差，并按照一定的控制规律产生控制作用去控制执行器，以改变控制介质的流量从而使被控变量符合生产工艺要求。

目前使用的控制器以电动式控制器占绝大多数，而执行器则以气动式为主，它们之间需要用电—气转换器进行信号转换。

1. 控制器的控制功能

(1) 偏差信号的控制运算。控制器的输入电路接收测量信号和给定信号，两者相减后产生一个偏差信号，对偏差信号进行控制运算，从而输出控制信号给执行器。

(2) 内、外给定的选择。当控制器用于定值控制时，给定信号常由调节器内部提供，称为内给定；而在随动控制系统中，调节器的给定信号往往来自调节器的外部，称为外给定。内、外给定信号由内、外给定开关进行选择或由软件实现。

(3) 正、反作用的选择。工程上，当控制器的输出随反馈输入的增大而增大时，称控制器为正作用，而当控制器的输出随反馈输入的增大而减小时，称控制器为反作用。为了构成一个负反馈控制系统，必须正确地确定控制器的正、反作用，否则整个控制系统将无法

正常运行。控制器的正、反作用可通过正、反作用开关进行选择或由软件实现。

(4) 手/自动切换功能。控制器的手/自动切换功能是必不可少的。在控制系统投入运行时，往往先进行手动操作改变控制器的输出，待系统基本稳定后再切换到自动运行状态；当自动控制时的工况不正常或控制器失灵时，必须切换到手动状态以防止系统失控。通过控制器的手/自动切换开关进行切换，而在切换过程中，又希望切换操作不会给控制系统带来扰动，即要求无扰动切换。

(5) 其他功能。除了上述功能外，有的控制器还有一些附加功能，如输出限幅、输入越限报警、偏差报警、软手动抗漂移、停电对策等。所有这些附加功能都是为了进一步提高控制器的控制功能。

2. 执行器的功能

执行器在过程控制中的作用是接收来自控制器的控制信号，改变其阀门开度，从而达到控制介质流量的目的，因此，执行器也是过程控制系统中一个重要的、必不可少的组成部分。执行器直接与控制介质接触，常常在高温、高压、深冷、高黏度、易结晶、易腐蚀等恶劣条件下工作，因而是过程控制系统中最薄弱的环节。如果执行器的选择或使用不当，往往会给生产过程自动化带来困难，甚至会导致严重的生产事故。为此，对于执行器的正确选用以及安装、维修等各个环节，必须给予足够的重视。

若执行器采用电动式的，则无需电—气转换器，若执行器采用气动式的，则需电—气转换器。

3.2 自动控制系统的过渡过程和品质指标

3.2.1 控制系统的过渡过程

一个处于平衡状态的自动控制系统在受到扰动作用后，被控变量发生变化，与此同时，控制系统的控制作用将被控变量重新稳定下来，并力图使其回到设定值或设定值附近。一个控制系统在外界干扰或给定干扰作用下，从原有稳定状态过渡到新的稳定状态的整个过程，称为控制系统的过渡过程。控制系统的过渡过程是衡量控制系统品质优劣的重要依据。

在阶跃干扰作用下，控制系统的过渡过程有如图 3-1 所示的几种形式。图 3-1(a)为发散振荡过程，它表明这个控制系统在受到阶跃干扰作用后，非但不能使被控变量回到设定值，反而使它越来越剧烈地振荡起来。显然，这类过渡过程的控制系统是不能满足生产要求的。图 3-1(b)为等幅振荡过程，它表示系统受到阶跃干扰后，被控变量将作振幅恒定的振荡而不能稳下来。因此，除了简单的位式控制外，这类过渡过程一般也是不允许的。图 3-1(c)所示为衰减振荡过程，它表明被控变量经过一段时间的衰减振荡后，最终能重新稳定下来。图 3-1(d)所示为非周期衰减振荡过程，它表明被控变量最终也能稳定下来，但由于被控变量达到新的稳定值的过程太缓慢，而且被控变量长期偏离在设定值一边，这类过渡过程一般情况下工艺上也是不允许的，只有工艺允许被控变量不能振荡时才采用。

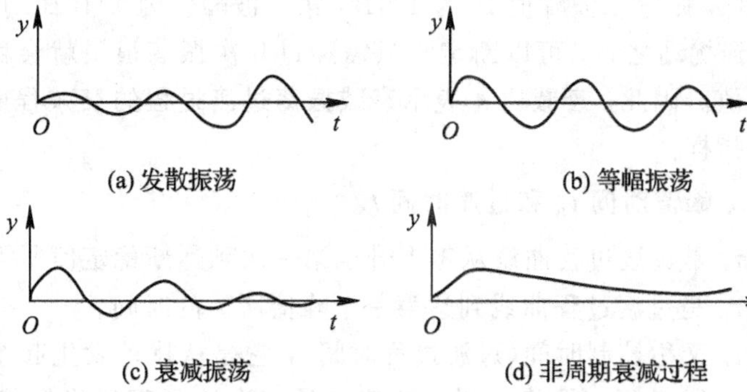

图 3-1　控制系统的过渡过程形式

3.2.2　控制系统的品质指标

一个好的控制系统应该具有稳定性好、准确性好、控制速度快等特点。

前面提到，衰减振荡是人们所希望得到的过渡过程形式，但同样是衰减振荡，质量也有区别。为了评价控制系统的质量，习惯上以如下几个参数作为品质指标，如图 3-2 所示。

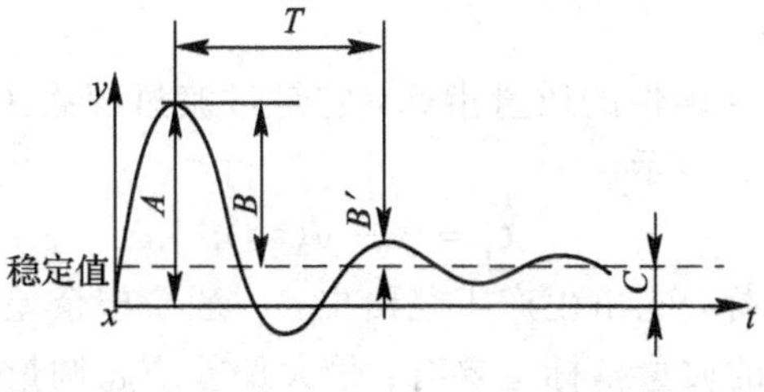

图 3-2　过渡过程的质量指标示意图

1. 最大偏差 *A*(或超调量 *B*)

最大偏差是衡量过渡过程稳定性的一个动态指标，它有两种表示法。

(1) 最大偏差等于被控变量的最大指示值与设定值之差。

对于在阶跃扰动作用下的控制系统，过渡过程的最大偏差是被控变量第一个波的峰值与设定值之差，如图 3-2 中的 A 所示。

(2) 最大偏差反映系统在控制过程中被控变量偏离设定值的程度，也可以用超调量 B 表示，超调量是指过渡过程曲线超出新稳定值的最大值，即

$$B=\text{最大指示值}-\text{新稳定值}$$

2. 衰减比 *n*

衰减比是衡量控制系统稳定性的一个动态指标，是指过渡过程曲线同方向的前后相邻两个峰值之比，如图 3-2 中 $B/B'=n$，或习惯表示为 $n:1$。可见衰减比 n 愈小，过渡过程的衰减程度越小，意味着控制系统的振荡程度越剧烈，稳定性也就低。当 $n=1$ 时，过渡过程为等幅振荡；反之，n 愈大，过渡过程愈接近非振荡过程，相应的稳定性也越高。从对过程控制系统的基本性能要求(稳定、迅速)综合考虑，$n=4\sim10$ 为宜。如以 $n=4$ 为例，当

第一波峰值 $B=1$ 时，则第二波峰值 B'为 $1/4B$，第三波峰值为 $1/16B$，可见衰减之快。这样，当被控变量受到扰动之后，可以断定它只需经过几次振荡很快就会稳定下来，不会出现造成事故的异常值。因此，衰减比 n 表示衰减振荡过渡过程的衰减程度，是反映控制系统稳定程度的一项指标。

3. 上升时间 t_r、峰值时间 t_p 和过渡时间 t_s

(1) 上升时间 t_r 是过渡过程曲线从零上升至第一次到达新稳定值所需的时间。

(2) 峰值时间 t_p 是过渡过程曲线到达第一个峰值所需的时间。

(3) 过渡时间 t_s 又称控制时间(过渡过程时间)，它是从扰动发生起至被控变量建立起新的平衡状态止的一段时间。严格地讲，被控变量完全达到新的稳态值需要无限长的时间。根据仪表灵敏度的定义以及工程上的要求规定如下：过渡过程曲线衰减到与最终稳态值之差不超过±5%时所需要的时间，为过渡过程时间或控制时间 t_s。

上升时间 t_r、峰值时间 t_p 和过渡时间 t_s 都是衡量控制系统快速性的质量指标。

4. 振荡周期 T(或振荡频率 f)

振荡周期也是衡量控制系统快速性的一个质量指标。过渡过程曲线从第一个波峰到同方向第二个波峰之间的时间叫做振荡周期或称工作周期，其倒数称为振荡频率或工作频率。在衰减比相同的条件下，振荡周期与过渡时间成正比，振荡周期短，过渡时间就短。

5. 余差 C

余差是衡量控制系统准确性的质量指标，它是过渡过程终了时设定值与被控变量的新的稳态值 $y(\infty)$之差，用 C 表示。

$$C=x-y(\infty) \tag{3-1}$$

余差也是一个精度指标，它由生产工艺给出，一般希望余差为零或不超过预定的范围。

综上所述，过渡过程的质量指标主要有：最大偏差或超调量、衰减比、过渡时间、振荡周期、余差。一般希望最大偏差或超调量、余差小一些，过渡时间短一些，这样控制质量就好一些，但也有矛盾，不能同时给予保证。如当最大偏差和余差都小时，则过渡时间就要长。因此，要根据工艺生产的要求，结合不同的控制系统，对控制质量指标分出主次，区别轻重，优先保证主要控制质量指标。

3.3 基本控制规律及其对系统过渡过程的影响

在生产过程自动控制系统中，控制器是很重要的组成部分。控制器是把系统的被控量与设定值进行比较，得到偏差，并按 P、I、D 不同控制规律发出控制信号(即控制器的输出信号)，控制生产过程，使被控量等于设定值。其中控制器输出信号的作用叫控制作用，控制器的输出随输入的变化而变化的规律称为控制规律。控制器的控制规律非常重要，直接影响控制系统的控制质量。

控制器的输入信号是偏差信号 e，它是设定值信号 x 与变送器送来的测量值信号 z 之差。在分析自动化系统时，偏差采用 $e=x-z$，但在单独分析控制仪表时，习惯上采用测量值减去设定值作为偏差信号。控制器的输出信号就是控制器送往执行机构的信号 p。

因此，所谓控制器的控制规律就是指 p 与 e 之间的函数关系，即

$$p = f(e) = f(x - z) \tag{3-2}$$

在研究控制器的控制规律时，经常假定控制器的输入信号 e 是一个阶跃信号，然后来研究控制器的输出信号 p 随时间的变化规律。

控制器的基本控制规律为双位控制、比例控制(P)、积分控制(I)、微分控制(D)及它们的组合形式，如比例积分控制(PI)、比例微分控制(PD)和比例积分微分控制(PID)。不同的控制规律适应于不同的生产要求，必须根据生产要求来选用适当的控制规律，如选用不当，不但不能起到好的作用，反而会使控制过程恶化，甚至造成事故。要选用合适的控制器，首先必须了解常用的几种控制规律的特点，然后根据过渡过程品质指标要求，结合具体对象特性，才能做出正确的选择。

双位控制指控制器只有两个输出值，即最大值和最小值，对应的控制阀只有两个工作位置，即全开和全关，因此双位控制又称开关控制。双位控制简单易懂，这里就不过多介绍了。下面介绍 P、I、D 控制规律。

3.3.1　比例控制规律

如图 3-3 所示的液位控制系统，当液位高于设定值时，控制阀就关小，液位越高，阀关得越小；若液位低于设定值，控制阀就开大，液位越低，阀开得越大。图中浮球是测量元件，杠杆就是一个最简单的控制器。

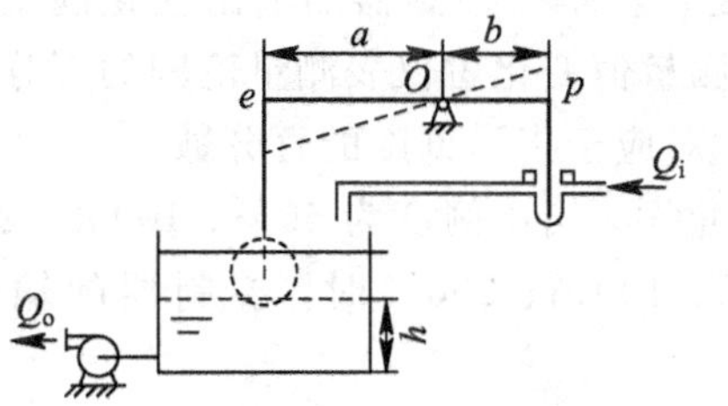

图 3-3　简单比例系统控制示意图

图 3-3 中，若杠杆在液位改变前的位置用实线表示，改变后的位置用虚线表示，则根据相似三角形原理，有

$$\frac{a}{b} = \frac{p}{e}$$

即

$$p = \frac{a}{b}e \tag{3-3}$$

式(3-3)中：e 为杠杆左端的位移，即液位的变化量；p 为杠杆右端的位移，即阀杆的位移量；a、b 分别为杠杆支点与两端的距离。

由此可见，在该控制系统中，阀门开度的改变量与被控变量(液位)的偏差值成比例，这就是比例控制规律。

对于具有比例控制规律的控制器(称为比例控制器)，其输出信号(指变化量)p 与输入信号(偏差)e 之间成比例关系，即

$$p = K_P e \tag{3-4}$$

式中：K_P 叫做控制器的比例放大倍数，故比例控制器实际上是一个可调增益(放大倍数)的

放大器。图 3-4 为阶跃偏差作用下比例控制作用的响应曲线。

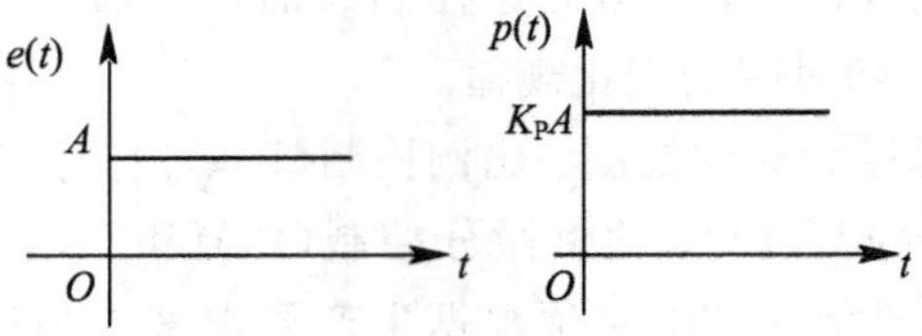

图 3-4 比例控制的阶跃响应曲线

在相同输入偏差 e 下，K_P 越大，输出 p 也越大，所以 K_P 是衡量比例控制作用强弱的因素。K_P 越大，比例控制作用越强。

在过程控制仪表中，一般用比例度 δ 来表示比例控制作用的强弱。比例度 δ 就是指控制器输入的变化相对值与相应的输出变化相对值之比的百分数，比例度 δ 定义如式(3-5)：

$$\delta=\frac{\dfrac{e}{x_{\max}-x_{\min}}}{\dfrac{p}{p_{\max}-p_{\min}}}\times 100\% \tag{3-5}$$

式中：e 为输入变化量；p 为相应的输出变化量；$x_{\max}-x_{\min}$ 为输入的最大变化量，即仪表的量程；$p_{\max}-p_{\min}$ 为输出的最大变化量，即控制器输出的工作范围。

从式(3-5)可知比例度 δ 就是使控制器的输出变化满刻度(也就是控制阀从全关到全开或相反)时，相应的仪表测量值变化占仪表测量范围的百分数。或者说，使控制器输出变化满刻度时，输入偏差变化对应于指示刻度的百分数。

图 3-5 是比例度的示意图，当比例度为 50%、100%、200%时，分别说明只要偏差 e 变化占仪表全量程的 50%、100%、200%时，控制器的输出就可以由最小 $p_{\min}$ 变为最大 $p_{\max}$。

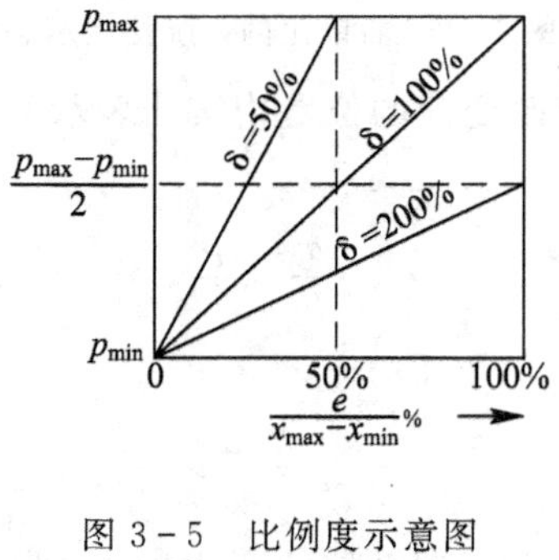

图 3-5 比例度示意图

将式(3-4)代入式(3-5)后可得

$$\delta=\frac{1}{K_P}\times\frac{p_{\max}-p_{\min}}{x_{\max}-x_{\min}}\times 100\% \tag{3-6}$$

对于一个具体的比例作用控制器，指示值的刻度范围 $x_{\max}-x_{\min}$ 及输出的工作范围 $p_{\max}-p_{\min}$ 应是一定的，所以由式(3-6)可以看出，比例度 δ 与放大倍数 K_P 成反比。这就是说，控制器的比例度 δ 越小，它的放大倍数 K_P 就越大，它将偏差(控制器输入)放大的能力越强，反之亦然。因此比例度 δ 和放大倍数 K_P 都能表示比例控制器控制作用的强弱，

只不过 K_P 越大，表示控制作用越强，而 δ 越大，表示控制作用越弱。

图 3-3 所示的液位控制系统原来处于平衡状态，液位恒定在某值上，在 $t=t_0$ 时，系统外加一个干扰作用，即出水量 Q_o 增加(见图 3-6(a))，液位开始下降(见图 3-6 (b))，浮球也跟着下降，通过杠杆使进水阀的阀杆上升，这就是作用在控制阀上的信号 p(见图 3-6 (c))，于是进水量 Q_i 增加(见图 3-6 (d))。由于 Q_i 增加，促使液位下降速度逐渐缓慢下来，经过一段时间后，待进水量的增加量与出水量的增加量相等时，系统又建立起新的平衡，液位稳定在一个新值上。但是控制过程结束时，液位的新稳态值将低于设定值，它们之间的差就叫余差，如果定义偏差 e 为测量值减去设定值，则 e 的变化曲线如图 3-6 (e)所示。

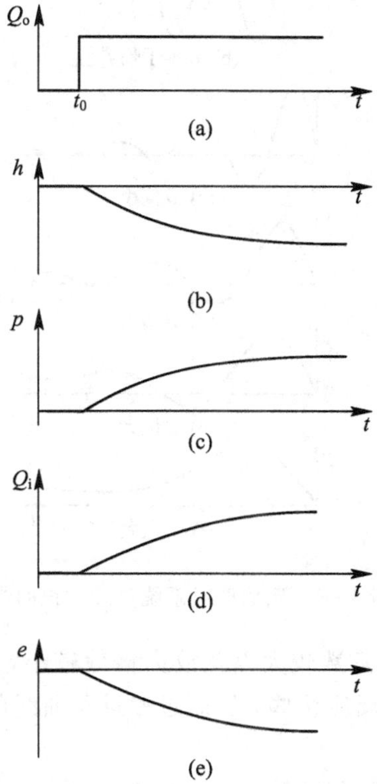

图 3-6　液位比例控制系统的过渡过程

系统存在余差是比例控制规律的必然结果。从图 3-3 可见，原来系统处于平衡，进水量与出水量相等，此时控制阀有一固定的开度，比如说对应于杠杆为水平的位置。当 $t=t_0$ 时，出水量有一阶跃增大量，于是液位下降，引起进水量增加，只有当进水量增加到与出水量相等时才能重新建立平衡，而液位也才不再变化。但是要使进水量增加，控制阀必须开大，阀杆必须上移，而阀杆上移时浮球必然下移。因为杠杆是一种刚性的结构，这就是说达到新的平衡时浮球位置必定下移，也就是液位稳定在一个比原来稳态值(即设定值)要低的位置上，其差值就是余差。存在余差是比例控制的缺点。

比例控制的优点是反应快，控制及时。有偏差信号输入时，输出立刻与它成比例地变化，偏差越大，输出的控制作用越强。

为了减小余差，就要增大 K_P(即减小比例度 δ)，但这会使系统稳定性变差。比例度对控制过程的影响如图 3-7 所示。由图可见，比例度越大(即 K_P 越小)，过渡过程曲线越平稳，但余差也大。比例度越小，则过渡过程曲线越振荡。比例度过小时就可能出现发散振荡。

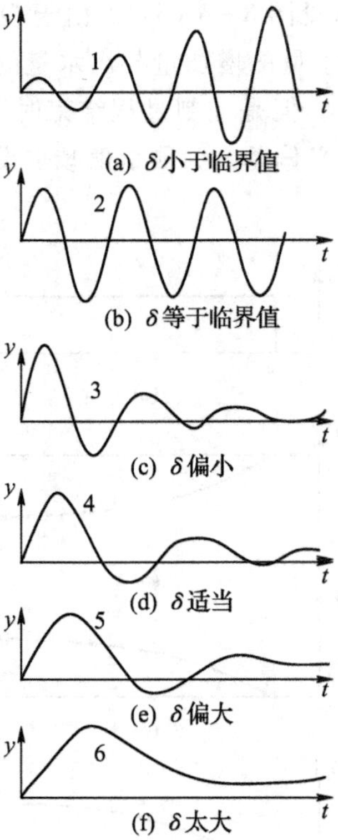

图 3-7　比例度对系统过渡过程的影响

若对象的滞后较小、时间常数较大以及放大倍数较小，则控制器的比例度可以选得小些，以提高系统的灵敏度，使反应快些，从而过渡过程曲线的形状较好。反之，比例度就要选大些以保证稳定。

针对不同的对象，δ 的大致范围是：压力对象 30%～70%，流量对象 40%～100%，液位对象 20%～80%，温度对象 20%～60%。

纯比例控制只适用于扰动较小、滞后较小而时间常数又不太小且允许余差存在的场合。

3.3.2　比例积分控制规律

比例控制存在余差，属于有差调节，当对控制质量有更高要求时，就需要在比例控制的基础上，再加上能消除余差的积分控制作用。

积分控制作用的输出变化量 p 与输入偏差 e 的积分成正比，即

$$p = K_I \int_0^t e(t)\mathrm{d}t \tag{3-7}$$

式中：K_I 为积分速度。

当输入偏差是常数 A 时，式(3-7)成为

$$p=K_{\mathrm{I}}\int_{0}^{t}A\,\mathrm{d}t=K_{\mathrm{I}}At$$

则积分控制器的阶跃特性如图 3-8 所示。

当有偏差存在时，输出信号将随时间增长(或减小)。当偏差为零时，输出才停止变化而稳定在某一值上，因而用积分控制器组成控制系统可以达到无余差。

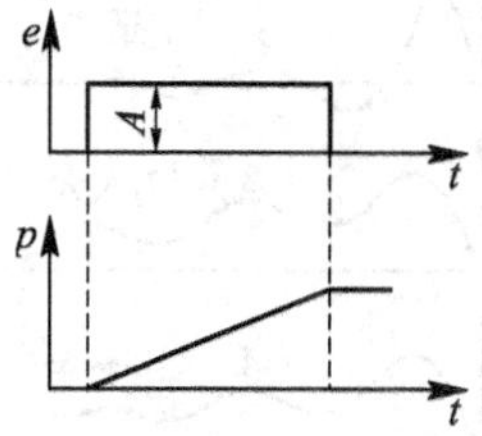

图 3-8　积分控制的阶跃响应曲线

输出信号的变化速度与偏差 e 及 K_{I} 成正比，而其控制作用是随着时间积累才逐渐增强的，所以控制动作缓慢，会出现控制不及时，当对象惯性较大时，被控变量将出现大的超调量，过渡时间也将延长，因此常常把比例与积分组合起来，这样控制既及时，又能消除余差。

比例积分控制规律是把比例与积分组合起来，表达式为

$$p=K_{\mathrm{P}}\left(e+K_{\mathrm{I}}\int_{0}^{t}e\,\mathrm{d}t\right)$$

或

$$p=K_{\mathrm{P}}\left(e+\frac{1}{T_{\mathrm{I}}}\int_{0}^{t}e\,\mathrm{d}t\right) \tag{3-8}$$

式中：T_{I} 为积分时间，$T_{\mathrm{I}}=1/K_{\mathrm{I}}$。

若偏差是幅值为 A 的阶跃干扰，则式(3-8)变为

$$p=K_{\mathrm{P}}A+\frac{K_{\mathrm{P}}}{T_{\mathrm{I}}}At \tag{3-9}$$

比例积分控制规律的阶跃响应曲线如图 3-9 所示。积分时间 T_{I} 的定义为：在阶跃偏差作用下，控制器的输出达到两倍的比例输出时所经历的时间。

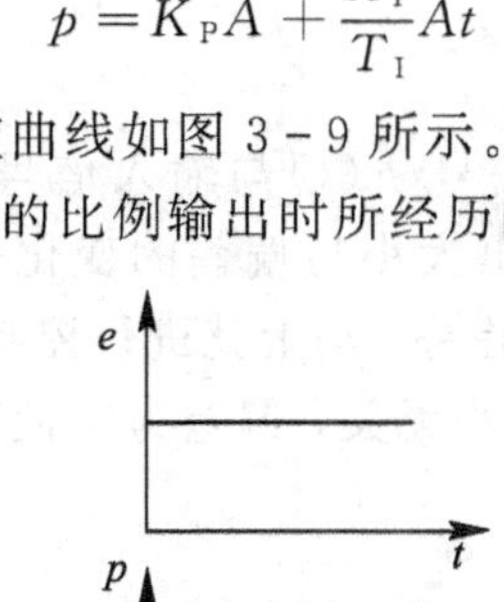

图 3-9　比例积分控制的阶跃响应曲线

δ 不变时，积分时间 T_{I} 对系统过渡过程的影响如图 3-10 所示。从图中可知，积分时间 T_{I} 越大，积分作用越弱，若积分时间为无穷大，就没有积分作用，而成为纯比例控制器了，不

能消除余差。积分时间 T_I 越小，积分速度 K_I 越大，积分作用越强，过程的振荡会加剧，但能克服余差。积分时间 T_I 太小，积分作用过强，过程振荡剧烈，甚至出现发散振荡。

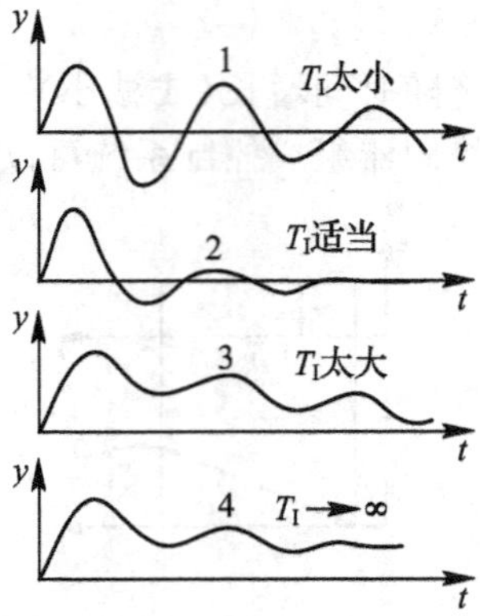

图 3-10　T_I 对系统过渡过程的影响

所以控制器的积分时间应根据对象的特性来选择，对于管道压力、流量等滞后不大的对象，T_I 可选得小一些，而温度对象的滞后较大，T_I 可选得大一些。

3.3.3　比例积分微分控制规律

对于惯性较大的对象，常常希望能根据被控变量变化的快慢来控制。在人工控制时，虽然偏差可能还小，但看到参数变化很快，估计到很快就会有更大偏差，此时会过分地改变阀门开度以克服干扰影响，这就是按偏差变化速度进行控制。在自动控制时，就要求控制器具有微分控制规律。

1. 微分控制规律

理想的微分控制规律数学表达式为

$$p(t) = T_D \frac{\mathrm{d}e(t)}{\mathrm{d}t} \tag{3-10}$$

式中：T_D 为微分时间。

理想的微分控制规律是输出信号 $p(t)$ 与输入信号 $e(t)$ 对时间的导数成正比，如图 3-11 所示。由图可见，微分的输出大小与偏差的变化速度有关，这种控制器用在系统中时，即使偏差很小，只要出现变化趋势，马上就进行控制，具有超前控制作用，这是它的优点。但它的输出与偏差本身数值大小无关，偏差为定值时，微分无输出。因而控制结果不

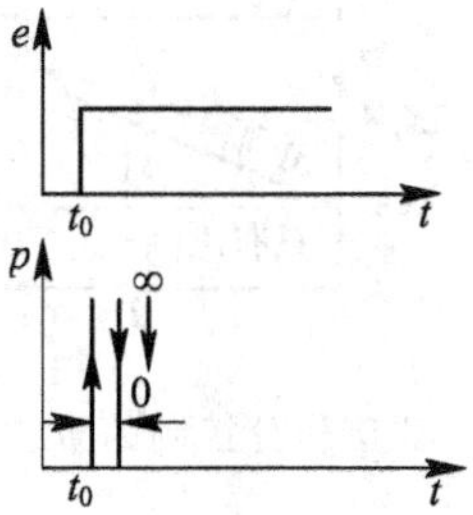

图 3-11　微分控制的阶跃响应曲线

能消除偏差，所以不能单独使用这种控制器，它常与比例或比例积分组合构成比例微分或比例积分微分控制器(三作用控制器)。

微分作用的强弱用微分时间 T_D 来衡量，T_D 越大，控制器的输出也越大，微分作用就越强，反之亦然。

2. 比例微分控制规律

理想的比例微分控制规律的数学表达式为

$$p(t)=K_P e(t)+K_P T_D \frac{de(t)}{dt} \tag{3-11}$$

比例微分控制器的阶跃响应曲线如图 3-12 所示。

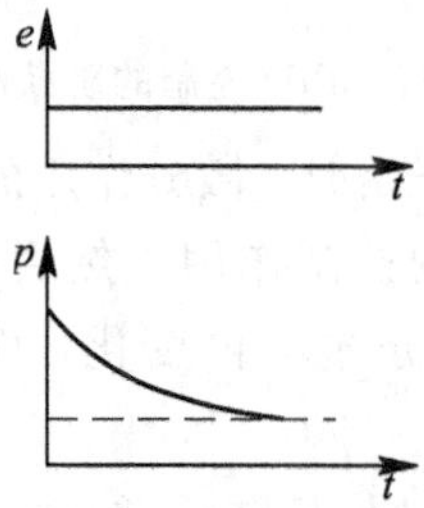

图 3-12　比例微分控制的阶跃响应曲线

图 3-13 是微分时间 T_D 对系统过渡过程的影响。由图可见，T_D 越大，微分作用越强，效果是动态偏差减小，余差减小，但使系统的稳定性变差。T_D 太大，则易引起系统振荡，T_D 太小，则微分作用弱，动态偏差大，波动周期长，余差大，但稳定性好。

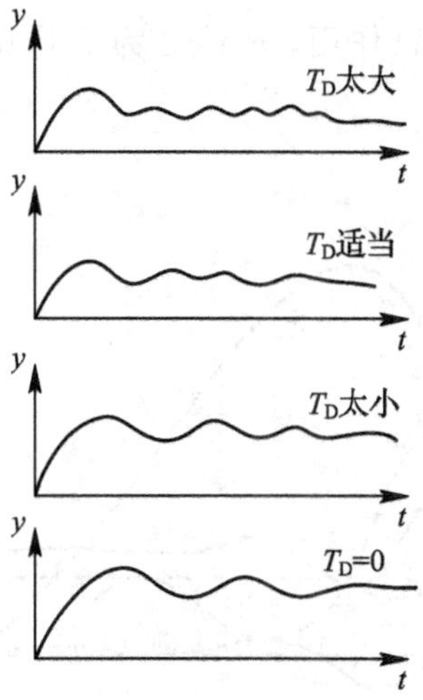

图 3-13　T_D 对系统过渡过程的影响

3. 比例积分微分控制规律

PID 三作用的输入输出关系式为

$$p(t)=K_P e(t)+K_P \frac{1}{T_I}\int_0^t e(t)dt+K_P T_D \frac{de(t)}{dt} \tag{3-12}$$

由式可见，PID 控制规律是 P、I、D 三种作用的综合结果，其阶跃响应曲线如图 3－14 所示。

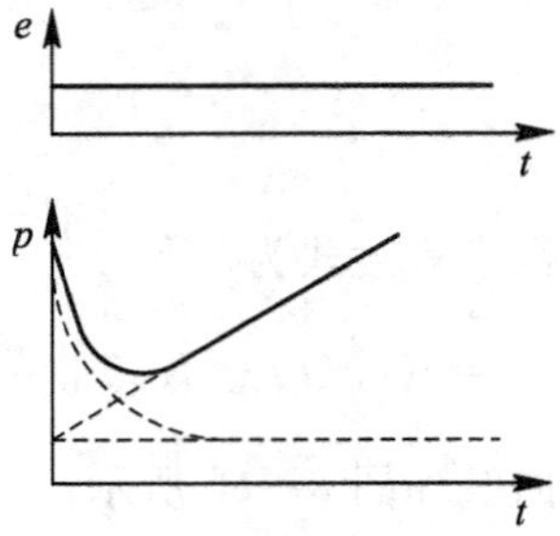

图 3－14　PID 控制的阶跃响应曲线

由图 3－14 可见，当阶跃输入开始时，微分作用的变化最大，它叠加在比例作用上，使总输出大幅度变化，产生一个强烈的控制作用。然后微分作用逐渐消失，积分作用逐渐占主导地位，直到余差完全消失，积分才不再变化，而比例作用贯穿始终，是基本的控制作用。

所以 PID 控制中微分作用超前动作抑制偏差，同时比例作用动作减小偏差，积分作用最后慢慢地消除偏差。这种控制器既能快速进行控制，又能消除余差，具有较好的控制性能。所以，三作用控制器的参数(δ、T_I、T_D)如选择得当，就可以充分发挥三种控制规律的优点，从而得到较满意的控制质量。

4. 各种控制规律的过渡过程比较

图 3－15 为同一阶跃偏差作用下，P、I、D 及其各种组合形式的过渡过程曲线。图中，曲线 1 为 PD 作用，曲线 2 为 PID 作用，曲线 3 为 P 作用，曲线 4 为 PI 作用，曲线 5 为 I 作用。

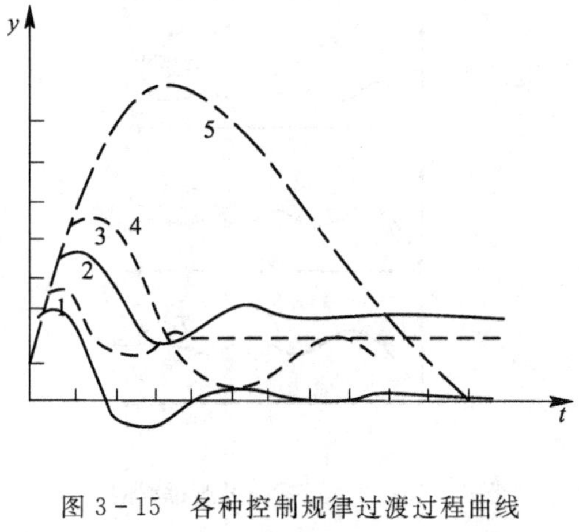

图 3－15　各种控制规律过渡过程曲线

可见，PID 三作用的动态偏差小，余差基本为零，控制周期短，所以控制效果最好；PI 控制余差为零，相对 PID 来说动态偏差大一些，周期也长一些，但与其他几种相比好一些；PD 控制动态偏差小，稳定性好，但余差大；P 控制偏差比 PI 小些，但余差太大；I 作用效果最差，故不能单独使用。

目前生产的模拟式控制器一般都同时具有比例、积分、微分三种作用。只要将其中的微分时间 T_D 置于 0，就成了比例积分控制器，如果同时将积分时间 T_I 置于无穷大，便成了比例控制器。

3.4　模拟式控制器

在模拟式控制器中，所传送的信号形式为连续的模拟信号。目前应用的模拟式控制器主要是电动控制器。电动控制器从发展的历程上看又经历了基地式和单元组合式，其中单元组合式也经历了从 DDZ－Ⅰ型、DDZ－Ⅱ型发展到 DDZ－Ⅲ型的过程。目前 DDZ－Ⅲ型以及同档次的其他系列的控制器仍广泛应用于中、小企业及大企业的部分装置中。这里主要介绍 DDZ－Ⅲ型控制器。

3.4.1　DDZ－Ⅲ型仪表的特点

DDZ－Ⅲ型仪表的主要特点表现在以下方面。

1. 采用国际电工委员会(IEC)推荐的统一标准信号

这种信号制的现场传输信号为 4～20 mA DC，控制室联络信号为 1～5 V DC，信号电流与电压的转换电阻为 250 Ω。优点如下：

(1) 电气零点不是从零开始，且不与机械零点重合，这不但利用了晶体管的线性段，避开了元件的死区，而且容易识别断电、断线等故障。

(2) 只要改变转换电阻阻值，控制室仪表便可接收其他 1∶5的电流信号，例如将 1～5 mA 或 10～50 mA 等直流电流信号转换为 1～5 V DC 电压信号。

(3) 最小信号电流不为零，为现场变送器实现两线制创造了条件。现场变送器与控制室仪表仅用两根导线联系，既节省了电缆线和安装费用，还有利于安全防爆。

2. 广泛采用集成电路，可靠性提高，维修工作量减少

(1) 由于集成运算放大器均为差分放大器，且输入对称性好，漂移小，因而仪表的稳定性得到提高。

(2) 由于集成运算放大器有高增益，因而开环放大倍数很高，这使仪表的精度得到提高。

(3) 采用了集成电路，焊点少，强度高，大大提高了仪表的可靠性。

3. 统一由电源箱供给 24 V DC 电源，并有蓄电池作为备用电源

(1) 各单元省掉了电源变压器，没有工频电源进入单元仪表，既解决了仪表发热问题，又为仪表的防爆提供了有利条件。

(2) 在工频电源停电时备用电源投入，整套仪表在一定时间内仍可照常工作，继续进行监视控制，有利于安全停车。

4. 结构合理

(1) 基型控制器有全刻度指示控制器和偏差指示控制器两个品种，指示表头为 100 mm 刻度纵形大表头，指示醒目，便于监视操作。

(2) 自动、手动的切换以无平衡、无扰动的方式进行，并有硬手动和软手动两种方式，面板上设有手动操作插孔，可和便携式手动操作器配合使用。

(3) 结构形式适于单独安装和高密度安装。

(4) 有内给定和外给定两种给定方式，并设有外给定指示灯，能与计算机配套使用，可组成 SPC 系统实现计算机监督控制，也可组成 DDC 控制的备用系统。

5. 整套仪表可构成安全火花型防爆系统

DDZ-Ⅲ型仪表在设计上是按国家防爆规程进行的，在工艺上对容易脱落的元件部件都进行了胶封，而且增加了安全单元——安全栅，实现了控制室与危险场所之间的能量限制与隔离，这样仪表不会引爆，使电动仪表在石油化工企业中应用的安全可靠性有了显著提高。

DDZ-Ⅲ控制器以线性集成电路为核心部件，其性能好、功能全，易于组成各种类型的特种控制器，如间歇式控制器、自选控制器、前馈控制器、非线性控制器等。也易于在基型控制器的基础上附加某些单元，如输入报警、偏差报警、输出限幅等。同时，也成功地解决了与计算机的联网问题，可以实现直接数字控制(DDC)和计算机设定值控制(SPC)。总之，DDZ-Ⅲ型控制器达到了模拟控制器较完善的程度。

DDZ-Ⅲ控制器虽然品种规格繁多，但都是在基型控制器的基础上发展起来的。基型控制器对来自变送器的 1～5 V 直流电压信号与设定值相比较后所产生的偏差进行 PID 运算，并输出 4～20 mA 的直流电流控制信号。

3.4.2 DDZ-Ⅲ基型控制器的结构原理

图 3-16 为 DDZ-Ⅲ基型控制器的电路结构方框图。

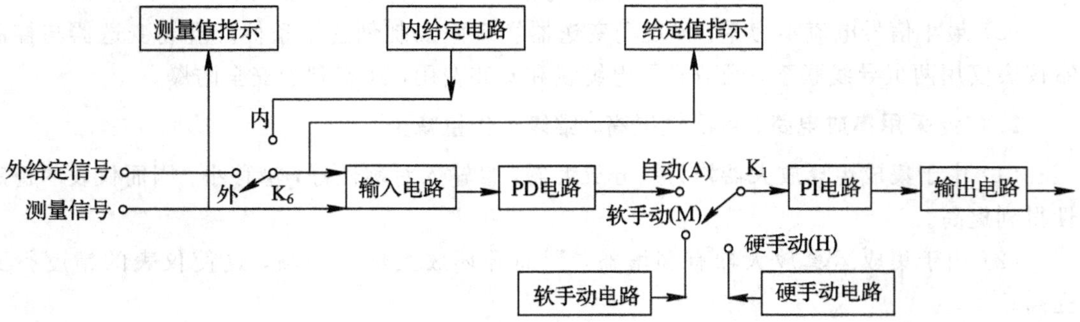

图 3-16 DDZ-Ⅲ基型控制器的电路结构框图

由图 3-16 可见，基型控制器主要由输入电路、给定电路、PID 运算电路、自动与手动(包括硬手动和软手动两种)切换电路、输出电路及指示电路等组成。

在图 3-16 中，控制器接收变送器来的测量信号(4～20 mA 或 1～5 V DC)，在输入电路中与给定信号进行比较，得出偏差信号。然后在 PD 与 PI 电路中进行 PID 运算，最后由输出电路转换为 4～20 mA 直流电流输出。

控制器的设定值可由“内给定”或“外给定”两种方式取得，用切换开关进行选择。当切换开关切换到“内”位置时，控制器工作于“内给定”方式，给定电压由控制器内部的高精度稳压电源取得。当控制器需要由计算机或另外的控制器供给给定信号时，切换开关切换到

“外”位置，由外来的4～20 mA直流电流流过250 Ω精密电阻产生1～5 V直流的给定电压。图3-16中，K_6为内/外设定切换开关，在仪表的面板上，K_1为自动/软手动/硬手动切换开关。

输入电路主要实现测量值与设定值的偏差运算，当K_6置于“内”时，实现的是测量值与内设定值的偏差运算，当K_6置于“外”时，实现的是测量值与外设定值的偏差运算。

输出电路的作用是把PID电路输出的1～5 V直流电压信号转换成4～20 mA直流电流信号。

输入信号和设定信号都经过各自的指示电路，由双针指示表分别指示。

DDZ-Ⅲ型调节器采用了集成运算放大器，其结构和性能都优于DDZ-Ⅱ型调节器，但价格比DDZ-Ⅱ型高，而且很快出现了以微处理器为核心的数字式控制仪表，其功能比模拟型控制仪表更丰富，结构更紧凑，所以，模拟式控制器的应用并不十分广泛。

3.5 智能控制器

控制器有模拟式和数字式之分，模拟控制器主要以集成电路等电子元器件为核心元件，仪表内外均以标准的模拟信号(如4～20 mA DC)进行传输。

数字控制器是在模拟控制器的基础上采用数字技术和微电子技术发展起来的新型控制器，由内部的数字电路或微处理机进行数字处理，按一定调节规律输出数字信号或模拟信号驱动执行器，完成对生产过程的闭环控制。数字控制器结构与微型计算机十分相似，只是在功能上以过程控制为主，由于引入了微处理器芯片，所以也称为智能数字控制器或智能控制器。

智能控制器相比模拟控制器有如下特点：

(1) 智能化。采用微处理器作为仪表的核心，使仪表的运算、判断和控制功能都极强，功能丰富。

(2) 适应性强。控制器的功能主要由软件完成，编制不同的软件可以得到各种不同的功能，实现不同的控制策略，且编程语言易学易懂。

(3) 具备通信能力。可以与上位机交换信息，还具有异步通信接口RS-422/485、RS-232等，可与上位机连成主从式通信网络，发送、接收各种过程参数和控制参数。

(4) 可靠性高，维护方便。智能控制器所用硬件高度集成化，且具有自检、自诊断及异常报警功能，大大提高了可靠性。其控制功能是通过软件实现的，因而能及时发现故障并能及时采取保护措施，维护十分方便。

综上所述，智能仪表的性能大大优于模拟仪表，因此在钢铁冶金、石油化工、电站、轻纺、医药卫生、环境保护等过程控制领域得到了广泛的应用。

3.5.1 智能控制器的基本结构

智能控制器主要由以微处理器为核心的硬件电路和由系统程序、用户程序构成的软件部分构成。

1. 智能控制器的硬件电路

智能控制器的硬件电路由主机电路、过程输入通道、过程输出通道、人机联系部件以及通信接口电路等构成，其构成框图如图 3-17 所示。

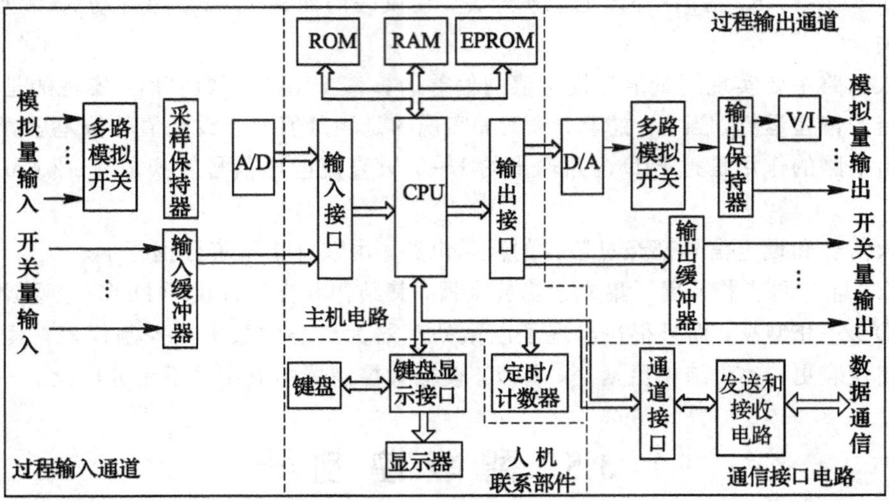

图 3-17 智能控制器的硬件电路

各部分主要构成及其功能简述如下。

1）主机电路

主机电路主要由微处理器（CPU）、只读存储器（ROM）、随机存储器（RAM）、定时/计数器以及输入/输出接口等组成，它是智能控制器的核心，用于实现仪表数据运算处理及各组成部分之间的管理。

2）过程输入通道

过程输入通道包括模拟量输入通道和开关量输入通道。模拟量输入通道主要由多路模拟开关、采样/保持器和 A/D 转换器等组成，其作用是将模拟量输入信号转换为相应的数字量；而开关量输入通道则将多个开关输入信号通过输入缓冲器转换为能被计算机识别的数字信号。

3）过程输出通道

过程输出通道主要包括模拟量输出通道和开关量输出通道两部分。模拟量输出通道由 D/A 转换器、多路模拟开关、输出保持器和 V/I 转换器等组成，其作用是将数字信号转换为 1～5 V 模拟电压或 4～20 mA 模拟电流信号；开关量输出通道则通过输出缓冲器输出开关量信号，以便控制继电器触点或无触点开关等。

4）人机联系部件

人机联系部件主要包括显示仪表或显示器、手动操作装置等，有测量值和设定值显示仪表、输出电流显示仪表、远行状态切换按钮、设定值增/减按钮、手动操作按钮等以及设置参数的键盘、显示器等。

5）通信接口电路

通信接口电路主要包括通信接口、发送和接收电路等。通信接口将发送的数据转换成标准通信格式的数字信号，由发送电路送往外部通信线路，再由接收电路接收并将其转换成计算机能接收的数据。

2. 智能控制器的软件

智能控制器的软件主要包括系统管理软件和用户应用软件。

1）系统管理软件

系统管理软件主要包括监控程序和中断处理程序两部分，它们是控制器软件的主体。监控程序又包含系统初始化、键盘和显示管理、中断处理、自诊断处理及运行状态控制等模块；中断处理程序则包含键处理、定时处理、输入处理和运算控制、通信处理和掉电处理等模块。

2）用户应用软件

用户应用软件由用户自行编制，编程语言设计简单、操作方便。

3.5.2 智能控制器示例

人工智能(AI)工业调节器采用真正的人工智能算法，可与各类传感器、变送器配合使用，实现对温度、压力、液位、流量等物理量的测量控制，并配合各种执行器对电加热设备和电磁、电动阀进行 PID 调节和控制、报警控制、数据采集等，适应于工业炉、电炉、烘箱、试验设备、注塑机械、包装机械、食品机械、印刷机械等行业。

1. AI808 智能调节器外部结构

AI808 智能调节器是人工智能工业调节器中的一种增强型，它囊括了 AI708 的所有功能，除此之外还增设了一些给定、手动/自动切换操作输出值显示等功能。此外，还有输出采用可控硅移相触发功能，所以对温度、压力、流量、液位的控制比较精确。AI808 实物如图 3－18 所示，其面板如图 3－19 所示。

图 3－18　AI808 的实物外形图

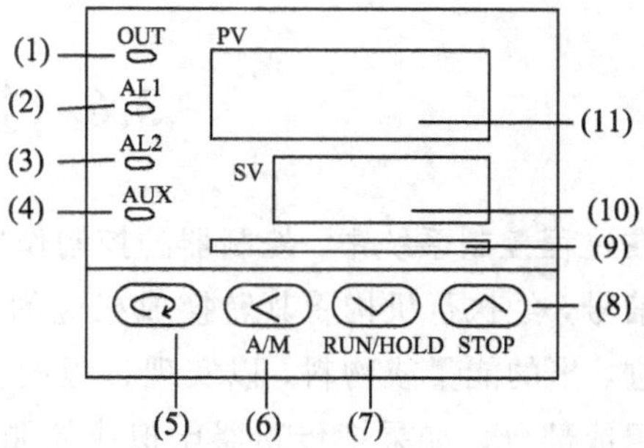

图 3－19　AI808 面板图

图 3－19 中，AI808 的面板功能说明如下：

(1)——调节输出指示灯。

(2)——报警 1 指示灯。

(3)——报警 2 指示灯。

(4)——AUX 辅助接口工作指示灯。

(5)——显示转换(兼参数设置进入)。

(6)——数据移位(兼手动/自动切换及程序设置进入)。

(7)——数据减少键(兼程序运行/暂停操作)。

(8)——数据增加键(兼程序停止操作)。

(9)——光柱(选购件)，可指示测量值或输出值。

(10)——设定值显示窗。

(11)——测量值显示窗。

2. AI808 智能调节器的基本操作

(1) 显示切换：按“显示转换”键可以切换不同的显示状态。

(2) 修改数据：如果参数锁没有锁上，仪表下显示窗显示的数值除 AI808 显示的自动输出值外，其余数据均可通过按“数据移位”、“数据增加”、“数据减少”来修改显示窗口显示的数值。AI 仪表同时具备数据快速增减法和小数点移位法，按“数据增加”键增加数据，按“数据减少”键减小数据，可修改数值位的小数点同时闪动(如同光标)。按键并保持不放，可以快速地增加/减少数值，并且速度会随小数点右移自动加快。而按“数据移位”键则可直接移动修改数据的位置(光标)，操作快捷。

(3) 手动/自动切换：按 A/M 键，可以使仪表在自动及手动两种状态下进行无扰动切换。仪表处于手动状态下时，直接按“数据增加”键、“数据减少”键可增加及减少手动输出值。通过设置 RUN 参数，也可使仪表不允许由面板按键操作来切换至手动状态，以防止误入手动状态。

(4) 设置参数：在基本状态下按“显示转换”键并保持约 2 s，即进入参数设置状态。在参数设置状态下按“显示转换”键，仪表将依次显示各参数，用“数据移位”、“数据增加”、“数据减少”等键可修改参数值。按“数据移位”键并保持不放，可返回显示上一参数。先按“数据移位”键不放接着再按“显示转换”键可退出参数设置状态。如果没有按键操作，约 30 s 后会自动退出参数设置状态。

3.6 执 行 器

在过程控制系统中，控制器的控制作用必须通过执行器来实现。执行器接收控制器的指令信号，经执行机构将其转换成相应的角位移或直线位移，去操纵调节机构，改变被控对象进、出的能量或物料，以实现过程的自动控制。在自动控制系统中，执行器是必不可少的组成部分。如果把传感器比拟成控制系统的感觉器官，控制器就是控制系统的大脑，而执行器则可以比拟为干具体工作的手。

执行器经常工作于高温、高压、深冷、强腐蚀、高黏度、易结晶、闪蒸、汽蚀、高压差等状态下，使用条件恶劣，因此，它是整个控制系统的薄弱环节。如果执行器选择或使用不当，往往会给生产过程自动化带来困难，在许多场合，会导致控制系统的控制质量下降、调节失灵，甚至因介质的易燃、易爆、有毒而造成严重的事故。为此，对于执行器的正确选用和安装、维修等各个环节，必须给予足够的注意。

3.6.1 执行器的分类及特点

1. 执行器的分类

执行器按所使用的能源形式可分为电动、气动和液动三大类。

1）电动执行器

电动执行器是以电能为动力的，它的特点是获取能源方便，动作快，信号传递速度快，可远距离传输信号，便于和数字装置配合使用等。电动执行器处于发展和上升时期，是一种有发展前途的装置，其缺点是结构复杂、价格贵和推动力小。一般来说，电动执行器不适合防火防爆的场合，但如果采用防爆结构，也可以达到防火防爆的要求。

2）气动执行器

气动执行器是以压缩空气为动力的，具有结构简单、动作可靠稳定、输出力大、维护方便和防火防爆等优点，广泛应用于石油、化工、冶金、电力等部门，特别适用于具有爆炸危险的石油、化工生产过程。其缺点是滞后大，不适宜远传(150 m 以内)，不能与数字装置连接。

3）液动执行器

液动执行器主要利用液压原理推动执行机构，其推力大，适用于负荷较大的场合，但由于其辅助设备大且笨重，所以应用很少。

气动、电动和液动执行器中，液动执行器应用很少，气动执行器具有结构简单、动作可靠、平稳、输出推力较大、维修方便、防火防爆、价格较低等特点，因此广泛地应用于化工、造纸、炼油等生产过程中。气动执行器可以方便地与电动仪表配套使用，即使是采用电动仪表或计算机控制，只要经过电—气转换器或电—气阀门定位器将电信号转换为 20～100 kPa 的标准气压信号，仍然可用气动执行器。所以本节重点介绍气动执行器。

2. 气动执行器的特点

气动执行器由执行机构和控制机构(阀或调节机构)两部分组成。执行机构是执行器的推动装置，它按控制信号压力的大小产生相应的推力，推动控制机构动作，所以它是将信号压力的大小转换为阀杆位移的装置。控制机构是气动执行器的控制部分，它直接与被控介质接触，控制流体的流量。它在执行机构的推力下产生一定的位移或转角，直接调节流体的流量。

气动执行器的控制机构的种类和构造大致相同，主要是执行机构不同。气动执行机构主要分为薄膜式和活塞式两种。活塞式的推力较大，主要适用于大口径、高压降控制阀或蝶阀，但成本较高。通常情况下使用的都是薄膜式，它可以用作一般控制阀的推动装置，组成气动薄膜式执行器，习惯上称为气动薄膜控制阀。气动薄膜式执行器的结构简单、价格便宜、维修方便、应用广泛。

为了保证执行器能够正常工作，提高控制质量和可靠性，执行器还必须配备一定的辅助装置。常用的辅助装置有阀门定位器和手轮机构。阀门定位器利用反馈原理改善执行器性能，使执行器能按控制器的控制信号实现准确定位。手轮机构用于直接操作控制阀，以便在停电、停气、控制器无输出或执行机构损坏而失灵的情况下，生产仍能正常进行。

3.6.2 气动薄膜控制阀的结构和工作方式

1. 气动薄膜控制阀的结构

图 3-20 是气动薄膜控制阀的内部结构图，它可以分为上、下两部分。上半部分是产

生推力的薄膜式执行机构，下半部分是控制机构(控制阀)。

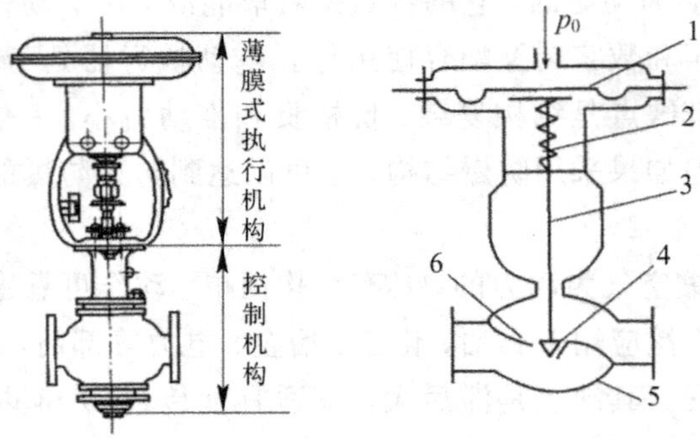

1—弹性薄膜；2—压缩弹簧；3—推杆；4—阀芯；5—阀体；6—阀座

图 3-20　气动薄膜控制阀的内部结构图

薄膜式执行机构主要由弹性薄膜、压缩弹簧和推杆等组成。当 20～100 kPa 的标准气压信号 p_0 进入薄膜气室时，在膜片上产生向下的推力，克服弹簧反力，使推杆产生位移，直到弹簧的反作用力与薄膜上的推力平衡，推杆停止在某一位置上。进入的信号发生变化，推杆的位移也发生变化。像这种信号使推杆下移的执行机构称为正作用执行机构(从外表上看，正作用执行机构的信号是从上膜盖进入的)。相反，信号使推杆上移的执行机构称为反作用执行机构(从外表上看，反作用执行机构的信号是从下膜盖进入的)。

控制机构(控制阀)主要由阀杆、阀体、阀芯及阀座等部件所组成。控制信号使执行机构的推杆发生位移，而推杆经阀杆与阀芯是刚性连接的，所以阀芯产生同样的位移，该位移使阀芯与阀座间的流通面积发生变化，从而改变被控介质的流量。显然，进入执行机构的信号大小与阀的开度是一一对应的。

2. 气动薄膜控制阀的工作方式

气动薄膜控制阀有气开式和气关式之分，其作用形式如图 3-21 所示。

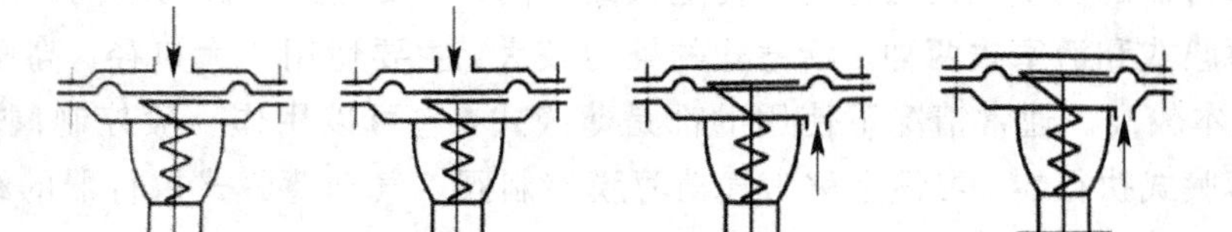

图 3-21　控制阀的作用形式示意图

1) 气开式

气开式是指输入的气信号越大，阀开度也越大，如图 3-21(b)、(c)所示。图 3-21(b)中的执行机构为正作用，阀芯反装，组合结果是气开式；图 3-21(c)中的执行机构为反作用，阀芯正装，组合结果也是气开式。

2）气关式

气关式是指输入的气信号增加时，阀的开度减小，如图 3-21(a)、(d)所示。图 3-21(a)中的执行机构为正作用，阀芯正装，组合结果是气关式；图 3-21(d)中的执行机构为反作用，阀芯反装，组合结果也是气关式。

控制阀之所以要分气开式和气关式，是从安全角度考虑的，即在事故状态下，根据需要使控制阀自动全开或全关来确保人员及装置安全。

在实际应用中，大口径的阀门一般都是正作用，所以气开、气关形式主要靠改变阀芯的安装方向来实现。而小口径的阀主要靠改变执行机构的正反作用方向来实现。

阀的正反作用从外表可以看出，而阀的气开、气关形式主要靠铭牌说明，装在阀体上的行程标尺上的开关标志也可以作为参考。

3.6.3　控制阀的阀体类型

控制阀即控制机构，实际上是一个局部阻力可以改变的节流元件。控制阀通过阀杆上部与执行机构相连，下部与阀芯相连。由于阀芯在阀体内移动，改变了阀芯与阀座之间的流通面积，即改变了阀的阻力系数，被控介质的流量也就相应地改变，从而达到控制工艺参数的目的。根据不同的使用要求，控制阀的结构形式很多，主要有以下几种，如图 3-22 所示。

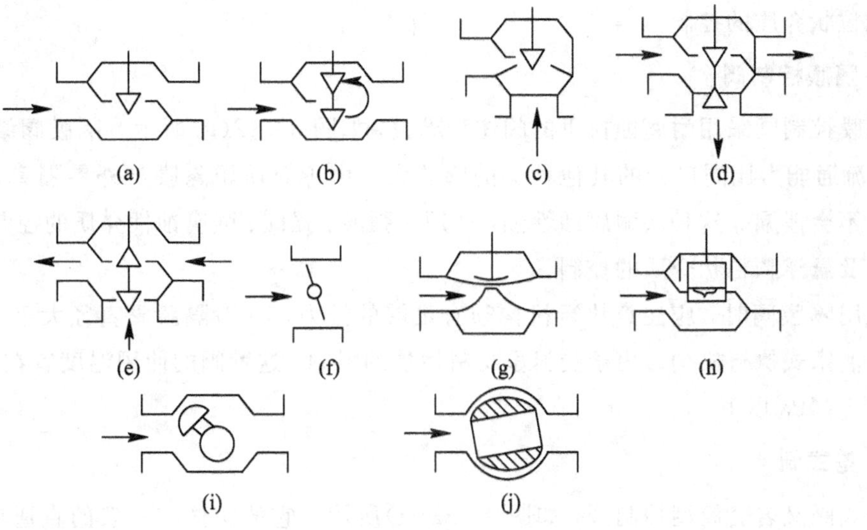

图 3-22　控制阀的阀体类型

1. 直通单座控制阀

直通单座控制阀如图 3-22(a)所示，这种阀的阀体内只有一个阀芯与阀座。其特点是结构简单，泄漏量小，易于保证关闭，甚至完全切断。但是在压差大的时候，流体对阀芯上、下作用的推力不平衡，这种不平衡力会影响阀芯的移动。因此这种阀一般应用在小口径、低压差的场合。

2. 直通双座控制阀

直通双座控制阀如图 3-22(b)所示，阀体内有两个阀芯和阀座，这是最常用的一种类型。由于流体流过的时候，作用在上、下两个阀芯上的推力方向相反而大小近于相等，可以互相抵消，所以不平衡力小。但是，由于加工的限制，上、下两个阀芯和阀座不易保证同时密闭，因此泄漏量较大。

3. 角形控制阀

角形控制阀如图 3-22(c)所示，角形阀的两个接管呈直角形，一般为底进侧出。这种阀的流路简单、阻力较小，适用于现场管道要求直角连接，介质为高黏度、高压差和含有少量悬浮物和固体颗粒状的场合。

4. 三通控制阀

三通阀共有三个出入口与工艺管道连接。其流通方式有分流型(一种介质分成两路，如图 3-22(d)所示)和合流型(两种介质混合成一路，如图 3-22(e)所示)两种。这种阀可以用来代替两个直通阀，适用于配比控制与旁路控制。与直通阀相比，组成同样的系统时，可省掉一个二通阀和一个三通接管。

5. 蝶阀

蝶阀又名翻板阀，如图 3-22(f)所示。蝶阀具有结构简单、重量轻、价格便宜、流阻极小的优点，但泄漏量大，适用于大口径、大流量、低压差的场合，也可以用于含少量纤维或悬浮颗粒状介质的控制。

6. 隔膜控制阀

隔膜控制阀采用耐腐蚀衬里的阀体和隔膜，如图 3-22(g)所示。隔膜阀结构简单、流阻小、流通能力比同口径的其他种类的阀要大。由于介质用隔膜与外界隔离，故无填料，介质也不会泄漏。这种阀耐腐蚀性强，适用于强酸、强碱、强腐蚀性介质的控制，也能用于高黏度及悬浮颗粒状介质的控制。

选用隔膜阀时，应注意执行机构须有足够的推力。一般隔膜阀直径大于 100 mm 时，均采用活塞式执行机构。由于受衬里材料性质的限制，这种阀的使用温度宜在 150℃以下，压力在 1 MPa 以下。

7. 笼式阀

笼式阀又名套筒型控制阀，如图 3-22(h)所示。它的阀体与一般的直通单座阀相似，笼式阀内有一个圆柱形套筒(笼子)。套筒壁上有一个或几个不同形状的孔(窗口)，利用套筒导向，阀芯在套筒内上下移动，由于这种移动改变了笼子的节流孔面积，也就实现了流量控制。笼式阀的可调比大、振动小、不平衡力小、结构简单、套筒互换性好，更换不同的套筒(窗口形状不同)即可得到不同的流量特性，阀内部件所受的汽蚀小、噪声小，是一种性能优良的阀，特别适用于要求低噪声及压差较大的场合，但不适用高温、高强度及含有固体颗粒的流体。

8. 凸轮挠曲阀

凸轮挠曲阀又名偏心旋转阀，如图 3-22(i)所示。它的阀芯呈扇形球面状，与挠曲管及轴套一起铸成，固定在转动轴上。凸轮挠曲阀的挠曲臂在压力作用下能产生挠曲变形，使阀芯球面与阀座密封圈紧密接触，密封性好，同时，它的重量轻、体积小、安装方便，适用于高黏度或带有悬浮物的介质流量控制。

9. 球阀

球阀的阀芯与阀体都呈球形体，转动阀芯使之与阀体处于不同的相对位置时，就具有不同的流通面积，以达到流量控制的目的。

球阀阀芯有"V"形和"O"形两种开口形式。O形球阀的节流元件是带圆孔的球形体，如图3-22(j)所示，转动球体可起控制和切断的作用，常用于双位式控制。V形球阀的节流元件是V形缺口球形体，转动球心使V形缺口起节流和剪切的作用，适用于高黏度和污秽介质的控制。

除以上所介绍的阀以外，还有一些特殊的控制阀，例如小流量阀适用于小流量的精密控制，超高压阀适用于高静压、高压差的场合。

3.6.4 控制阀的流量特性

控制阀的流量特性是指被控介质流过阀门的相对流量与阀门的相对开度(相对位移)间的关系，即

$$\frac{Q}{Q_{\max}}=f\left(\frac{l}{L}\right) \tag{3-13}$$

式中：相对流量$Q/Q_{\max}$是控制阀某一开度时的流量Q与全开时流量$Q_{\max}$之比；相对开度l/L是控制阀某一开度行程l与全开行程L之比。

在阀前后压差一定的情况下得到的流量特性叫理想流量特性。控制阀出厂时标明的流量特性都是理想流量特性。

理想流量特性有四种：快开型、直线型、抛物线型和等百分比型，如图3-23所示。不同的流量特性可用不同形状的阀芯来获得，如图3-24所示。

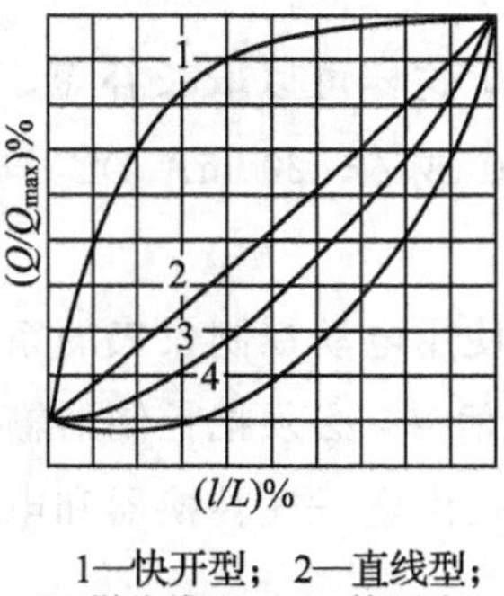

1—快开型；2—直线型；
3—抛物线型；4—等百分比型

图3-23 理想流量特性

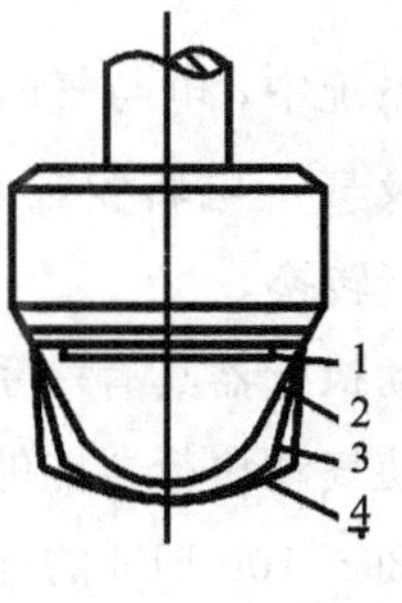

1—快开型；2—直线型；
3—抛物线型；4—等百分比型

图2-34 不同流量特性的阀芯形状

1. 快开型

快开型流量特性的阀芯端面很平，具有这种流量特性的控制阀，在阀门开度较小时就

有较大的流量，随着阀门开度的增加，流量很快就接近最大值，一般行程达到阀座口径四分之一时流量可达最大，此后再增加阀门开度，流量的变化甚小，故称为快开型。快开特性的阀芯形式是平板形的，适用于迅速启闭的切断阀或双位控制系统。

2. 直线型

直线型流量特性指控制阀的相对流量与相对开度呈直线关系。具有这种流量特性的控制阀，其流量的相对变化量与阀门开度变化时的阀杆位置有关。在小开度时流量相对变化值大，灵敏度高，不易控制；而在大开度时流量相对变化值却小，使控制不够及时。因此，直线型阀门不适合负荷变化大的对象的控制。

3. 等百分比型

等百分比型又称对数型，是指单位相对行程变化所引起的相对流量变化与此点的相对流量成正比关系，即控制阀的放大系数是变化的，随流量的增加而增大。

具有这种流量特性的控制阀，其流量的相对变化量是相等的，即流量变化是等百分比的。因此，在小开度时，控制阀的放大系数较小，可以平稳缓和地进行调节；而在大开度时，控制阀的放大系数也较大，使调节灵敏有效。因此，这种性质的阀对各种控制系统一般都能适用，而且对负荷变化大的对象更能显示出它的优越性。

4. 抛物线型

抛物线型特性介于直线型和等百分比型之间，相对流量与相对开度呈抛物线关系。

控制阀选择哪一种流量特性，要根据具体对象的特性来考虑，原则是希望控制系统的广义对象是线性的，即当工况发生变化，如负荷变动、阀前压力变化或设定值变动时，广义对象的特性基本不变，这样才能使整定后的控制器参数在经常遇到的工作区域内都适应，以保证控制质量。

3.6.5 电—气转换器和阀门定位器

在实际系统中，电与气两种信号常是混合使用的，这样可以取长补短，因而由各种电—气转换器及气—电转换器对电信号(0～10 mA DC 或 4～20 mA DC)与气信号(20～100 kPa)进行转换。

由于气动执行器具有一系列优点，因而绝大部分使用电动控制仪表的系统也使用气动执行器。为使气动执行器能够接收电动控制器的控制信号，必须把控制器输出的标准电流信号转换为 20～100 kPa 的标准气压信号，这个工作是由电—气转换器和电—气阀门定位器完成的。

1. 电—气转换器

电—气转换器的主要作用是将 4～20 mA DC 或其他范围的电流信号转换成 20～100 kPa的标准气信号，以便沟通电动单元仪表与气动单元仪表一起工作，如图 3-25 所示。

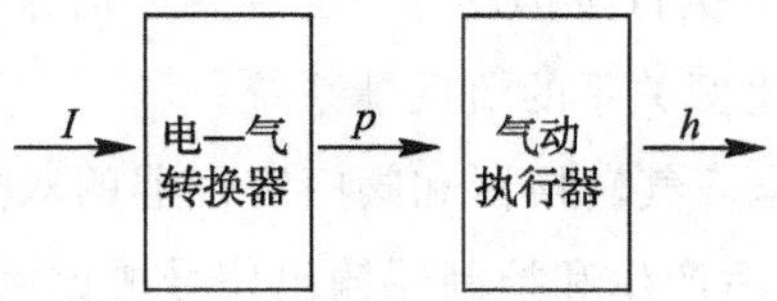

图 2-35　电—气转换器示意图

图 3-26 是电—气转换器的实物图。电—气转换器正面有“零点”和“跨度”调整螺钉，通过调整“零点”和“跨度”，可将 4～20 mA DC 的电信号转换成 20～100 kPa 的标准气信号，从而起到电动控制器和气动控制阀之间的“桥梁”作用。也可将两个电—气转换器分别调整成 4～12 mA DC 和 12～20 mA DC 的输入对应 20～100 kPa 的输出，从而配合控制器完成分程任务。

电—气转换器可安装在现场的管道、仪表盘、托架上的任何位置，最好垂直安装。

图 3-26　电—气转换器实物图

2. 电—气阀门定位器

阀门定位器接收控制器的输出信号后去控制气动执行器，当气动执行器动作时，阀杆的位移又通过机械装置负反馈到阀门定位器，因此定位器和执行器组成了一个闭环回路，图 3-27 所示是阀门定位器的功能示意图。图中显示，控制器输出的信号 p_o 经定位器比例

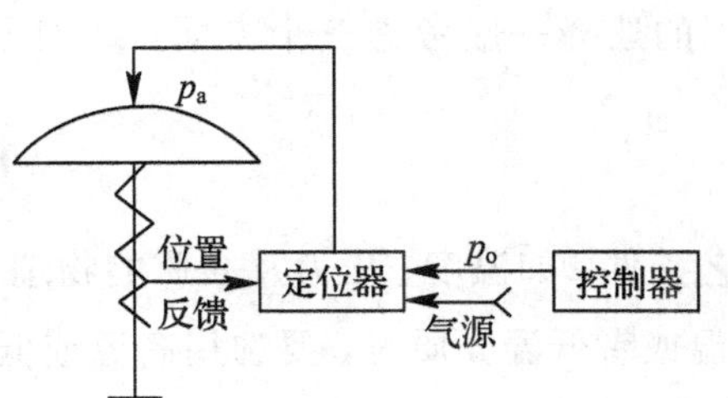

图 3-27　阀门定位器功能示意图

放大后输出 p_a，用以控制气动执行机构动作，位置反馈信号外送回至定位器，由此构成一个使阀杆位移与输入压力成比例关系的负反馈系统。

电—气阀门定位器具有电—气转换器和阀门定位器的双重作用。它接收控制器输出的 4～20 mA 直流电流信号，然后产生和控制器输出信号成比例的气压信号，用以控制薄膜式或活塞式的气动阀。

电—气阀门定位器的功能如下：

(1) 将 4～20 mA DC 成比例地转换成 20～100 kPa 的气压信号。电—气阀门定位器需要压缩空气(0.14 MPa)作为工作气源。

(2) 可用来改善控制阀的定位精度。电—气阀门定位器能以较大功率克服杠杆的摩擦和消除介质不平衡力等影响，使控制阀能够按照控制器的输出准确定位。

(3) 可以改善阀门的动态特性。它可以减小控制信号的传送滞后，加快执行机构的执行速度，尽快克服干扰或负荷的变化，减小控制系统的超调量。

(4) 可以改变阀门的动作方向。通过改变电—气阀门定位器中凸轮的转动方向，可以方便地将气开式阀门改为气关式阀门。

(5) 通过改变电—气阀门定位器中凸轮的几何形状可以改变控制阀的流量特性，即可使控制阀的直线流量特性、对数流量特性互换使用。

(6) 可用于分程控制。利用安装在不同控制阀上的电—气阀门定位器，实现用一个控制器控制两个或两个以上的控制阀，使每个控制阀在控制器输出信号的不同范围内作全行程移动，从而实现分程控制。

控制阀除了具有电—气阀门定位器这一重要的辅助装置之外，还有手轮机构和空气过滤减压器等。手轮机构一般用于控制系统的故障状态，如停电、气源中断、控制器无输出或执行机构失灵等情况，此时可用手轮机构直接操作控制阀，维持生产正常进行。

3.6.6 控制阀的选择、安装和维护

1. 控制阀的选择

控制阀是控制系统中十分重要的一个环节，因为它最终执行控制任务，且和工艺介质直接接触，工作条件比较恶劣。控制阀选择得好坏，与系统能否很好地起控制作用关系甚大。在工程设计中，控制阀的选择一般考虑三个方面：结构形式，气开、气关形式，流量特性。

1) 结构形式的选择

结构形式主要根据工艺条件，如温度、压力及介质的物理、化学特性(如腐蚀性、黏度等)来选择。例如：控制高温或者低温介质时，要选用高温或低温控制阀；在高压差时选用角形控制阀；在大口径、大流量、低差压而且泄漏量要求不高时，选用蝶阀，并配用角行程执行机构；在控制强腐蚀性或易结晶介质时，选用隔膜控制阀；在分流或合流控制时，选用三通控制阀等。

2）气开、气关形式的选择

对于一个具体的控制系统来说，究竟选气开阀还是气关阀，即在阀的气源信号发生故障或控制系统某环节失灵时，阀处于全开的位置安全，还是处于全关的位置安全，要由具体的生产工艺来决定。通常根据以下几条原则进行选择。

(1) 从保证生产安全角度出发考虑，即当气源供气中断，或控制器出故障而无输出，或控制阀膜片破裂而漏气等而使控制阀无法正常工作以致阀芯恢复到无能源的初始状态(气开阀恢复到全关，气关阀恢复到全开)时，应能确保生产工艺设备的安全，不至于发生事故。例如，对于生产蒸汽的锅炉水位控制系统中的给水控制阀，为了保证发生上述情况时不至于把锅炉烧坏，控制阀应选气关式。

(2) 从保证产品质量角度出发考虑，当控制阀处于无能源状态而恢复到初始位置时，不应降低产品的质量。例如，精馏塔回流量控制阀常采用气关式，一旦发生事故，控制阀全开，使生产处于全回流状态，防止不合格产品送出，从而保证塔顶产品的质量。

(3) 从降低原料、成品、动力消耗来考虑。例如，控制精馏塔进料的控制阀就常采用气开式，一旦控制阀失去能源即处于全关状态，不再给塔进料，以免造成浪费。

(4) 从介质的特点考虑。精馏塔塔釜加热蒸汽控制阀一般选气开式，以保证在控制阀失去能源时能处于全关状态从而避免蒸汽的浪费，但是如果釜液是易凝、易结晶、易聚合的物料，控制阀则应选气关式以防控制阀失去能源时阀门关闭，停止蒸汽进入而导致釜内液体的结晶和凝聚。

由此可见，在进行阀的气开、气关形式选择时，应具体问题具体分析，优先考虑主要矛盾。

3）流量特性的选择

由于目前我国生产的控制阀只有直线、等百分比、快开三种流量特性，并且对于快开特性，一般应用于双位和程序控制系统，因此，控制阀流量特性的选择，实际上是选择直线和等百分比流量特性。

2. 控制阀的安装

控制阀的正确安装与选择同等重要，安装的好坏是关系到操作性能、安全程度、成本高低的头等大事。

控制阀必须严格按照工艺要求和控制系统要求进行安装，一旦阀门产生故障，将导致火灾、爆炸、中毒等严重事故和人身伤害。

在安装控制阀之前，应该检查控制阀的质量，从外观检查开始，再检查运输过程中零件和附件有无丢失，有无合格证，必要时进行静态特性的检查或专项检查。

控制阀的安装应注意以下几点：

(1) 为了便于维护检修，控制阀应尽量安装在靠近地面或楼板处，并在其上下方留有足够的空间。

(2) 控制阀应当安装在水平管道上，特殊情况下必须要采用其他角度安装时，应根据情况加支撑。

(3) 安装的环境温度应在－40～＋60℃，以防止执行机构的薄膜老化，并应远离振动设备或严重腐蚀的地方。

(4) 安装时要保证流体流动方向与阀体箭头方向一致。

(5) 当控制阀的口径与管道直径不同时，两者之间应用锥形管连接。

(6) 控制阀一定要安装副线(即旁路阀，一般选用球阀)，以便控制阀出现故障时利用旁路来维持生产。控制阀的两侧要安装切断阀，一般选用闸阀，如图 3-28 所示。

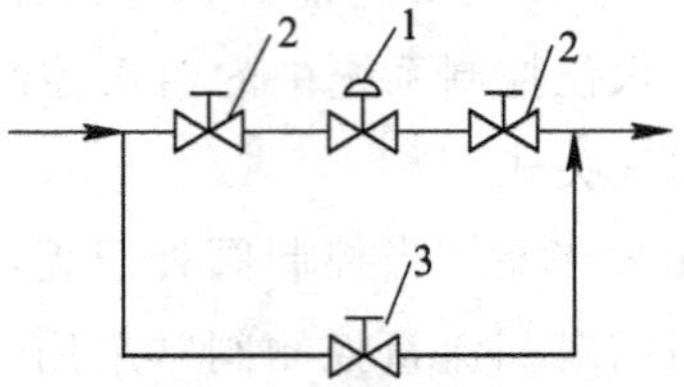

1—调节阀；2—切断阀；3—旁路阀

图 3-28　控制阀旁路示意图

(7) 在日常使用中，应当注意填料的密封盒阀杆上、下移动的情况是否良好，气路接头及膜片有无漏气，要定期进行检修。

3. 控制阀的维护

由于控制阀使用环境恶劣，在使用中难免出现故障。因此，掌握一定的控制阀维护与维修知识十分必要。气动控制阀日常维修的主要内容有以下几点：

(1) 阀体内壁。检查其耐压、耐腐情况。

(2) 阀座。因介质渗入，固定阀座用的螺纹内表面易受腐蚀而使阀座松动，检查时应注意。对高压场合，还应检查阀座密封面是否被冲坏。

(3) 阀芯。要认真检查阀芯各部分是否被腐蚀、磨损，特别是在高压差情况下阀芯磨损更为严重，应予注意。另外还要检查阀杆是否也有类似现象，或与阀芯连接松动等。

(4) 膜片其他密封垫。检查其是否老化、裂损。

(5) 密封填料及密封润滑油等是否老化、干涸等。

本章小结

本章介绍了工业中常用的过程控制仪表，如模拟和数字控制器、执行器等，主要内容有：

(1) 控制器的 PID 控制规律及对系统过渡过程的影响。

(2) 模拟控制器的结构原理。

(3) 智能控制器的原理及应用。

(4) 气动薄膜控制阀的结构及工作方式。

(5) 控制阀的选择、安装及维护。

习题与思考题

3-1　什么是控制器的控制规律？控制器有哪些基本控制规律？

3-2　试分析比例、积分、微分控制规律各自的阶跃响应曲线，总结各自的控制特点。

3-3　控制器的比例度、积分时间、微分时间变化对系统过渡过程分别有何影响？

3-4　比例控制器的比例度对控制过程有什么影响？选择比例度时要注意什么问题？

3-5　DDZ-Ⅲ基型控制器由哪几部分组成？各组成部分的作用如何？

3-6　数字控制器与模拟控制器相比有哪些优点？

3-7　气动执行器主要由哪两部分组成？各起什么作用？

3-8　什么是控制阀的正作用和反作用？

3-9　控制阀的开关形式根据什么选择？选择原则有哪些？

3-10　控制阀的结构有哪些主要类型？各使用在什么场合？

3-11　控制阀有哪些流量特性？各有什么特点？适用于什么场合？

3-12　在过程控制系统中为什么要使用电—气转换器？试简述其工作原理。

3-13　在过程控制系统中为什么要使用阀门定位器？它的作用是什么？

3-14　某加热炉的温度控制系统在单位阶跃干扰下的过渡过程曲线如图3-29所示。工艺要求操作温度为200±10℃，考虑安全因素，调节过程中温度偏离设定值不得超过20℃。试求该过渡过程的最大偏差、余差、衰减比、过渡时间(按被控变量进入新稳态值的±2%为准)，并确定该控制系统是否满足工艺要求。

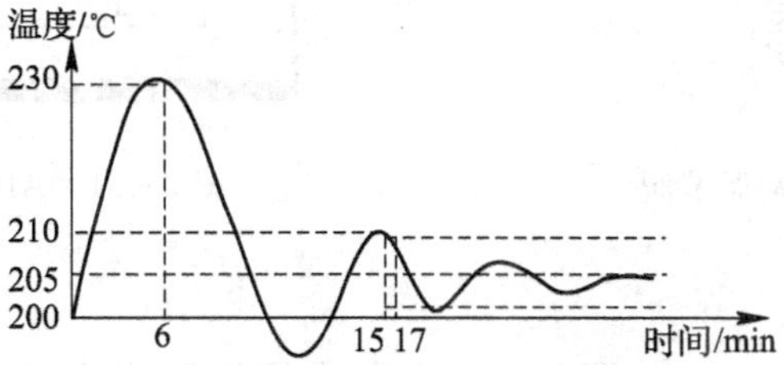

图3-29　加热炉温度控制系统的过渡过程曲线

3-15　有一蒸汽锅炉，通过控制进水量来保证汽包液位。试确定下面两种情况下进水管线上控制阀的气开、气关形式。

(1) 要求锅炉液位不能太低，否则易烧干锅。

(2) 产生的蒸汽用来驱动透平机，如果液位太高，会导致蒸汽带水，损坏透平机。

实践训练项目四　调节器、执行器的认识及使用

1. 训练目标

(1) 学习调节器的构造及各部件的作用、调节器的原理及工作特性。

(2) 掌握调节器的操作方法。

(3) 会设置智能调节器的参数。

(4) 掌握电动阀的结构和工作原理。

(5) 具备自学、分析、表达能力。

2. 实践训练设备

(1) THJ－FCS型高级过程控制系统实验装置。

(2) 水箱、水泵、扩散硅压力变送器、AI818智能调节器、电动调节阀、电磁流量计。

(3) 万用电表一只。

3. 任务描述

本系统采用的是型号为TH－AI818AXS的人工智能调节器，此仪表为PID控制型，输出为4～20 mA DC信号，AI系列仪表通过RS－485串口通信协议与上位机通信，从而实现实时监控。

执行器接收来自调节器输出的控制信号，进而实现对操纵变量的改变，从而使被控变量向设定值靠拢。本系统所使用的执行器为电动调节阀，如图3－30所示。电动调节阀接收来自调节器输出的控制信号，通过改变阀的开度达到控制流量的目的。

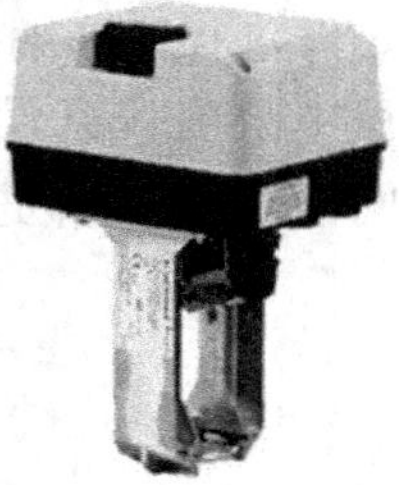

图3－30　电动调节阀

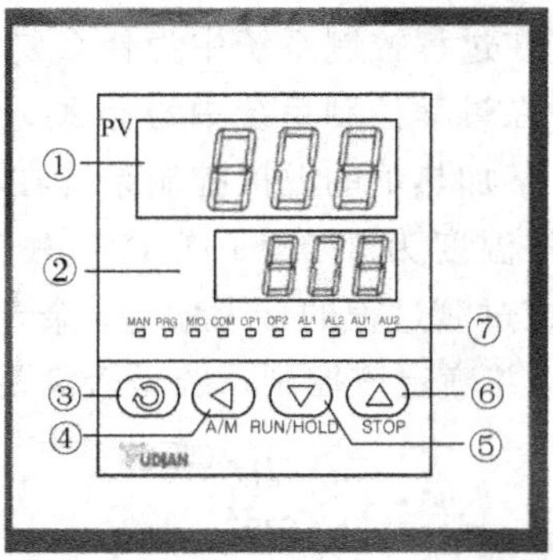

图3－31　AI818面板图

4. 任务要求

(1) AI818面板如图3－31所示，写出各个按键及指示灯的功能，熟练各个按键的操作。

(2) 正确设置调节器的有关参数，写出以下几个参数的功能。

CtrL：	Sn：
dIL：	dIH：
oP1：	oPL：
oPH：	dF：
CF：	Addr：

(3) 填写表3－1。

表3－1　智能调节器的输出电流值对应电动阀的开度百分比

阀的开度	0%	20%	30%	40%	50%	60%	70%	80%	90%	100%
输出电流/mA										
流量										

5. 任务实施

(1) 将储水箱中储足水量，完成调节器 AI818 与电动调节阀之间的接线。

(2) 接通控制柜和控制台电源，旋开电动调节阀、磁力驱动泵、电磁流量计的电源开关，给电动调节阀、磁力驱动泵、电磁流量计上电。

(3) 熟悉调节器 AI818 的型号、外形、正面板布置，观察各可调部件的位置。

(4) 检查：

① 仪表通电后观察自动/手动能否切换。

② 观察调节器的内/外给定是否随信号输入的变化而变化。

③ 将调节器 AI818 设置到手动状态，使调节器的输出为 0%～100%，观察此时输出的电流是否是 4～20 mA。

(5) 调节器面板指示仪表的校验。调节器的主输入分别输入电压 1 V、2 V、3 V、4 V、5 V，观察输出显示是否呈线性增加。

(6) 手动测试电动调节阀的流量特性。电动调节阀的流量特性是指在阀前后压力差不变的情况下，介质流过阀门的相对流量与阀芯行程的对应关系。

(7) 分别记录阀体在不同开度时流量计的流量。

6. 完成评价

每个实践训练项目结束后，小组之间要填写小组互评表，如表 3-2 所示。教师要对每组进行评价，填写表 3-3 所示的教师评价表。

表 3-2　小组互评表

<table>
<tr><td>实践训练项目</td><td>班　级</td><td>组　别</td><td>姓　名</td></tr>
<tr><td></td><td></td><td></td><td></td></tr>
<tr><td>评价类别</td><td colspan="2">评价标准</td><td>评价等级</td></tr>
<tr><td rowspan="3">准备工作</td><td colspan="2">资料准备</td><td></td></tr>
<tr><td colspan="2">计划制订</td><td></td></tr>
<tr><td colspan="2">材料准备</td><td></td></tr>
<tr><td rowspan="3">工作能力</td><td colspan="2">系统的搭建</td><td></td></tr>
<tr><td colspan="2">系统及仪表的调试</td><td></td></tr>
<tr><td colspan="2">排查故障</td><td></td></tr>
<tr><td rowspan="3">工作态度</td><td colspan="2">积极主动</td><td></td></tr>
<tr><td colspan="2">团结协作</td><td></td></tr>
<tr><td colspan="2">服从分配</td><td></td></tr>
<tr><td rowspan="3">文明安全</td><td colspan="2">安全规范</td><td></td></tr>
<tr><td colspan="2">遵守纪律</td><td></td></tr>
<tr><td colspan="2">文明习惯</td><td></td></tr>
<tr><td colspan="3">综合评定</td><td></td></tr>
<tr><td colspan="4">备注：评价等级为四个等级，分别为 A(优)、B(良)、C(一般)、D(不合格)。有 10 个以上 A 者，则综合评定为优，8～9 个 A 评定为良好，6 个和 7 个 A 评定为一般，6 个以下 A 则不合格。</td></tr>
</table>

表 3-3 教师评价表

实践训练项目		班 级	组 别	姓 名
评价类别	评价标准	评价标准		评价值
学习准备	资料准备	能参与资料收集与整理(5)		
	计划制订	能完成任务计划的制订(5)		
学习过程	操作过程	能完成仪表的设置、接线，完成软件编程及系统的调试和运行(30)		
	问题探究	在实践中发现问题，并能用理论知识解释实践中的问题(5)		
	文明安全	遵守制度，服从管理(5)		
学习态度	主动程度	主动性强(5)		
	合作意识	能够和同组人团结协作(5)		
	严谨细致	认真仔细，不出错误(5)		
学习拓展	知识迁移	能够实现前后知识的迁移和贯通(5)		
	应变能力	举一反三，能够提出改进的建议和方案(5)		
	创新意识	有创新的建议(5)		
项目完成情况	全部完成	系统调试成功(20)		
	完成大部分	还存在一部分内容没有完成(12)		
	完成小部分	只完成项目要求的一小部分(8)		
综合评定				
备注：教师根据每组完成情况打分。				

第四章　变量的简单控制系统

知识目标

◆ 简单控制系统的结构组成及工作原理
◆ 控制器 PID 控制规律的选择
◆ 控制器正反作用的选择
◆ 被控变量与操纵变量的选择
◆ 控制器参数的工程整定
◆ 测量变送器的选择与分析

技能目标

◆ 能够根据被控变量的要求设计简单控制系统
◆ 会对控制系统进行控制规律的选择和参数的整定

4.1　过程控制系统概述

4.1.1　自动控制系统的组成

在工业生产过程中，如果采用自动化装置来显示、记录和控制过程中的主要工艺变量，使整个生产过程能自动地维持在正常状态，就称为实现了生产过程的自动控制，简称过程控制。

自动控制是在人工控制的基础上产生和发展起来的。所以，在开始介绍自动控制的时候，采用先分析人工操作，并与自动控制加以比较的方法，对分析和了解自动控制系统是非常方便的。

图 4－1 所示是一个水槽，其控制目的是使水槽液位维持在 50%左右。当进水量或出水量波动时会引起槽内液位的波动，严重时会溢出或抽空。解决这个问题的最简单办法是以水槽液位为操作指标，以改变出水阀门开度为控制手段。当液位上升时，将出水阀门开大，液位上升越多，阀门开得越大；反之，当液位下降时，则关小出水阀门，液位下降越多，

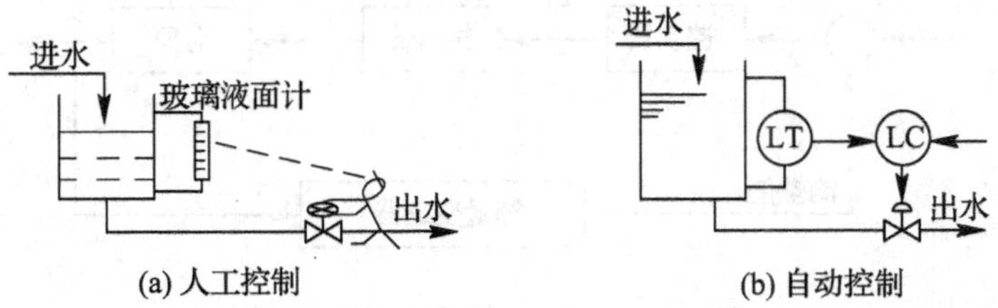

图 4－1　水槽液位控制系统示意图

阀门关得越小。通过改变出水阀门开度而使液位保持在这一高度上，这样就不会出现水槽液位过高而溢出槽外，或使水槽内液体抽空而发生事故的现象。图 4-1(a)是液位人工控制的示意图。

由人工操作完成控制任务的过程如下：

(1) 检测——操作员用眼睛观测水槽液位，经神经系统传到大脑。

(2) 运算(思考)和命令——大脑对液位观测值与工艺期望值进行比较，经分析和判别，发出控制指令。

(3) 执行——根据大脑发出的控制指令，操作员通过手操纵阀门开度，使流量变化。

眼、脑、手三个器官分别担负了检测、运算和执行三个任务，来完成测量、求偏差、操纵阀门以纠正偏差的全过程。由于人工控制受到人的生理上的限制，因此在控制速度和精度上都满足不了大型现代化生产的需要。为了提高控制精度和减轻劳动强度，可用一套自动化装置来代替上述人工操作，这样就由人工控制变为自动控制了。水槽和自动化装置一起构成了一个自动控制系统，如图 4-1(b)所示。

为了完成人的眼、脑、手三个器官的任务，自动化装置一般至少也应包括三个部分，分别用来模拟人的眼、脑和手的功能，所以自动控制系统的主要组成部分分别是：

(1) 测量变送器：它的功能是测量液位并将液位的高低转化为一种特定的、统一的输出信号(如电压、电流信号等)。

(2) 控制器：它接收变送器送来的信号，与工艺需要保持的液位高度(即设定值)相比较得出偏差，并按照某种运算规律算出结果，然后将此结果用特定信号(电压或电流)发送出去。

(3) 执行器：通常指控制阀。它与普通阀门的功能一样，只不过它能根据控制器送来的信号大小和方向自动地改变阀门的开度。

显然，这套自动化装置具有人工控制中操作人员的眼、脑、手的部分功能，因此，它能完成自动控制水槽中液位高低的任务。

为了更清楚地表达自动控制系统中各组成环节之间的相互关系和信号之间的联系，一般将自动控制系统的组成用方框图来表示。图 4-2 是自动控制系统的组成框图，图中用方框来表示组成控制系统的元、部件或环节，它表示一个或几个具体的设备。两个方框之间用信号线(一条带有箭头的直线)连接，它表示信号的传递方向，箭头指向方框表示这个环节的输入，箭头离开方框表示这个环节的输出。因此，画方框图的基本原则是按实际系统各组成环节之间的信号传递顺序，用信号线将各方框依次连接起来。一般在连接线上，常用某个字母表示方框间相互作用的信号。

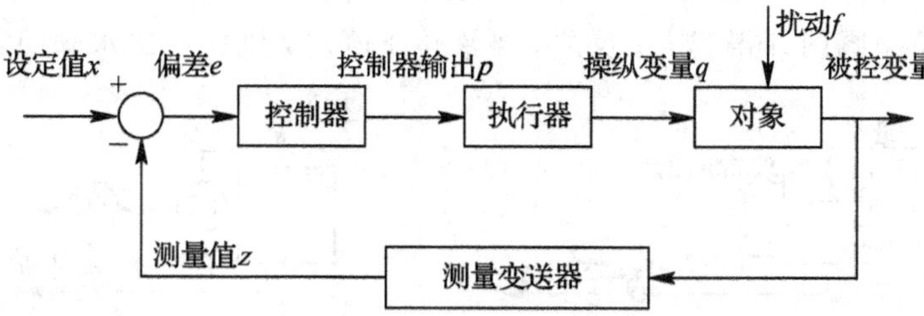

图 4-2　自动控制系统的组成框图

图 4-2 中各信号的含义如下：

被控变量 y——需要控制的工艺变量，如图 4-1 中的水槽液位。

设定值 x——被控变量的希望值，如图 4-1 中的 50%的液位高度。

偏差 e——设定值与被控变量的测量值之差。

操纵变量 q——由控制器操纵，用于控制被控变量的物理量，如图 4-1 中的出水量。

扰动 f——除操纵变量外，作用于过程并引起被控变量变化的因素，如图 4-1 中进水量的波动。

对象——需要控制其工艺变量的工业过程、设备或装置，如图 4-1 中的水槽。

测量变送器——其作用是测量被控变量的值，并转化为统一标准信号(如 4～20 mA DC)输出，如图 4-1 中的液位测量变送器。

比较机构——作用是将设定值与测量值比较并产生偏差。

控制器——作用是根据偏差的正负、大小及变化情况，按预定的控制规律实施控制作用。

执行器——也叫控制阀。作用是接收控制器送来的信号，相应地去改变操纵变量。

4.1.2 自动控制系统的分类

自动控制系统有多种分类方法，可以按被控变量来分类，如温度、压力、流量、液位控制系统等；也可以按控制器具有的控制规律来分类，如比例、比例积分、比例微分、比例积分微分控制系统等；还可以按控制系统构成的复杂程度来分类，如简单控制系统和复杂控制系统等。在分析自动控制系统特性时，经常遇到的是将控制系统按照工艺过程需要控制的被控变量的设定值是否变化和如何变化来分类，这样可将自动控制系统分为三类，即定值控制系统、随动控制系统和程序控制系统。

1. 定值控制系统

设定值保持不变(为一恒定值)的反馈控制系统称为定值控制系统。这类系统在工业生产中得到广泛的应用，如各种温度、压力、流量、液位控制系统等，恒温箱的温度控制，稳压电源的电压稳定控制等。

2. 随动控制系统

随动控制系统的特点是设定值不断变化，而变化规律事先是不知道的，且要求系统的输出(被控变量)随之而变化，如雷达跟踪系统。各类测量仪表中的变送器本身亦可以看作是一个随动控制系统，它的输出(指示值)应迅速和正确地随着输入(被测量值)而变化。

3. 程序控制系统

程序控制系统的设定值也是变化的，但它是一个已知的时间函数，即根据需要按一定时间程序变化，如程序控制机床、冶金工业中退火炉的温度控制等。

4.2 简单控制系统的结构组成及工作原理

简单控制系统也称为单回路控制系统，是指由一个被控对象、一个测量变送器、一个控制器和一个控制阀组成的控制系统。

图 4-3 所示的温度控制系统是一个典型的简单控制系统。该系统的基本结构组成是：被控对象是一个换热器，测量部分是一个温度测量及变送器(用 TT 表示)，一个控制器(用

TC 表示)，执行器环节是一个控制阀。该控制系统的控制目标是：控制某工业生产工艺过程的一个换热器设备中冷流体被加热后成为热流体输出的物料温度的大小，控制方法是通过操纵载热体的流量变化以维持换热器出口物料的温度在工艺规定的数值上。

图 4-1(b)所示的液位自动控制系统也是一个简单控制系统，水槽是被控对象，液位是被控变量，液位测量变送器 LT 将反映液位高低的信号送往液位控制器 LC。控制器的输出信号送往执行器，改变控制阀开度使水槽的出水量发生变化以维持液位稳定。

图 4-3 和图 4-1(b)都是简单控制系统，由图可知，简单控制系统由四个基本环节组成，即被控对象(简称对象)、测量变送器、控制器和执行器。对于不同对象的简单控制系统，尽管其具体装置与变量不相同，但都可以用相同的方框图来表示，这就便于对它们的共性进行研究。图 4-4 是简单控制系统的方框图。

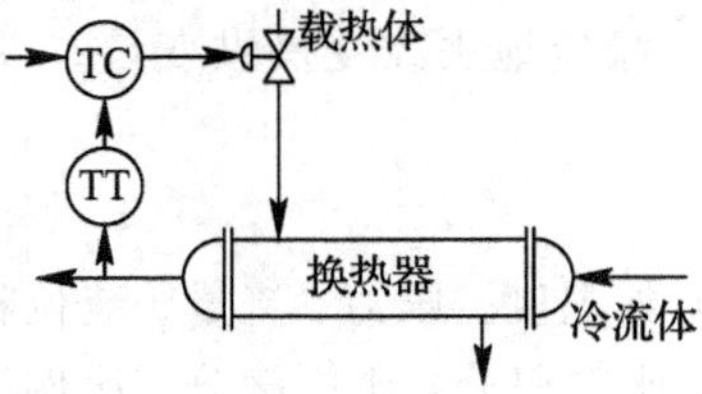

图 4-3　温度控制系统

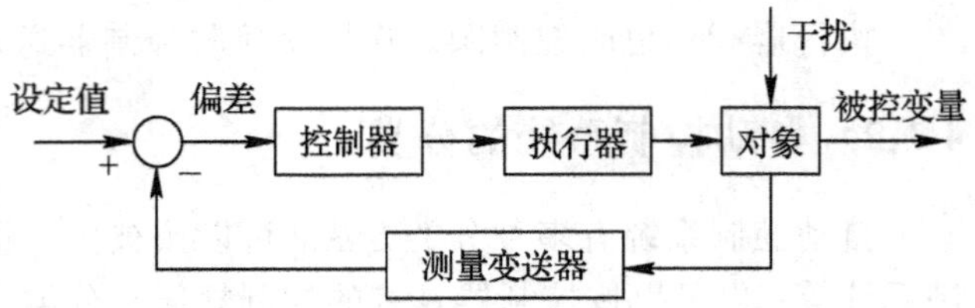

图 4-4　简单控制系统的方框图

可以看出，在该系统中有着一条从系统的输出端引向输入端的反馈路线，简单控制系统的基本结构是一个负反馈的闭环回路。

简单控制系统是实现生产过程自动化的基本单元，其结构简单、投资少、易于整定与投运且能满足一般生产过程的自动控制要求，在工业生产中得以广泛应用，约占控制系统的 80%左右。简单控制系统尤其适用于被控对象的纯滞后时间短、容量滞后小、负荷变化比较平缓或对被控变量的控制要求不高的场合。

由于简单控制系统是最基本的、应用最广泛的系统，因此，学习和研究简单控制系统的结构、原理及使用是十分必要的。同时，简单控制系统是复杂控制系统的基础，学会了简单控制系统的分析，将会给复杂控制系统的分析和研究提供很大的方便。

4.3　被控变量与操纵变量的选择

4.3.1　被控变量的选择

被控变量的选择是与生产工艺密切相关的，而影响一个生产过程正常操作的因素是很多的，并非所有影响因素都要加以自动控制。所以，必须深入实际，调查研究，分析工艺，找出影响生产的关键变量作为被控变量。所谓“关键”变量，是指这样一些变量：它们对产品的产量、质量以及安全具有决定性的作用，而人工操作又难以满足要求，或者人工操作虽然可以满足要求，但是，这种操作是既紧张而又频繁的。

被控变量应该是能够最好地反映工艺生产状态的参数，所以它的选择是控制方案设计中的重要一环，对于保证生产稳定、高产、优质、低耗和安全运行起着决定性的作用。若被控变量选择不当，则无论组成什么样的控制系统，选用多么先进的仪器仪表，均不能达到预期的控制效果。被控变量的选择方法有两种。

1. 直接参数法

直接参数法是指选择能直接反映生产过程中产品产量和质量并且易于测量的参数作为被控变量。如图 4-3 所示的温度控制系统，工艺生产要求介质的出口温度保持稳定，所以被控变量就直接选取介质的出口温度，一般这种方法较易确定。

2. 间接参数法

间接参数法是指选择那些能间接反映产品产量和质量并且与直接参数有单值对应关系、易于测量的参数作为被控变量。例如氨合成塔的控制，在合成塔中进行的化学反应是一个可逆反应，在达到平衡时，只能有一部分的氢、氮转化为氨。这个反应主要由平衡条件控制，即要把合成塔操作好，就必须要控制一定的转化率。转化率不能直接测量，但它和工作温度间有一定的关系。像中小型合成塔中催化剂层用气体冷却，属外绝热反应，转化率和温度及催化剂层深度之间有关系，即在反应床中有最高温度点——热点温度，热点温度不但反映了化学反应的情况，而且在干扰作用下，它的变化比较显著，所以在中小型合成塔的操作中往往把这个热点温度选作被控变量。

一般采用间接参数法选择被控变量，但在应用中，应该从具体的生产实际出发合理地进行选择。

从上面的例子可以看出，要正确选择被控变量必须充分了解工艺过程、工艺特点及对控制的要求，在这个基础上，可归纳出选择被控变量的原则。

（1）选择对产品的产量和质量、安全生产、经济运行和环境保护具有决定性作用的、可直接测量的工艺参数为被控变量。

（2）当不能用直接参数作为被控变量时，可选择一个与直接参数有单值函数关系并满足如下条件的间接参数作为被控变量：

① 满足工艺的合理性。

② 具有尽可能大的灵敏度且线性好。

③ 测量变送器的滞后小。

4.3.2　操纵变量的选择

被控变量所以要控制，就是因为生产过程中存在着影响被控变量偏离设定值的干扰。所谓选择操纵变量，就是从诸多影响被控变量的输入参数中，选择一个对被控变量影响显著而且可控性良好的输入参数作为操纵变量，而其余未被选中的所有输入量则视为系统的干扰。通过改变操纵变量去克服干扰的影响，使被控变量回到设定值。

被控对象特性可由两条通道来进行描述，如图 4-5 所示，即控制通道（操纵变量对被控变量影响的通道）和干扰通道（干扰变量对被控变量影响的通道）。在生产过程中可能有几个控制变量可供选择，这就需要通过分析比较不同的控制通道和不同的扰动通道对控制质量的影响而做出合理的选择，所以操纵变量的选择问题，实质上是组成什么样的被控对象的问题。因而在讨论操纵变量如何选择之前，先来研究对象特性对控制质量的影响。

被控对象有静态特性和动态特性，下面分析它们对控制质量的影响。

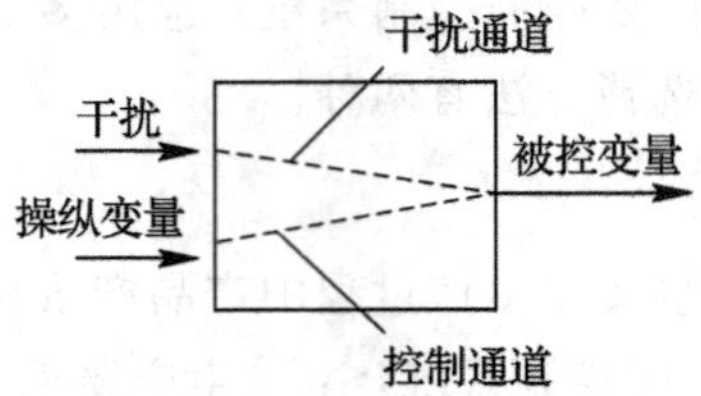

图 4-5　干扰通道与控制通道的关系

1. 对象静态特性对控制质量的影响

对象静态特性可用放大倍数进行描述。设控制通道放大倍数为 K_o，扰动通道放大倍数为 K_f。在选择操纵变量构成自动控制系统时，一般希望 K_o 要大些，这是因为其大小表征了操纵变量对被控变量的影响程度。K_o 大表明操纵变量对被控变量的影响显著，控制作用强，这是所希望的。但当 K_o 过大，控制过于灵敏，超出控制器比例度所能补偿的范围时，会使控制系统不稳定，所以 K_o 应适当大些。

另一方面扰动通道放大倍数 K_f 则越小越好。K_f 小表示扰动对被控变量的影响小，系统的可控性好。

所以在选择操纵变量构成控制系统时，从静态角度考虑，在工艺合理性的前提下，扰动通道的放大倍数越小越好，而控制通道放大倍数希望适当大些，以使控制通道灵敏些。

2. 对象动态特性对控制质量的影响

控制器的控制作用，是通过控制通道施加于对象去影响被控变量，所以控制通道的时间常数不能过大，否则会使操纵变量的校正作用迟缓、超调量大、过渡时间长。要求对象控制通道的时间常数小一些，使之反应灵敏、控制及时，从而获得良好的控制质量。

控制通道的物料输送或能量传递都需要一定的时间，叫做控制通道的纯滞后时间。控制通道的纯滞后时间对控制质量是有影响的。纯滞后时间的存在使操纵变量对被控变量的作用推迟了一段时间。控制作用的推迟，不但使被控变量的超调量加大，还使过渡过程振荡加剧，结果过渡时间也增长。纯滞后时间越大，这种现象越显著，控制质量就越差。所以在选择操纵变量构成控制系统时，应使对象控制通道中的纯滞后时间尽量小些。

因为干扰是影响生产正常进行的破坏性因素，所以希望它对被控变量的影响越小、越慢越好。而操纵变量是克服干扰影响使生产重新平稳运行的因素，因而希望它能及时克服干扰的影响。通过以上的分析可以总结出操纵变量的选择原则有以下几条：

(1) 操纵变量应是可控的，即工艺上允许调节的变量，而且在控制过程中该变量变化的极限范围也是生产允许的。除了物料平衡的控制之外，不应该因设置控制系统而改变了原有的生产能力。

(2) 操纵变量一般应比其他干扰对被控变量的影响更加灵敏。为此，应通过合理选择操纵变量，使控制通道的放大系数适当大、时间常数适当小(但不宜过小，否则易引起振荡)、纯滞后时间尽量小。为使其他干扰对被控变量的影响减小，应使干扰通道的放大系数尽可能小、时间常数尽可能大。

(3) 在选择操纵变量时，除了从自动化角度考虑外，还要考虑工艺的合理性与生产的经济性。一般说来，不宜选择生产负荷作为操纵变量，因为生产负荷直接关系到产品的产量，是不宜经常波动的。另外，从经济性考虑，应尽可能地降低物料与能量的消耗。

4.4　控制器控制规律与正反作用的选择

4.4.1　控制器控制规律的选择

在简单控制系统中，对应控制器的控制规律可以有多种，如纯比例控制规律、比例积分控制规律、比例微分控制规律、比例积分微分控制规律等。

1. 比例控制器(P)

比例控制是最基本的控制规律，其特点是控制作用简单、调整方便；缺点是会使系统产生余差。虽然通过增加比例放大系数可减小余差，但是系统稳定程度降低。所以比例控制适用于控制通道滞后及时间常数均较小、干扰幅度较小、负荷变化不大、控制质量要求不高、允许有余差的场合，例如，中间储槽的液位、精馏塔塔釜液位及不太重要的蒸汽压力控制系统等。

2. 比例积分控制器(PI)

比例积分控制是使用最多、应用最广的控制规律，在反馈控制系统中，约有75%是采用PI控制规律的。积分作用的引入，使系统具有消除余差的能力。另外，积分作用的滞后特性还有利于减小高频噪声的影响。但是加入积分作用后，会使系统稳定性降低，必须减小比例放大系数以保持系统原有的稳定性。对于容量滞后较小、负荷变化不太大、工艺参数不允许有余差的场合，PI控制规律可以有效地改善控制品质。

3. 比例微分控制器(PD)

比例微分控制器由于微分作用的引入，使系统具有超前控制功能，因而控制更加及时，可有效减小动态偏差。因此，对于控制对象容量滞后较大的场合，可采用比例微分控制器。但是，如果微分作用太强，容易产生超调，反而会引起系统剧烈的振荡，降低系统的稳定性。值得注意的是，微分作用对高频信号非常敏感，所以存在高频噪声的地方不宜使用微分控制。

4. 比例积分微分控制器(PID)

PID控制规律综合了各种控制规律的优点，所以适当调整比例度、积分时间和微分时间三个参数，可以使控制系统获得较好的控制质量。一般说来PID控制器适用于过程容量滞后较大、负荷变化大、控制质量要求较高的场合，例如温度控制和成分控制。

采用PID三作用时的控制效果最佳，但PID控制规律含有三个参数，整定时也会复杂一些，PID如果整定得不合理，反而会使系统控制效果变差，因此，在参数整定时应当注意。

为了提高控制系统的控制质量和运行可靠性，我们在选择控制器的控制规律时，首先应从工艺设备的操作机理入手，根据被控对象的特性、生产负荷变化的特征、控制系统运行时的主要扰动和系统控制要求等具体情况进行分析，同时还应该考虑系统的经济性以及系统投运和调试的可行性。

目前生产的模拟式控制器一般都同时具有比例、积分、微分三种作用。只要将其中的微分时间置于0，就成了比例积分控制器，如果同时将积分时间置于无穷大，便成了比例控制器。

4.4.2 控制器正、反作用的选择

自动控制系统是一个负反馈的闭环控制系统。也就是说，如果被控变量值偏高，则控制作用应使之降低；相反，如果被控变量值偏低，则控制作用应使之升高。控制作用对被控变量的影响应与干扰作用对被控变量的影响相反，才能使被控变量值回到设定值。这里，就有一个作用方向的问题，控制器的正、反作用是关系到控制系统能否正常运行与安全操作的重要问题。

在控制系统中，不仅是控制器，被控对象、测量变送器和执行器都有各自的作用方向。它们如果组合不当，使总的作用方向构成正反馈，则控制系统不但不能起控制作用，反而破坏了生产过程的稳定。所以，在系统投运前必须注意检查各环节的作用方向，其目的是通过改变控制器的正、反作用，以保证整个控制系统是一个具有负反馈的闭环控制系统。

所谓作用方向，就是指输入变化后，输出的变化方向。当某个环节的输入增加时，其输出也增加，则称该环节为“正作用”方向；反之，当该环节的输入增加时，其输出减小，则称该环节为“反作用”方向。

控制系统中的控制器、被控对象、测量变送器和执行器都有作用方向，“正作用”方向记为“+”，“反作用”方向记为“−”，要实现负反馈，四个环节的作用方向的乘积应为“−”。

控制系统各环节的作用方向确定方法如下：

(1) 对象的正、反作用形式。

当操纵变量增加时，被控变量也增加的对象属于“正作用”(记为“+”)。反之，被控变量随操纵变量的增加而降低的对象属于“反作用”(记为“−”)。

(2) 执行器(控制阀)正、反作用形式。

对于执行器，它的作用方向取决于是气开阀还是气关阀。当控制器输出信号(即执行器的输入信号)增加时，气开阀的开度增加，因而流过阀的流体流量也增加，故气开阀是“正作用”方向(记为“+”)。反之，当气关阀接收的信号增加时，流过阀的流体流量反而减少，所以气关阀是“反作用”方向(记为“−”)。执行器的气开或气关形式主要应从工艺安全角度来确定。

(3) 测量变送器的正、反作用形式。

测量变送器的作用方向一般都是“正作用”，因为当被控变量增加时，其输出量一般也是增加的，所以在考虑整个控制系统的作用方向时，可不考虑测量元件及变送器的作用方向(因为它总是“正作用”)，只需要考虑控制器、执行器和被控对象三个环节的作用方向，使它们组合后能起到负反馈的作用。

(4) 控制器的正、反作用形式。

前面三个环节的作用方向除了测量变送器是固定的以外，其中对象的作用方向由工艺机理可以确定，执行器的作用方向由工艺安全条件来选定，不能随意改变，所以就希望控制器的作用方向能具有灵活性，可根据需要任意选择和改变。这就是控制器一定要有正、反作用选择功能的原因所在。控制器的作用方向由其他几个环节来决定，确定依

据如下：

"被控对象"×"测量变送器"×"执行器"×"控制器"＝"负反馈"

【例 4-1】 图 4-6 为换热器出口物料温度控制系统，要求物料温度不能太低，否则易结晶。请确定控制阀的气开、气关形式及控制器的正、反作用。

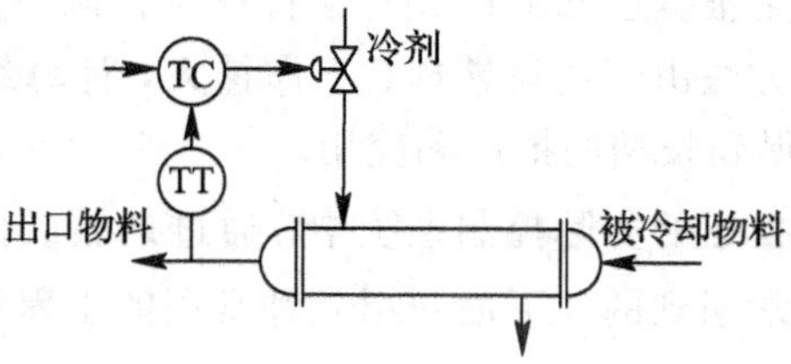

图 4-6　换热器温度控制

解　(1) 首先根据换热器出口物料温度控制系统的工艺图画出方框图，如图 4-7 所示。

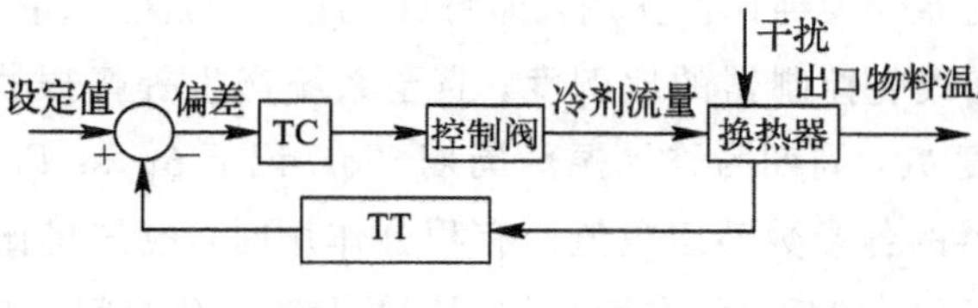

图 4-7　换热器温度控制系统的方框图

(2) 确定被控对象(换热器)的正、反作用。当冷剂流量增大时，出口物料温度下降，所以被控对象(换热器)的作用方向是"反作用"。

(3) 确定控制阀的正、反作用。当控制阀的气源信号发生故障时，即控制阀"没气"时，考虑控制阀是全开安全还是全关安全，从题中要求可知，控制阀应选择气开阀，为"正作用"。测量变送器(TT)为"正作用"。

(4) 控制器正、反作用的确定。为了使整个系统是一个负反馈控制系统，系统中各个环节的作用相"与"应为负(反作用)，所以系统中的控制器应选"正作用"。

(5) 验证：当换热器受到干扰的影响物料出口温度增加时，测量值随之增加，控制器的输出也增加，使控制阀开大，增加冷剂流量，从而自动地使出口温度下降，起到负反馈作用。

如果简单控制系统的控制作用能克服干扰的影响，则说明控制器的正、反作用选对了，否则选择错了。

4.5　控制器参数的工程整定

一个自动控制系统的过渡过程或者控制质量，与被控对象、干扰形式、干扰量的大小、控制方案的确定及控制器参数的整定有着密切的关系。在控制方案、广义对象的特性、控制规律都已确定的情况下，控制质量主要就取决于控制器参数的整定。所谓控制器参数的整定，就是按照已定的控制方案，求取使控制质量最好的控制器参数值。具体来说，就是确定控制器最合适的比例度 δ、积分时间 T_I 和微分时间 T_D。当然，这里所谓最好的控制质量不是绝对的，是根据工艺生产的要求而提出的所期望的控制质量。例如，对于简单控制系统，一般希望过渡过程呈 4∶1(或 10∶1)的衰减振荡过程。

控制器参数整定的方法很多，主要有两大类，一类是理论计算的方法，另一类是工程整定法。理论计算的方法是根据已知的广义对象特性及控制质量的要求，通过理论计算出控制器的最佳参数。这种方法由于比较繁琐、工作量大，计算结果有时与实际情况不甚符合，故在工程实践中没有得到长期的推广和应用。

工程整定法是在已经投运的实际控制系统中，通过试验或探索来确定控制器的最佳参数。这种方法是在现场经常遇到的。下面介绍几种常用的工程整定法。

4.5.1 临界比例度法

临界比例度法是目前使用较多的一种方法。它是先通过试验得到临界比例度 δ_k 和临界周期 T_k，然后根据经验总结出来的关系求出控制器各参数值。具体做法如下：在闭环的控制系统中，先将控制器变为纯比例作用，即将 T_I 置"∞"位置，T_D 置"0"位置，在干扰作用下，从大到小地逐渐改变控制器的比例度，直至系统产生等幅振荡(即临界振荡)，这时的比例度叫临界比例度 δ_k，周期为临界振荡周期 T_k。记下 δ_k 和 T_k，然后按表 4－1 中的经验公式计算出控制器的各参数整定数值。有积分作用时，应先将比例度放在比计算值稍大的数值上，再加入积分；然后，如有微分作用，再设置微分时间。最后，将比例度减小到计算值上。当然，如果整定后的过渡过程曲线不够理想，还可作适当调整。

表 4－1 临界比例度法参数计算公式表

控制作用	比例度/%	积分时间 T_I/min	微分时间 T_D/min
比例	$2\delta_k$		
比例＋积分	$2.2\delta_k$	$0.85T_k$	
比例＋微分	$1.8\delta_k$		$0.1T_k$
比例＋积分＋微分	$1.7\delta_k$	$0.5T_k$	$0.125T_k$

临界比例度法比较简单方便，容易掌握和判断，适用于一般的控制系统，但是对于临界比例度很小的系统不适用。因为临界比例度很小，则控制器输出的变化一定很大，被调参数容易超出允许范围，影响生产的正常进行。临界比例度法是要使系统达到等幅振荡后，才能找出 δ_k 和 T_k，对于工艺上不允许产生等幅振荡的系统本方法亦不适用。

4.5.2 衰减曲线法

衰减曲线法是通过使系统产生衰减振荡来整定控制器的参数值的。对于要求控制系统的过渡过程质量指标达到 n∶1＝4∶1的衰减整定步骤如下：

(1) 把过程控制系统中控制器参数置成纯比例作用($T_I=\infty$，$T_D=0$)，使系统投入运行。再把比例度从大逐渐调小，直到出现如图 4－8(a)所示的 4∶1衰减振荡过程曲线。此

时的比例度 δ_s 为 4∶1衰减比例度，两个相邻波峰间的时间间隔称为 4∶1衰减振荡周期 T_s。

(2) 根据 δ_s 和 T_s，使用表 4-2 所示公式，即可计算出控制器的各个整定参数值。

(3) 按"先 P 后 I 最后 D"的控制器参数调整操作程序，将求得的 PID 整定参数设置在控制器上。再观察运行曲线，若不太理想，还可作适当调整。

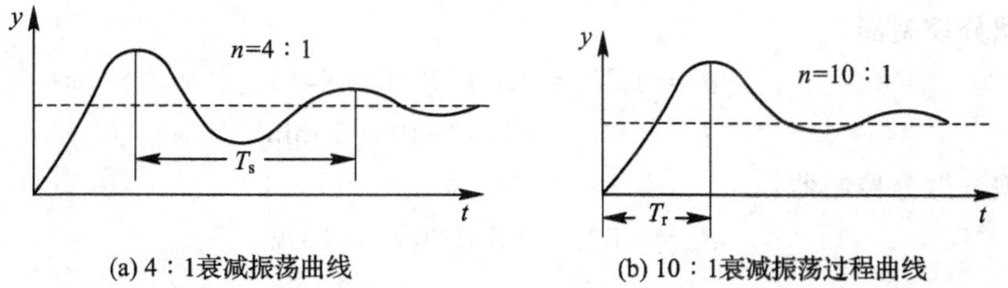

图 4-8 4∶1和 10∶1衰减振荡过程曲线

表 4-2 4∶1衰减法整定计算公式

控制作用	比例度/%	积分时间 T_I/min	微分时间 T_D/min
比例	δ_s		
比例＋积分	$1.2\delta_s$	$0.5T_s$	
比例＋积分＋微分	$0.8\delta_s$	$0.3T_s$	$0.1T_s$

应用 4∶1衰减曲线法整定控制器参数时，需注意以下情况：

(1) 对于反应较快的流量、管道压力及小容量的液位控制系统，要在记录曲线上认定 4∶1衰减曲线和读出 T_s 比较困难，此时，可用记录指针来回摆动两次就达到稳定作为4∶1衰减过程。

(2) 在生产过程中，负荷变化会影响对象特性，因而会影响 4∶1衰减法的整定参数值。当负荷变化较大时，必须重新整定控制器参数值。

(3) 如上所述，对于多数过程控制系统，4∶1衰减过程认为是最佳过程。但是，对于诸如热电厂的锅炉燃烧系统，却认为 4∶1衰减太慢，宜用 n∶1＝10∶1的衰减振荡过程，图 4-8(b)所示为 10∶1衰减振荡过程曲线，T_r 为到达第一个波峰的响应时间。表 4-3 是 10∶1衰减法整定公式。

表 4-3 10∶1衰减法整定计算公式

控制作用	比例度/%	积分时间 T_I/min	微分时间 T_D/min
比例	δ_s'		
比例＋积分	$1.2\ \delta_s'$	$2T_r$	
比例＋积分＋微分	$0.8\ \delta_s'$	$1.2T_r$	$0.4T_r$

【例 4－2】 某温度控制系统采用4：1衰减曲线法整定控制器参数，得 $\delta_s=20\%$，$T_s=10$ min，当控制器分别为比例作用、比例积分作用、比例积分微分作用时，试求其整定参数值。

解 应用表 4－2 的整定公式得

比例控制器：

$$\delta=\delta_s=20\%$$

比例积分控制器：

$$\delta_s=1.2\delta_s=1.2\times 20\%=24\%$$
$$T_D=0.5T_s=0.5\times 10=5\ \text{min}$$

比例积分微分控制器：

$$\delta_s=0.8\delta_s=0.8\times 20\%=16\%$$
$$T_I=0.3T_s=0.3\times 10=3\ \text{min}$$
$$T_D=0.1T_s=0.1\times 10=1\ \text{min}$$

4.5.3 经验凑试法

经验凑试法是在长期的生产实践中总结出来的一种整定方法。先将控制器的整定参数根据经验如表 4－4 所示设置在某一数值上，然后在闭环系统中加扰动，观察过渡过程的曲线形状。若曲线不够理想，则以控制器 P、I、D 参数对系统过渡过程的影响为理论依据，按照先比例(P)、后积分(I)、最后微分(D)的顺序，将控制器参数逐个进行反复凑试，直到获得满意的控制质量。

表 4－4 控制器参数的经验数据

控制对象	对象特性	δ/%	T_I/min	T_D/min
流 量	对象时间常数小，参数有波动，δ 要大；T_I 要短；不用微分	40～100	0.3～1	
温 度	对象容量滞后较大，即参数受干扰后变化迟缓，δ 应小；T_I 要长；一般需加微分	20～60	3～10	0.5～3
压 力	对象容量滞后一般，不算大，一般不需加微分	30～70	0.4～3	
液 位	对象时间常数范围较大。要求不高时，δ 可在一定范围内选取，一般不用微分	20～80		

控制器具体整定步骤如下：

(1) 置控制器积分时间 $T_I=\infty$，微分时间 $T_D=0$，在比例度按经验设置的初值条件下，将系统投入运行，整定比例度 δ。若曲线振荡频繁，则加大比例度 δ；若曲线超调量大，且趋于非周期过程，则减小 δ，直到获得满意的 n：1＝4：1或 10：1的过渡过程曲线。

(2) 引入积分作用(此时应将上述比例度 δ 置为 1.2 倍)，将 T_I 由大到小进行整定。若曲线波动较大，则应增大积分时间 T_I；若曲线偏离设定值后长时间回不来，则需减小 T_I，以求得较好的过渡过程曲线。

(3) 若超调量指标过大需引入微分作用，则将 T_D 按经验值或按 $T_D=(1/3\sim1/4)T_I$ 设置，并由小到大加入。若曲线超调量大而衰减慢，则需增大 T_D；若曲线振荡加剧，则应减

小 T_D。观察曲线，再适当修正控制器参数 δ 和 T_I，反复调试直到求得满意的过渡过程曲线为止。

需要指出，有人认为比例度与积分时间可以在一定范围内匹配，若减小 δ 可以用增大 T_I 来补偿，若需引入微分作用，可按以上所述步骤进行调试。也可将控制器的 P、I、D 参数一次性设置后逐个进行反复凑试，直到获得满意的过渡过程曲线。

经验凑试法的关键是"看曲线，调参数"，因此，必须弄清楚控制器参数变化对过渡过程曲线的影响关系。一般来说，在整定中，观察到曲线振荡很频繁，须把比例度增大以减少振荡；当曲线最大偏差大且趋于非周期过程时，须把比例度减小。当曲线波动较大时，应增大积分时间；而在曲线偏离设定值后，长时间回不来，则须减小积分时间，以加快消除余差的过程。如果曲线振荡得厉害，须把微分时间减到最小，或者暂时不加微分作用，以免加剧振荡；在曲线最大偏差大而衰减缓慢时，须增加微分时间。经过反复凑试，一直调到过渡过程振荡两个周期后基本达到稳定，品质指标达到工艺要求为止。

在一般情况下，比例度过小、积分时间过小或微分时间过大，都会产生周期性的激烈振荡。但是，积分时间过小引起的振荡周期较长；比例度过小引起的振荡周期较短；微分时间过大引起的振荡周期最短。

比例度过大或积分时间过大，都会使过渡过程变化缓慢。一般来说，比例度过大，曲线波动较剧烈，不规则地、较大幅度地偏离设定值，而且形状像波浪般起伏变化。如果曲线通过非周期的不正常路径慢慢地恢复到设定值，说明积分时间过大。

最后必须指出，在一个自动控制系统投运时，控制器的参数必须整定，才能获得满意的控制质量。同时，在生产进行的过程中，如果工艺操作条件改变，或负荷有很大变化，被控对象的特性就要改变，因此，控制器的参数必须重新整定。由此可见，整定控制器参数是经常要做的工作，对工艺人员与仪表人员来说都是需要掌握的。

4.6　测量变送器的选择与分析

4.6.1　测量过程的误差分析

测量变送器的作用，是把工艺变量的值检测出来，转换成电(或气)信号送往控制器，测量变送器的输出就是被控变量的测量值。目前大多数变送器的输出信号是模拟量，如 4～20 mA DC，1～5 V DC，0～10 mA DC 或 0.02～0.1 MPa 的气压信号。

测量变送器的基本要求是能够可靠、正确和迅速地完成检测及变送，为此需要考虑三个主要问题：

(1) 仪表在工作现场环境条件下能否长期可靠工作。为解决这一问题，人们已经有了不少有效办法和措施。在过程控制中，会遇到高温、低温、高压、腐蚀性介质等各种环境条件，需要在元件材质和防护措施上设法保证长期安全使用。例如，测量高温常选用铂铑—铂热电偶，当介质中有氢气存在时，氢分子会渗透穿过保护套管而使热电偶丝变脆断裂，须设法解决，所以有些地方采用吹氮气热电偶，保证保护套管内维持正压，阻止氢的渗入。又如，对于腐蚀性介质的液位与流量的测量，有的采用非接触测量方法，有的采用耐蚀材质的元件和隔离性介质。又如，在易燃易爆环境中，必须采用防爆型仪表。

(2) 测量误差是否不超过工艺规定的界限。为解决这一问题，即降低测量误差问题，必须先对误差的性质和根源作分析，然后针对性地采取措施。有人可能只强调仪表的精确度等级，但这种看法不全面，因为它仅是事情的一个方面。总的来说，测量误差由下列三个部分组成：

① 仪表本身的误差。仪表出厂时的精确度等级反映了它在校验条件下存在的最大百分误差的上限，如 0.5 级就表示最大百分误差不超过 0.5%。随着时间的推移，这一精确度等级可能会逐渐变化，因此须定期校验。对仪表的精确度等级应作恰当的选择，由于其他误差的存在，仪表本身的精确度不必要求过高，否则也没有意义。工业上一般取 0.5～1 级，物性及成分仪表可再放宽些。

② 现场环境条件引起的误差。例如热电偶的冷端温度补偿得不理想，热电阻连接导线的电阻值有较大变动，或是孔板安装得不完全合乎规格等，有时会引起相当大的误差。流量测量不准的原因，经常是由于流体重度有了变化。另外，电源电压和环境温度的波动会使有些仪表产生误差。

③ 测量中的动态误差。当被控变量随时间而变化时，如果仪表的动态响应比较迟缓，测量变送器的输出不能及时跟上，这两者间的差别就表现为动态误差。当输入信号作正弦变化时，相对来说，输出信号的稳态响应也一定是正弦波，线性环节，但幅值可能衰减，相角可能会滞后。如把测量变送器作为一个一阶环节看待，则在环节的时间常数越大时，幅值和相角两方面的差值也越大，动态误差也越大。

例如，在某一聚合釜的温度控制系统中，记录曲线的波动并不剧烈，幅值不大，但产品质量很差，最后发现在测温元件表面上积聚了高聚物，传热阻力大，因而时间常数大，实际温度的波动远比记录曲线剧烈得多。

(3) 测量值必须迅速反映被测变量的变化，即动态响应比较迅速。

总之，正确选型，精心的进行安装维护和排除干扰是使仪表达到和保持出厂精确度级的关键。

4.6.2 测量过程的动态特性

上面提到的对测量变送器的第三个要求是动态响应要比较迅速。原因之一是为了减少动态误差，同样重要的是为了改善广义对象特性，使广义对象的纯滞后时间与时间常数之比能够小些，也使各个时间常数值配置得更好一些。

1. 测量变送器的时滞

测量变送器的传递函数常可用有时滞的一阶环节来近似，所以测量变送器的时滞通常是一种传输滞后，也称为纯滞后。纯滞后是设计控制系统中最为头痛的事，因为测量变送环节中的纯滞后将使被控变量的变化不能及时通知控制器，使得控制器仍然依据历史的信息发出控制信号，指挥控制系统的工作，从而造成控制质量的下降。在化工变量的测量中，温度和成分等物性参数的测量最容易引入纯滞后。微分作用对于纯滞后是无能为力的。为了消除纯滞后的影响，只有合理选择测量元件及其安装位置，尽量减小纯滞后。从过程控制系统设计来说，纯滞后愈小愈好。当过程参数测量引起的纯滞后较大时，单回路控制系统很难满足生产工艺要求，此时，就需设计其他的控制方案。

2. 测量变送器的时间常数

测量变送器的时间常数是另一个动态参数。时间常数过大会引起测量滞后。克服测量滞后主要有以下三种方法：

(1) 选择快速的测量元件。克服测量滞后的根本办法就是合理选择快速的测量元件。所谓合理，是指不能单纯追求测量滞后要小，而同时要考虑测量精度、自动化系统的投资和测量元件的供应情况，大体上选择测量元件的时间常数为控制通道的时间常数的十分之一以下为宜。

(2) 正确选择安装位置。在自动控制系统中，以温度控制系统的测温元件和质量控制系统的采样装置所引起的测量滞后为最大，它与元件外围物料的流动状态、流体的性质和停滞层厚度有关，如果把测量元件安装在死角、容易挂料、结焦的地方，将大大增加测量滞后。因此，设计控制系统时，要合理选择测量元件的安装位置，应千方百计安装在对被控变量的变化反应较灵敏的位置。

(3) 正确使用微分单元。对于测量滞后大的系统，引入微分作用也是有效的办法。微分作用相当于在偏差产生的初期，控制器的输出使执行机构产生一个多于应调的位移，出现暂时的过调，然后在比例或者比例积分控制规律作用下，进行进一步的控制，而最终使执行机构慢慢地恢复到平衡位置。

本章小结

本章介绍了简单控制系统的设计方案，包括的主要内容有：

(1) 过程控制系统的概念及分类。

(2) 被控变量与操纵变量的选择。

(3) 控制器控制规律及正、反作用的选择。

(4) 控制器参数的工程整定。

(5) 测量变送器的选择与分析。

习题与思考题

4-1　简单控制系统由哪几部分组成？各部分的作用是什么？

4-2　在控制系统的设计中，什么是直接参数与间接参数？两者有何关系？

4-3　在控制系统的设计中，被控变量与操纵变量的选择应遵循什么原则？

4-4　比例控制器、比例积分控制器、比例积分微分控制器的特点分别是什么？各使用在什么场合？

4-5　被控对象、执行器以及控制器的正、反作用是如何规定的？

4-6　控制器常用的参数整定方法有哪些？

4-7　某温度控制系统，采用4∶1衰减曲线法整定控制器参数，得 $\delta_s=20\%$，$T_s=10$ min，当控制器分别为比例作用、比例积分作用、比例积分微分作用时，试求其整定参数值。

4-8　用临界比例度法整定某过程控制系统所得的比例度 $\delta_k=20\%$，临界振荡周期

$T_k=1$ min，当控制器分别采用比例作用、比例积分作用、比例积分微分作用时，求其最佳整定参数值。

4-9　图4-9为一锅炉汽包液位控制系统的示意图，要求锅炉不能烧干。试画出该系统的方框图，判断控制阀的气开、气关形式，确定控制器的正、反作用，并简述当加热器温度升高导致蒸汽蒸发量增加时，该控制系统是如何克服扰动的。

4-10　图4-10所示为一蒸汽加热器的温度控制系统。

(1) 指出该系统中的被控变量、操纵变量、被控对象各是什么。

(2) 该系统可能的干扰有哪些？

(3) 试画出该系统的方框图。

(4) 选择控制器的控制规律。

(5) 如果被加热物料过热易分解，试确定控制阀的气开、气关形式和控制器的正、反作用。

(6) 试分析当冷物料的流量突然增加时，系统的控制过程及各信号的变化情况。

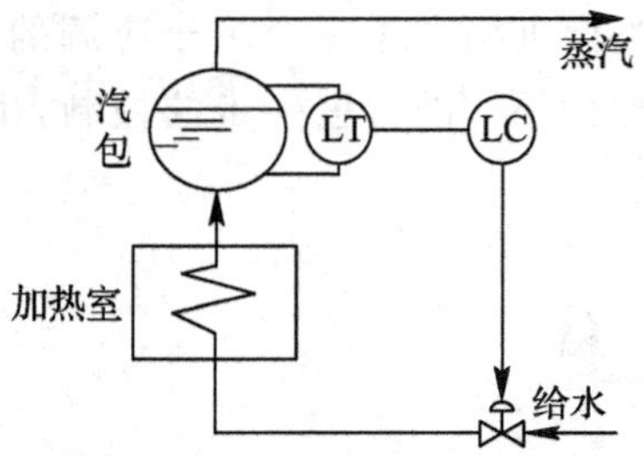

图4-9　锅炉汽包液位控制系统

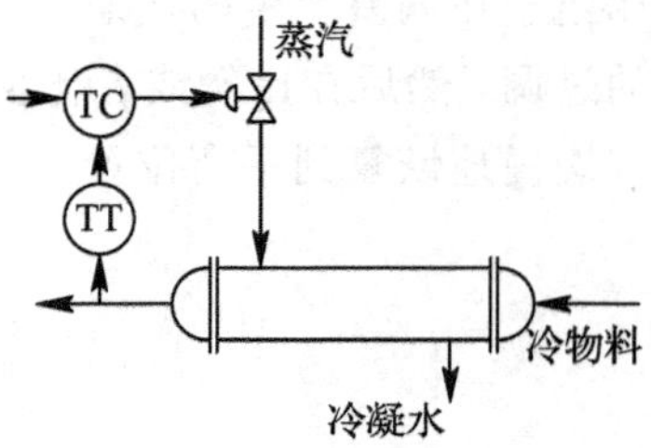

图4-10　蒸汽加热器的温度控制系统

4-11　图4-11为储槽液位控制系统，为安全起见，储槽内液体严格禁止溢出。试在下述两种情况下，分别确定执行器的气开、气关形式及控制器的正、反作用。

(1) 选择流入量 Q_i 为操纵变量。

(2) 选择流出量 Q_o 为操纵变量。

4-12　图4-12为一精馏塔塔釜液位控制系统。如工艺上不允许塔釜液位被抽空，画出控制系统的方框图，确定控制阀的气开、气关形式及控制器的正、反作用。

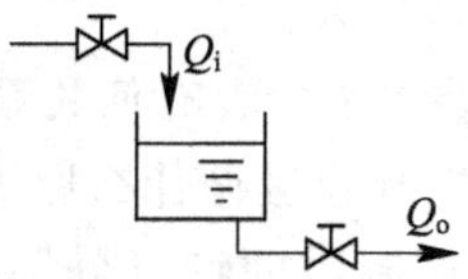

图4-11　储槽液位控制系统

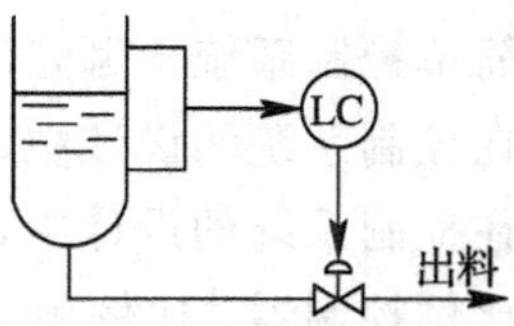

图4-12　塔釜液位控制系统

4-13　图4-13所示为一列管式换热器，工艺要求物料出口温度要稳定。试设计一个简单控制系统，要求：

(1) 确定被控变量和操纵变量。

(2) 画出工艺管道及仪表流程图，画出控制系统方框图。

(3) 要求换热器内温度不能过高，试确定控制阀的气开、气关形式及控制器的正、反作用。

（4）系统的控制器参数可用哪些工程方法整定？

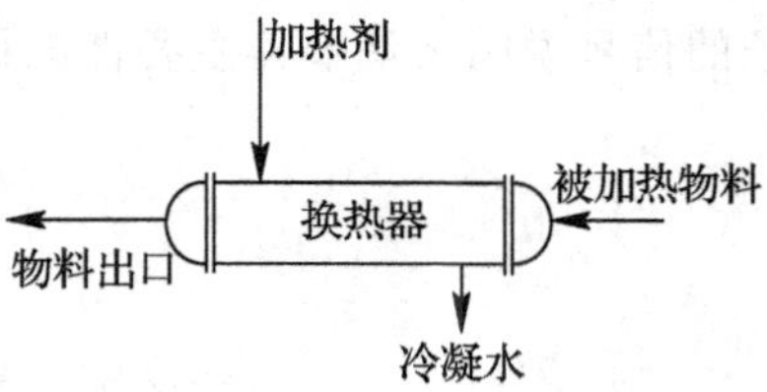

图 4-13　列管式换热器

实践训练项目五　液位单回路控制系统

1. 训练目标

（1）了解单回路控制系统的结构与组成。

（2）掌握单容液位定值控制系统调节器参数的整定和投运方法。

（3）研究调节器相关参数的变化对系统静、动态性能的影响。

（4）了解 P、PI、PD 和 PID 四种调节器分别对液位控制的作用。

（5）能够完成调节器与上位机的通信，并且在上位机上实现监控。

（6）具备自学、分析、表达能力。

2. 实践训练设备

（1）THJDS1 型高级过程控制系统实训装置。

（2）计算机及相关软件。

（3）万用电表一只。

3. 任务描述

液位简单控制系统的结构图和方框图如图 4-14 所示。被控变量为上水箱（也可采用中水箱或下水箱）的液位高度，要求液位稳定在设定值上。将压力传感器 LT1 检测到的上水箱液位信号作为反馈信号，在与设定值比较后将其差值通过调节器控制气动调节阀的开度，以达到监控水箱液位的目的。为了实现系统在阶跃给定和阶跃扰动作用下的无静差控制，系统的调节器应为 PI 或 PID 控制。

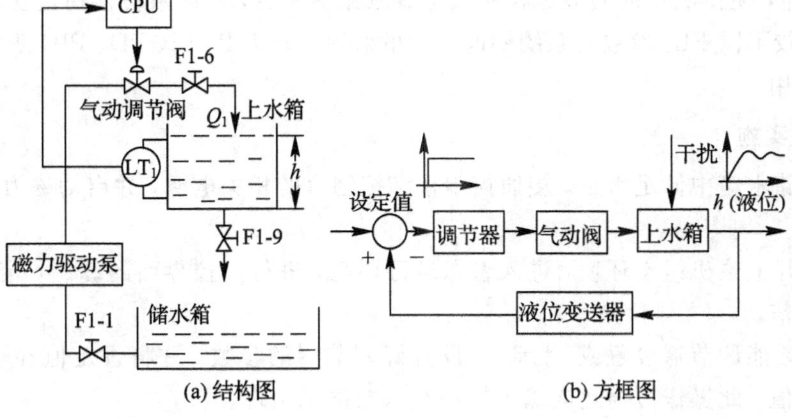

图 4-14　上水箱液位 PID 控制系统

4. 任务要求

(1) 写出调节器接线端子的信号说明及调节器主要性能指标。

1——2 端：

2——3 端：

4——5 端：

输入信号：　　　　　　　　　　外给定信号：

输出信号：　　　　　　　　　　负载电阻：

电　　源：

(2) 完成上位机界面的编制，如图 4－15 所示，监控界面中包括工艺设备和管道的模拟、PID 整定参数的值等。

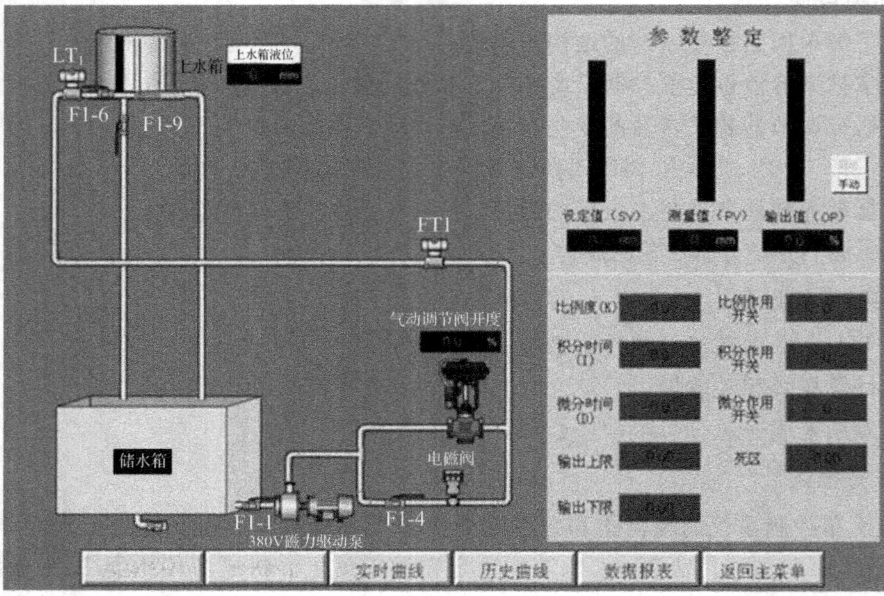

图 4－15　液位单回路控制系统的上位机界面

(3) 确定调节器的相关参数，写出整定过程，确定合适的比例度 δ、积分时间 T_I 以及微分时间 T_D，使得液位的响应过程曲线是衰减振荡曲线，最终液位值稳定在设定值上。

(4) 比较不同 PID 参数对系统性能产生的影响，分析 P、PI、PD、PID 四种控制规律对本系统的作用。

5. 任务实施

(1) 将储水箱中储足水量，接通控制柜和控制台的相关电源，并启动磁力驱动泵，接通空压机电源。

(2) 打开上位机组态环境，进入组态运行环境，进行监控界面的编制，定义数据变量，与调节器通信。

(3) 将智能调节器设置成“手动”，设置好调节器的参数，并将设定值和输出值设置为一个合适的值，此操作可通过向输入框中写入数值来实现。

(4) 启动磁力驱动泵，磁力驱动泵上电打水，适当增加/减少输出量，使上水箱的液位平衡于设定值。

(5) 按本章前边介绍的参数整定方法来设置PI调节器的参数。

(6) 待液位稳定于设定值后，将调节器切换到“自动”控制状态，待液位平衡后，可以突增(或突减)设定值的大小，使其有一个正(或负)阶跃增量的变化，要求扰动量为控制量的5%～15%，干扰过大可能造成水箱中水溢出或系统不稳定。加入干扰后，水箱的液位便离开原平衡状态，经过一段调节时间后，水箱液位稳定至新的设定值，在计算机上观察并记录此时的设定值、输出值和参数，液位的响应过程曲线。

(7) 分别适量改变调节器的P及I参数，重复步骤(6)，通过监控界面下边的按钮切换观察计算机，记录不同控制规律下系统的阶跃响应曲线。

(8) 分别用P、PD、PID三种控制规律重复步骤(3)～(7)，通过监控界面下边的按钮切换观察计算机，记录不同控制规律下系统的阶跃响应曲线。

6. 完成评价

每个实践训练项目结束后，小组之间要填写表4-5所示的小组互评表，教师要对每组进行评价，填写表4-6所示的教师评价表。

表4-5 小组互评表

实践训练项目	班级	组别	姓名
评价类别	评价标准		评价等级
准备工作	资料准备		
	计划制订		
	材料准备		
工作能力	系统的搭建		
	系统及仪表的调试		
	排查故障		
工作态度	积极主动		
	团结协作		
	服从分配		
文明安全	安全规范		
	遵守纪律		
	文明习惯		
综合评定			
备注：评价等级为四个等级，分别为A(优)、B(良)、C(一般)、D(不合格)。有10个以上为A者，则综合评定为优，8～9个A评定为良好，6个和7个A评定为一般，6个以下A则不合格。			

表 4-6　教 师 评 价 表

实践训练项目		班　级	组　别	姓　名
评价类别	评价标准	评价标准		评价值
学习准备	资料准备	能参与资料的收集与整理(5)		
	计划制订	能完成任务计划的制订(5)		
学习过程	操作过程	能完成仪表的设置，完成接线、软件编程及系统的调试和运行(30)		
	问题探究	在实践中发现问题，并能用理论知识解释实践中的问题(5)		
	文明安全	遵守制度，服从管理(5)		
学习态度	主动程度	主动性强(5)		
	合作意识	能够和同组人团结协作(5)		
	严谨细致	认真仔细，不出错误(5)		
学习拓展	知识迁移	能够实现前后知识的迁移和贯通(5)		
	应变能力	举一反三，能够提出改进的建议和方案(5)		
	创新意识	有创新的建议(5)		
项目完成情况	全部完成	系统调试成功(20)		
	完成大部分	还存在一部分内容没有完成(12)		
	完成小部分	只完成项目要求的一小部分(8)		
综合评定				
备注：教师根据每组完成情况打分。				

第五章　复杂控制系统的案例及其分析

☞ 知识目标

◆ 掌握串级控制系统工作原理及系统整定方法

◆ 了解串级、比值、前馈控制系统在工业上的应用

◆ 能够独立设计串级控制系统

◆ 掌握比值、前馈控制系统的结构及工作过程

☞ 技能目标

◆ 独立完成液位串级控制系统的设计与接线

◆ 在实验装置中能够正确完成系统 PID 参数的整定

◆ 在 PID 参数整定过程中记录实验数据并学会分析，得出结论

简单控制系统由于结构简单而得到广泛的应用，其数量占所有控制系统总数的80%以上，在绝大多数场合下已能满足生产要求。但随着科技的发展，新工艺、新设备的出现，生产过程的大型化和复杂化，必然导致对操作条件的要求更加严格，变量之间的关系更加复杂。同时，现代化生产往往对产品的质量提出更高的要求。例如甲醇精馏塔的温度偏离不允许超过1℃，石油裂解气的生冷分离中，乙烯纯度要求达到99.99%等。此外，生产过程中的某些特殊要求，如物料配比、前后生产工序的协调、为了安全而采取的软保护、管理与控制一体化等，这些问题的解决都是简单控制系统所不能胜任的，因此出现了复杂控制系统。

在简单反馈回路中增加了计算环节、控制环节或其他环节的控制系统统称为复杂控制系统。复杂控制系统种类较多，按其所满足的控制要求可分为两大类：以提高系统控制质量为目的的复杂控制系统，主要有串级和前馈控制系统；满足某些特定要求的控制系统，主要有比值、均匀、分程、选择性控制系统等。

本章将重点介绍串级控制系统。串级控制系统是所有复杂控制系统中应用最多的一种，它对改善控制品质有独到之处。当过程的容量滞后较大，负荷或扰动变化比较剧烈、比较频繁，或是工艺对生产质量提出的要求很高，采用单回路控制系统不能满足要求时，可考虑采用串级控制系统。

5.1　串级控制系统

5.1.1　串级控制系统的结构及工作原理

1. 串级控制系统概念

串级控制系统是改善过程控制品质的一种有效的控制方法。在工业生产中应用十分广

泛。下面就以管式加热炉出口温度控制系统为例来说明。管式加热炉是炼油厂经常采用的设备之一，如图 5-1 所示，其工艺要求是炉出口温度保持恒定。

方案一：管式加热炉出口温度的单回路控制。

采用改变燃料油的流量大小达到控制加热炉的出口温度的单回路控制方案如图 5-2 所示。这个方案看似很好，因为所有对温度的干扰因素都包括在控制回路之中，只要干扰导致了温度发生变化，控制器就可以通过改变控制阀的开度来改变燃料油的流量，把变化的温度重新调回设定值。但是实践证明这种控制方案效果很差，因为燃料油压力的变化会导致流量的变化，因此压力的波动会造成出口原料油温度的扰动，由于燃料油压力波动对原料油温度的影响要经过管道的传输、炉膛的燃烧、加热管道的传热等一系列环节，导致控制作用不及时，偏差大，控制质量显著降低。

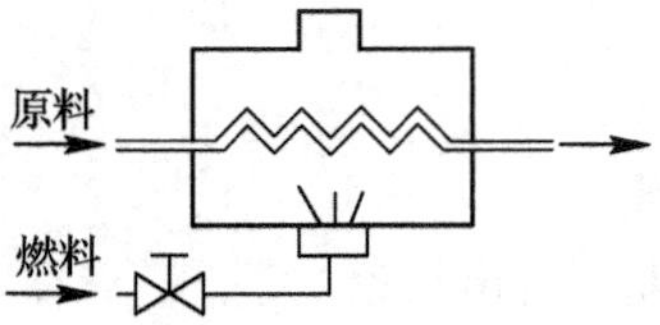

图 5-1　管式加热炉炉温控制系统

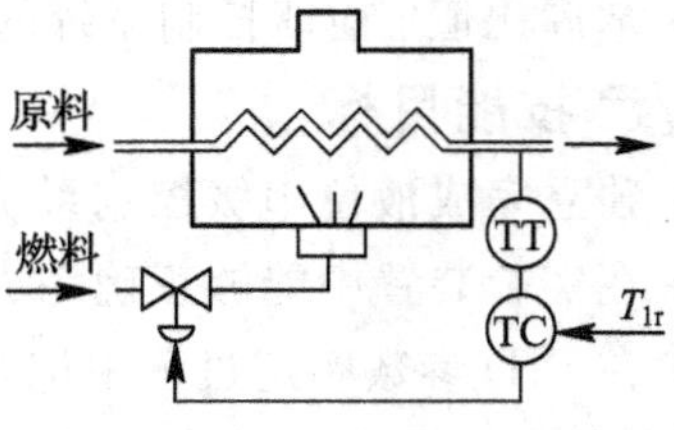

图 5-2　管式加热炉出口温度单回路控制系统

方案二：管式加热炉出口温度的间接控制。

上述的单回路控制方案中燃料油压力的变化是主要的干扰因素，那么就可以通过控制燃料油流量的方法来间接对加热炉出口温度进行控制，如图 5-3 所示。这个方案的优点是能够比较及时有效地克服来自燃料油压力方面的干扰，因为当燃料油流量由于压力的波动而发生变化时，不等到影响控制炉出口温度，流量控制器就能较早发现并及时地进行控制，将燃料油流量的波动对出口温度的影响减弱到最低程度。但这个方案存在的问题是它对加热炉出口温度是开环的，炉出口温度不是被控量，当原料入口温度和初始温度、燃料热质的变化、炉膛压力的变化等干扰因素使出口温度发生变化时，此间接控制系统无法将变化了的温度调回来。

方案三：加热炉出口温度与燃料流量的串级控制。

通过上面的分析可得出，两种控制方案各有其优缺点，可以将两种方案结合起来，将温度控制器的输出作为流量控制器的设定值，而用流量控制器的输出去控制燃料油管线上的控制阀，如图 5-4 所示，这就是原料油出口温度与燃料油流量的串级控制系统，系统中流量控制器用来克服燃料油压力对原料油出口温度的扰动。

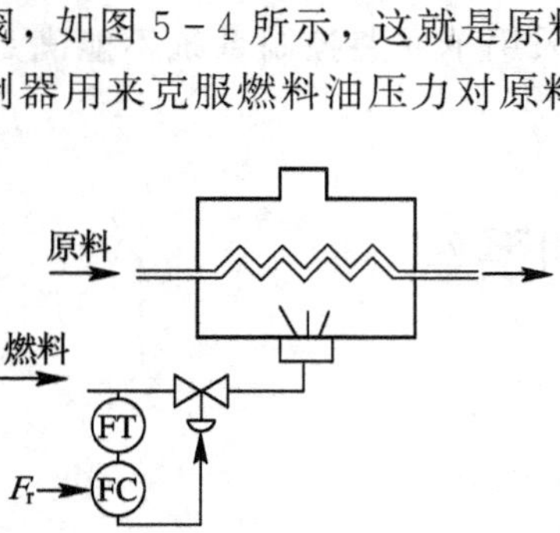

图 5-3　管式加热炉出口温度间接控制方案

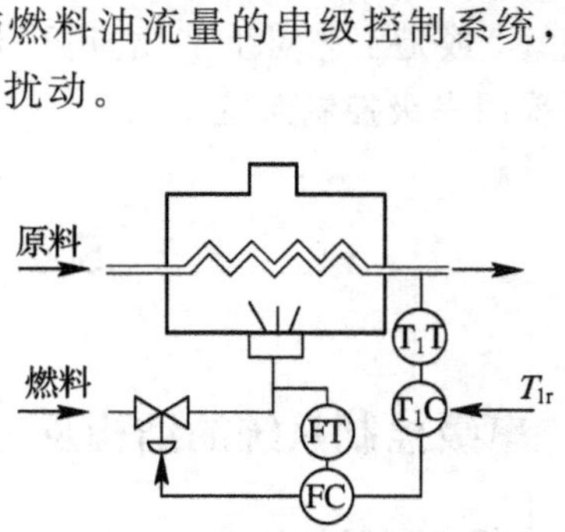

图 5-4　管式加热炉出口温度与流量串级控制系统

温度控制器用来克服燃料油热质、原料入口流量、温度、成分等的影响，使得控制品质得到显著提高。串级控制系统实际上就是由两台控制器串联在一起控制一个控制阀的系统。

用温度控制器的输出作为流量控制器的设定值，由流量控制器的输出去控制燃料油管线的控制阀，可以抑制燃料油流量的扰动。同样，加热炉出口温度与炉膛温度的串级控制可以抑制燃料油流量的扰动和热值扰动。

2. 串级控制系统结构

图5-5是串级控制系统的方框图。该系统有主、副两个控制回路，主、副控制器相串联工作，其中主控制器有自己独立的设定值，它的输出作为副控制器的设定值，副控制器的输出控制执行器，以改变主参数。

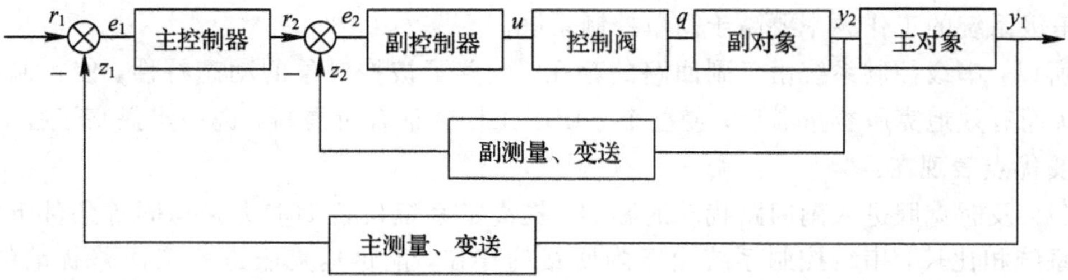

图5-5 串级控制系统框图

串级控制系统中常见的名词术语如下：主、副变量，主、副控制器，主、副对象，主、副测量变送器，主、副回路(主、副环)。

作用在主、副对象上的干扰分别为一、二次干扰。

3. 串级控制系统工作原理分析

仍以管式加热炉出口温度控制为例，分析温度—流量串级控制系统克服干扰的过程。控制阀选择气开式，温度控制器、流量控制器为反作用。

情况一：干扰来自燃料油流量的变化。初始阶段，出口温度不变，温度控制器的输出不变，流量控制器就按照变化了的测量值与没变的设定值之差进行控制，改变控制阀的原有开度，使燃料油向原来的设定值靠近。当出口温度发生变化时，温度控制器不断改变着流量控制器的设定值，流量控制器就按照测量值与变化了的设定值之差进行控制，直到炉出口温度重新恢复到设定值。

情况二：干扰来自原料油方面，使炉出口温度升高。出口温度升高，温度控制器输出下降，流量控制器设定值下降。燃料油流量为适应温度控制的需要而不断变化。

情况三：一次干扰和二次干扰同时存在。主、副变量同向变化时，主、副控制器共同作用，控制阀的开度大幅度变化，使得炉出口温度很快恢复到设定值。主、副变量反向变化时两种干扰作用相互抵消，或燃料油流量只作很小的调整。

通过分析可知：副控制器具有“粗调”的作用，而主控制器具有“细调”的作用，两者互相配合，控制质量必然高于单回路控制系统。

4. 串级控制系统特点

串级控制系统从总体来看，仍然是一个定值控制系统，因此主变量在扰动作用下的过渡过程和简单定值控制系统的过渡过程具有相同的品质指标和类似的形式。但是串级控制系统和简单控制系统相比，在结构上增加了一个与之相连的副回路，因此具有一系列特点。副回路的存在改善了过程的动态特性，提高了系统的工作频率。

串级控制系统在结构上区别于单回路控制系统的主要标志是用一个闭合的副回路代替了原来的一部分被控对象，所以，也可以把整个副回路看作是主回路的一个环节，或把副回路称为等效副对象。

由于副回路在一般情况下可以用一阶滞后环节来表示，如果副控制器采用比例作用，那么串级控制系统由于副回路的存在，改善了过程的动态特性，等效副对象的时间常数减小，意味着对象的容量滞后减小，这会使系统的反应速度增加，控制更为及时。另一方面，由于等效副对象的时间常数减小，系统的工作频率可获得提高。当主、副对象都是一阶惯性环节，主、副控制器均采用纯比例作用时，与简单控制系统相比，在相同衰减比的条件下，串级系统的工作频率要高于简单控制系统。

所以，串级控制系统由于副回路的存在，改善了被控对象的动态特性，使控制过程加快，从而有效地克服容量滞后，使整个系统的工作频率有所提高，进一步提高了控制质量，其主要优点表现在：

(1) 及时克服进入副回路扰动的影响，提高了系统抗扰动能力。与同等条件下的简单控制系统相比较，串级控制系统由于副回路的存在，能迅速克服进入副回路扰动的影响，从而大大提高了抗二次扰动的能力，抗一次扰动的能力也有所提高。这是因为当扰动进入副回路后，在它还未影响到主变量之前，首先由副变量检测到扰动的影响，并通过副回路的定值控制作用及时调节操纵变量恢复到设定值，从而使扰动对主变量的影响减少。即副回路对扰动进行粗调，主回路对扰动进行细调。由于对进入副回路的扰动有两级控制措施，即使扰动作用会影响主环，也比单回路的控制及时，因此，串级控制系统能迅速克服进入副回路扰动的影响。

(2) 具有一定的自适应能力。在简单控制系统中，控制器的参数是在一定的负荷、一定的操作条件下，根据该负荷的对象特性，按一定的质量指标整定得到的。因此，一组控制器参数只能适应于一定的生产负荷和操作条件。如果被控对象具有非线性，那么，随着负荷和操作条件的改变，对象特性就会发生改变。这样，在原负荷下整定所得的控制器参数就不再能够适应，需要重新整定。如果仍用原先的参数，控制质量就会下降。这一问题在简单控制系统中是很难解决的。但是，在串级控制系统中，主回路虽然是一个定值控制系统，而副回路对主控制器来说却是一个随动系统，它的设定值是随着主控制器的输出而变化的。这样，当负荷或操作条件发生变化时，主控制器就可以按照负荷或操作条件的变化情况而及时调整副控制器的设定值，使系统运行在新的工作点上，从而保证在新的负荷和操作条件下，控制系统仍然具有较好的控制质量。从这一意义上来讲，串级控制系统有一定的自适应能力。

综上所述，串级控制系统由于副回路的存在，对于进入其中的扰动有较强的克服能力，而且由于副回路的存在改善了过程的动态特性，提高了系统的工作频率，所以控制质量比较高。此外，副回路的快速随动特性使串级控制系统具有一定的自适应能力。因此，对于控制质量要求高、扰动大、滞后时间长的过程，当采用简单控制系统达不到质量要求时，采用串级控制方案往往可以获得较为满意的结果。不过串级控制系统比单回路控制系统所需要的线路仪表多，系统的投运和整定相应地也较为复杂一些。所以，单回路控制系统能够解决的问题，就尽量不要采用串级控制方案。

5.1.2　串级控制系统的调试方法

工业生产过程中，对于生产装置的温度、压力、流量、液位等工艺变量常常要求维持在一定的数值上，或按一定的规律变化，以满足生产工艺的要求。PID 控制器是根据 PID 控制原理对整个控制系统进行偏差调节，从而使被控变量的实际值与工艺要求的预定值一致。不同的控制规律适用于不同的生产过程，必须合理选择相应的控制规律，否则 PID 控制器将达不到预期的控制效果。

在串级控制系统中，主、副控制器所起的作用是不同的。主控制器起定值控制作用，它的控制任务是使主参数等于设定值(无余差)，故一般宜采用 PI 或 PID 控制器。由于副回路是一个随动系统，它的输出要求能快速、准确地体现主控制器输出信号的变化规律，对副参数的动态性能和余差无特殊的要求，因而副控制器可采用 P 或 PI 控制器。

1. PID 控制器调试方法

1）比例系数的调节

比例系数 P 的调节范围一般是 0.1～100。如果增益值取 0.1，PID 控制器输出变化为偏差值的十分之一。如果增益值取 100，PID 控制器输出变化为偏差值的一百倍。可见该值越大，比例产生的增益作用越大。初调时，P 值选小一些，然后慢慢调大，直到系统波动足够小，再调节积分或微分系数。过大的 P 值会导致系统不稳定，持续振荡；过小的 P 值又会使系统反应迟钝。合适的 P 值应该使系统有足够的灵敏度但又不会反应过于灵敏，一定时间的迟缓要靠积分时间来调节。

2）积分时间的调节

积分时间常数的定义是，偏差引起输出增长的时间。积分时间设为 1 秒，则输出变化 100%所需时间为 1 秒。初调时要把积分时间设置长些，然后慢慢调小直到系统稳定为止。

3）微分时间的调节

微分值是偏差值的变化率。例如，如果输入偏差值线性变化，则在控制器输出侧叠加一个恒定的调节量。大部分控制系统不需要调节微分时间。因为只有时间滞后的系统才需要附加这个参数。如果画蛇添足加上这个参数反而会使系统的控制受到影响。如果通过比例系数、积分时间的调节还是达不到理想的控制要求，就可以调节微分时间。初调时把微分时间设置小一些，然后慢慢调大，直到系统稳定。

2. PID 控制器的参数整定

PID 控制器的参数整定是控制系统设计的核心内容。它是根据被控过程的特性确定 PID 控制器的比例系数、积分时间和微分时间的大小。PID 控制器参数整定的方法很多，概括起来有两大类。一是理论计算整定法，它主要是依据系统的数学模型，经过理论计算确定控制器参数。这种方法所得到的计算数据未必可以直接用，还必须通过工程实际进行调整和修改。二是工程整定方法，它主要依赖工程经验，直接在控制系统的试验中进行，且方法简单、易于掌握，在工程实际中被广泛采用。PID 控制器参数的工程整定方法主要有逐步逼近法和两步整定法。两种方法各有其特点，其共同点都是通过试验，然后按照工程经验公式对控制器参数进行整定。但无论采用哪一种方法所得到的控制器参数，都需要在实际运行中进行最后的调整与完善。下面介绍两种整定方法。

1）*逐步逼近法*

当串级控制系统主、副对象的时间常数相差不大，主、副回路动态联系密切时，系统可采用逐步逼近的整定方法。在整定时，将串级控制系统的主回路断开，先整定副控制器参数，然后整定主控制器的参数，最后再对副控制器进行整定，比较上述两次整定所得的控制质量和控制器参数值，如达到了工艺指标要求，则整定就此结束，否则照此法求主控制器第二次的整定参数值，如此循环下去，直到满足工艺要求为止。这样每循环一次，其整定参数与最佳参数值就接近一步，所以叫做逐步逼近法。这是种依次整定主、副环，然后循环进行，逐步接近主、副环的最佳整定的一种整定方法，具体步骤如下：

(1) 整定副环。断开主环，按单回路系统整定方法，求取副控制器的整定参数，记作$[G_{c2}]_1$。

(2) 整定主环。将副控制器的参数置于刚整定好的数值上，闭合主环，把副环视为主环中的一个等效对象，仍按单回路整定方法求取主控制器的整定参数，记作$[G_{c1}]_1$。

(3) 再次整定副环。此时主、副回路都已闭合，系统处于串级运行状态。主控制器的参数置于$[G_{c1}]_1$，按单回路整定方法，求取副控制器的整定参数$[G_{c2}]_2$，至此已完成一次循环的整定。如果控制质量已达要求，整定工作就此结束。主、副控制器的整定参数分别取为$[G_{c1}]_1$ 和$[G_{c2}]_2$。

(4) 如果调节过程经一次循环还不能满足要求，则需继续整定下去。同样是两个回路都闭合，副控制器参数置于$[G_{c2}]_2$ 的情况下，重新整定主控制器参数，得到$[G_{c1}]_2$。依次循环进行，直到控制效果满意为止。这种方法费时较多，特别是控制器采用 PI 作用时。

根据物理量的不同，表 5－1 给出了 PID 各个参数的经验值，读者可根据相关经验进行整定。

表 5－1　不同物理量下 PID 经验值

	P/%	I/分	D/分
温度	20～60	3～10	0.5～3
流量	40～100	0.1～1	
压力	30～70	0.4～3	
液位	20～80	1～5	

2）*两步整定法*

所谓两步整定法，就是根据串级系统主、副两个闭合回路的实际情况，分两步进行。第一步先整定副控制器参数；第二步把整定好的副控制器视为串级系统的一个环节，整定主环，求取主控制器的整定参数。

两步整定法具体步骤如下：

① 整定副环。主、副回路均闭合，系统处于串级运行，主、副控制器都置于纯比例作用条件下，将主控制器的比例度 δ 放在 100%处，按单回路整定法整定副环，得到副控制器在衰减率 $\phi=0.75$ 时的比例度 δ_{2s}和振荡周期 T_{2s}。

② 整定主环。主、副环仍闭合，副控制器置于 δ_{2s}值上，用同样方法整定主控制器，得

到主控制器在 $\phi=0.75$ 下的比例度 δ_{1s}和振荡周期 T_{1s}。

③ 按上面两次整定得到的 δ_{1s}、T_{1s}、T_{2s}和 δ_{2s}，结合所选控制器类型，按单回路控制系统衰减曲线法整定参数的经验公式，分别求出主、副控制器的整定参数值。

④ 按照“先副后主”、“先比例后积分微分”的整定次序，将相应的计算数值设置在主、副控制器上。

⑤ 观察相应曲线，必要时将有关整定参数适当调整，直到满足工艺指标要求为止。

一般情况下，串级控制系统主参数的质量指标要求很高，副参数的引入是为了提高主参数的控制质量，在主、副控制器参数整定时，为了保证主参数的质量，副参数的控制质量可以做些牺牲。

5.1.3　串级控制系统的设计分析

在设计串级控制系统的过程中，一定要解决好三个问题：主、副参数的选择，主、副控制器的选择及其控制器正、反作用的选择。

1. 主、副参数的选择

主参数的选择原则与单回路控制系统一致，即选择直接或间接反映生产过程的产品产量、质量、节能、环保以及安全等控制要求的参数作为主参数。

副参数的选择原则：

(1) 在保证副回路时间常数较小的前提下，使其纳入主要的和更多的干扰。副回路包含的干扰越多，其通道越长，克服干扰的灵敏度越低。在选择副参数时，一定要将生产过程中的主要扰动包括在副回路内，并应力求把尽量多的扰动包含在副回路中，以充分发挥串级控制系统的最大优点，把对主参数影响最严重、最频繁、最激烈的扰动抑制到最低限度，以确保主参数的控制质量。例如氯乙烯聚合反应温度和夹套水温串级控制系统中，由于在生产过程中冷却水温度变化是主要扰动，所以采用夹套水温为副参数，这样，在副回路内就包括了水温和水量变化的更多的扰动。当然，并不是说在回路中包含的扰动越多越好，而应是合理的。因为在副回路内包含的扰动越多，其通道就越长，滞后就越大，这样，副回路就不能起迅速克服扰动的作用。

(2) 应使主、副对象的时间常数匹配。在串级控制系统中，副对象的时间常数和滞后比主对象小得多时，虽然副回路反应灵敏，控制作用快，但此时副回路包含的扰动少，这样，对于对象特性的改善也就减少了；相反，如果副对象的时间常数和滞后大于或接近于主对象，这样虽然副回路对于改善对象特性的效果较显著，但是，副回路反应比较迟钝，不能及时有效地克服扰动，反而扰动在影响副参数的同时，将明显地影响主参数。当主、副对象的时间常数较接近时，主、副回路间的动态联系十分密切，当一个参数发生振荡时，会使另一个参数也产生振荡，这种现象称为“共振”，它对于系统运行是很不利的。因此，串级控制系统主、副对象时间常数的匹配是一个较复杂的问题。为确保串级系统不产生共振，一般取

$$\omega_{d2}=(3\sim10)\omega_{d1} \tag{5-1}$$

式中：ω_{d2}为副回路工作频率；ω_{d1}为主回路工作频率。

在实际应用中，则应根据具体对象的情况与控制要求而定。假如设计串级控制系统主要是利用副回路能迅速克服主要扰动的话，则副回路时间常数取小一点为好，只要将主要

扰动包含在副回路中即可。假如设计串级控制系统主要是由于对象时间常数过大，滞后严重，希望利用串级控制系统改善对象特性，则副回路时间常数可以适当取得大一些。但是副回路中对象的时间常数都不宜过大或过小。

（3）应考虑工艺上的合理性、可能性和经济性。

2. 主、副控制器的选择

采用串级控制系统，主要是利用其快速克服扰动的特点严格控制主参数，确保主参数无余差。引入副参数是为了提高和保证主参数的控制质量。所以在串级控制系统中，主、副控制器所起的作用是不同的，主控制器起定值控制作用，而副控制器主要是起随动控制作用。这是选择控制规律的基本出发点。主参数是工艺操作的重要指标，允许波动的范围很小，一般要求无余差。因此，与单回路定值控制系统相同，主控制器应选 PI 或者 PID 控制规律。副参数可以允许在一定范围内变化，副控制器只要选 P 控制规律就可以了。一般不引入积分作用，因为副参数允许有余差，而且副控制器的放大系数通常较大，控制作用强，余差小，采用积分作用不但不能提高控制品质，反而会延长调节过程，减弱副回路的快速作用。此外，副控制器有了积分作用后，可能会出现积分饱和现象，这时，主控制器输出变化将不能迅速地改变控制阀的开度，系统接近于开路，这样反而丧失了串级控制系统副回路快速作用的优越性。但是，当选择流量为副参数时，则要引入积分作用，因为流量副对象的时间常数和滞后都很小，为了使副回路单独工作时也能稳定，往往将比例度调得很大，此时若不加积分作用，则控制作用实在太弱。

副控制器一般采用比例控制，不引入微分作用，但是精度要求较高，副对象时间常数过小时采用 PI 控制。

3. 控制器正、反作用方式的选择

串级控制系统控制器的正、反作用方式与单回路控制系统一样，串级控制系统主、副控制器的正、反作用方式必须正确确定，才能达到其控制目的，满足生产工艺指标的要求。在具体选择时，副控制器正、反作用方式是在控制阀气开、气关形式已经确定的基础上进行的。首先根据确保工艺生产设备安全等原则选择气开、气关形式；然后根据控制阀形式和生产工艺条件选择副控制器的正、反作用方式；最后根据副参数对主参数的影响关系来确定主控制器的正、反作用方式。

要使一个过程控制系统能正常工作，根据反馈控制理论，系统必须采用负反馈，即被控参数一旦发生变化，控制器输出能将被控参数调回来。为此，要求系统主通道各环节的放大系数乘积必须为“正”值。各环节放大系数的正负是这样规定的：对于控制器的放大系数 K_C，当测量值增加，其输出亦增加时，则 K_C 取负(正作用控制器)；反之，当测量值增加，其输出减小时，则 K_C 取正(即为反作用)。控制器控制阀气开，其放大系数 K_V 取正，气关则 K_V 取负。对于对象的放大系数 K_0，当对象的输入增加时，其输出亦增加，则 K_0 取正；反之，当对象的输入增加，其输出减小，则 K_0 取负。

现在以聚合釜反应温度和夹套水温度串级控制系统为例，说明主、副控制器正、反作用方式的确定。从生产安全出发考虑，冷却水控制阀宜选用气关式，一旦气源中断或控制器损坏，控制阀处于全开状态，可避免聚合反应温度过高而损坏聚合反应釜，即 K_V 取负。当控制阀开度增大时，冷却水流量增加，夹套温度将下降，即 K_0 为负。为了保证系统为负反馈，则副控制器的放大系数 K_C 应该取正，即为反作用控制器。

串级控制系统主、副控制器正、反作用方式的确定是否正确，可作如下检测：当反应温度升高时，主控制器输出减小，即副控制器的给定值减小，所以副控制器输出减小，使控制阀开度增大，冷却水流量增大，从而使反应温度降低。由此可见，主、副控制器正、反作用方式是正确的。

总之，遵循一个原则："先副后主"。将副回路当作一个正环节，对主回路进行考虑，方法同上。

5.1.4　串级控制系统的工业应用

1. 应用于容量滞后较大的过程

串级控制系统还可以应用在温度、质量等容量滞后较大且控制质量要求较高的系统中。例如图 5－6 所示为氯乙烯装置中的聚合反应釜，氯乙烯在釜中进行聚合反应生成聚氯乙烯。反应中放出的热量由夹套中流动的冷却水源源不断地带走。聚合釜的反应温度是聚合生产中重要的参数，只要反应温度稍微偏离工艺指标，就将使产品质量明显下降或者报废，引起爆炸危险，造成严重生产事故。对于这样一个生产过程，如果采用反应温度控制冷却水流量来带走热量的单回路控制方案是不能达到工艺指标要求的。因为对象控制通道的容量滞后太大，反应太慢。所以，选择滞后较小的夹套水温与反应温度构成串级控制系统，如图 5－6 所示。该系统中冷却水温度或冷却水流量的波动都能很快被夹套水温所感受并及时地得到控制，从而克服这些扰动。

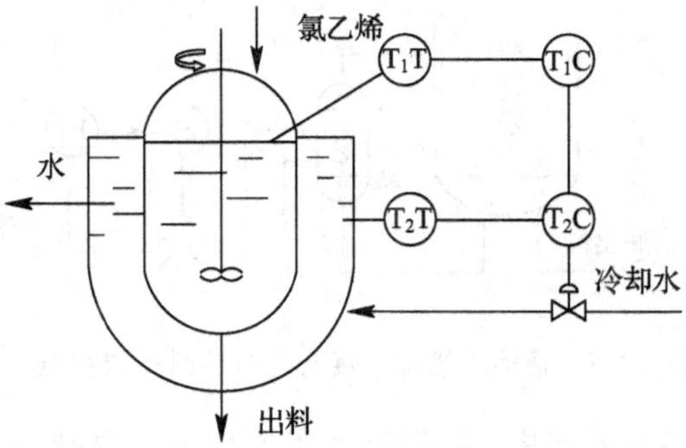

图 5－6　氯乙烯聚合釜反应温度控制系统

2. 应用于纯延时较大的过程

当对象纯延时较大，用单回路控制系统不能满足控制性能指标时，可以采用串级控制系统。在离控制阀较近、纯延时较小的地方选择一个副参数，把干扰纳入副回路中。

图 5－7 所示为某造纸厂网前箱温度控制系统。纸浆用泵从储槽送至混合器，在混合器内用蒸汽加热至 72℃左右，经过立筛、圆筛去除杂质后到网前箱，再经铜网脱水。为了保证纸张质量，工艺要求网前箱温度保持在 61℃左右，允许偏差不得超过±1℃。

采用单回路控制系统时，由于从混合器到网前箱的纯滞后达 90 s，当纸浆流量波动为 35 kg/min 时，最大偏差达 8.5℃，过渡过程时间达 450 s，控制质量差，不能够满足工艺要求。

为了克服这个 90 s 的纯滞后，选择混合器出口温度为副参数，网前箱出口温度为主参数，构成了这个串级控制系统。这时，当纸浆流量波动为 35 kg/min 时，最大偏差没有超过1℃，过渡时间为 200 s，完全满足工艺要求。

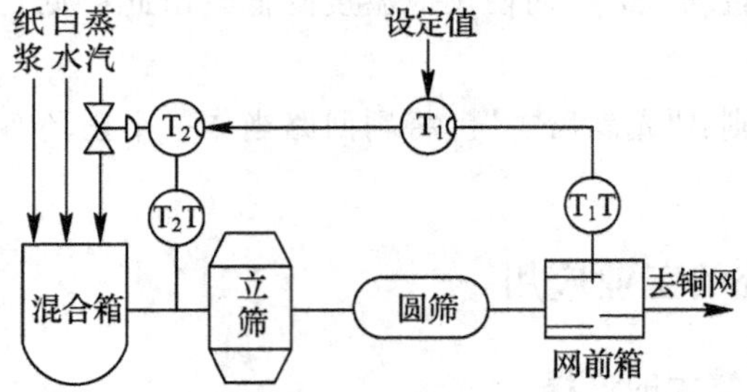

图 5-7　网前箱温度串级控制系统

3. 应用于变化剧烈和扰动较大的过程

精馏是化工、石油化工、炼油生产中应用极为广泛的传质传热过程，其目的是将混合物中的各组分分离，达到规定的纯度。将蒸汽流量作为副变量，把蒸汽压力的干扰包括在副回路中，构成精馏塔塔釜温度与蒸汽流量串级控制系统，如图 5-8 所示。在单回路控制系统中最大偏差为 10℃，要求在串级控制系统中最大偏差不超过 1.5℃。

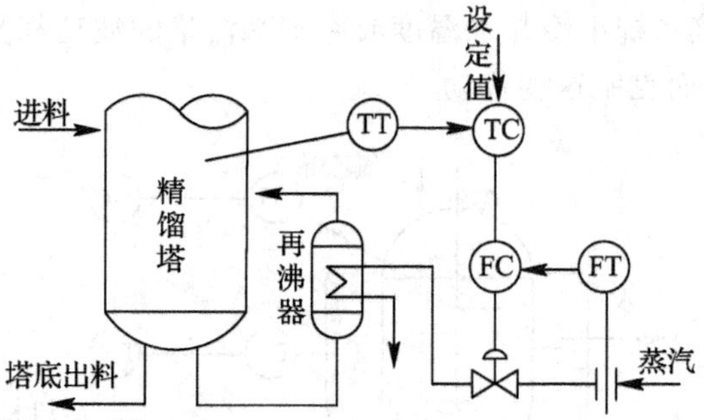

图 5-8　精馏塔塔釜温度与蒸汽流量串级控制系统

在精馏塔温度串级控制系统中，我们以塔釜温度为主要被控参数，塔釜温度影响产品生产质量，工艺要求严格，又因为精馏塔串级控制系统有较大容量滞后，所以，选择 PID 调节作为主控制器的调节规律。控制副参数是为了保证和提高主参数的控制质量，对副参数的要求一般不严格，可以在一定范围内变化，允许有残差，所以副控制器调节规律选择 P 控制。

4. 自校正设定值

串级控制系统中，副控制器的设定值是由主控制器的输出来决定的，而主控制器的输出又是随主变量的变化而产生的。因此，凡是被控量的设定值需要随另一被控量的变化而变化时，都可用串级控制系统来实现。

在炼油厂催化裂化装置中，反应后结焦的催化剂通过加料器由热风将其从提升管下面送至顶部后，进入再生器烧焦再生。如图 5-9 所示，进加料器的二次风是加料用的热风，它的风量由反应器料面来决定。进加料器的一次风是提升催化剂的热风，它的风量不能太大，否则会使催化剂从顶上吹出。反之，若一次风风量不足，提升管内的催化剂将降落在加料器底部，堵塞容器和管道，造成生产事故。因此一次风是一个很重要的被控参数。

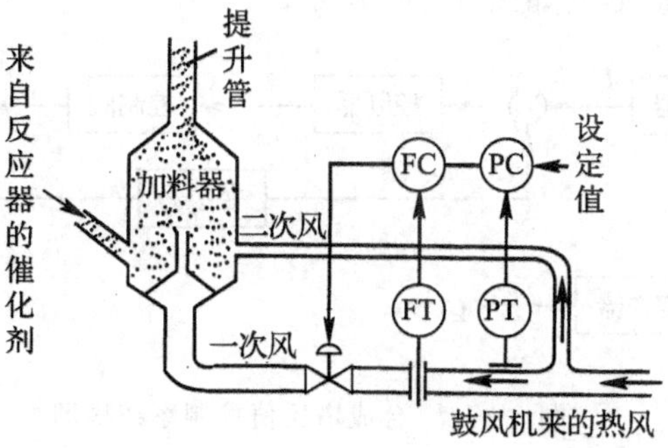

图 5-9　进加料器的一次风压力与一次风流量的串级控制系统

在生产实践中发现，当反应器料面增高时，加料器内催化剂必然增加，它对一次风的阻力也增加，所以一次风的压力也增大，此时就要求一次风量能相应增加，不然就有催化剂降落的危险。反之，当一次风压力减小时，就应该同时减小一次风量。总之，一次风量的设定值必须随一次风压力变化来不断校正。为此，设计图 5-9 所示以一次风压力为主参数，一次风流量为为副参数构成的串级控制系统。生产运行表明，该系统能完全满足工艺要求，说明设计是成功的。

5.2　比值控制系统

5.2.1　比值控制系统概述

1. 比值控制系统概念

比值控制系统就是在工业生产过程中，要求两种或多种物料流量严格按照一定比例关系进行控制的系统。一旦比例失调，就会影响产品的质量，严重的甚至会造成生产事故。例如送入尿素合成塔的二氧化碳压缩空气与液氨的流量要保持一定比例；锅炉或任何加热炉的燃烧过程中，需要保持燃料量和空气量按一定比例送入炉膛，才能保持燃烧的经济性。这种自动保持两个或多个参数之间的比例关系的控制系统称之为比值控制系统。

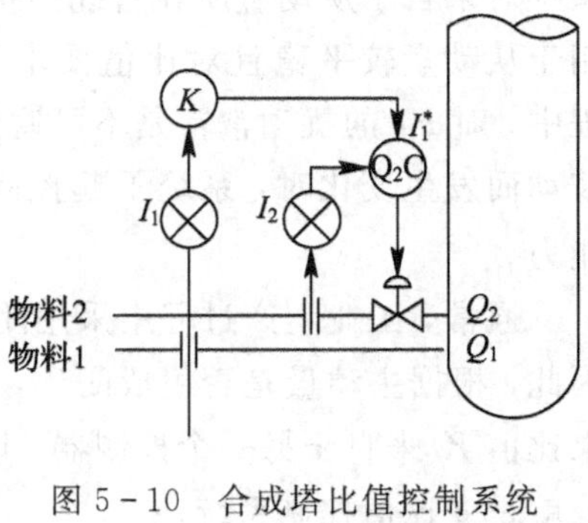

图 5-10　合成塔比值控制系统

图 5-10 是一个合成塔的比值控制系统。工艺上要求 1、2 两种物料的流量保持一定的比例，其中物料 1 的流量 Q_1 是不可控的，当它改变时，就由控制器 Q_2C 控制控制阀，使物料 2 的流量 Q_2 随 Q_1 成比例地

变化。为此，在两管线上都安装了节流元件。压差 Δp_2 经变送器转换成信号 I_2，再送到控制器 Q_2C。压差 Δp_1 同样经变送器变成信号 I_1，再经比值器 K 变成信号 I_1^*，作为设定值传到控制器 Q_2C。Q_2C 有比例积分作用，它通过调节物料 2 流量 Q_2 以保持 I_2 与 I_1^* 相等，从而达到配比的目的。

上述比值控制系统的框图如图 5－11 所示。

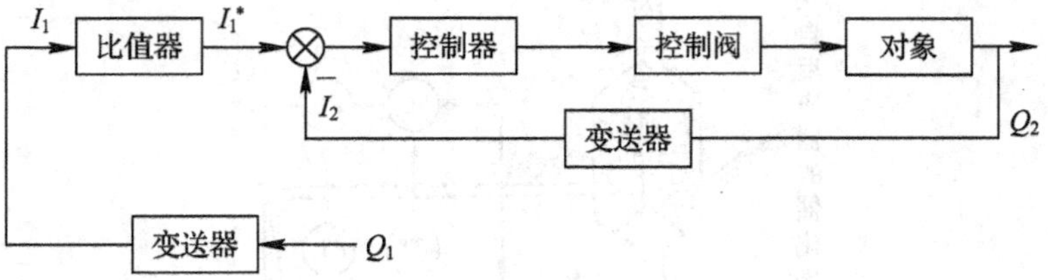

图 5－11　合成塔比值控制系统框图

可以看到，简单的比值控制系统就是一个单回路控制，而且是一个流量自稳定系统。不同的是它的设定值不再是流量，而是一个与流量 Q_1 成一定比例的变量，不妨称 Q_1 为主流量，Q_2 为副流量。在保持比例关系的两种物料中处于主导地位的物料称为主物料；表征主物料的参数称为主动量(主流量)，用 F_1 表示。按照主物料进行配比，在控制过程中跟随主物料变化而变化的物料称为从物料；表征从物料特性的参数称为从动量(副流量)，用 F_2 表示。有些场合用不可控物料为主物料，用改变可控物料即从物料来实现比值关系，即

$$K=\frac{F_2}{F_1} \tag{5-2}$$

2. 常见几种比值控制系统

1) 开环比值控制系统

从控制原理看，比值控制系统属于前馈控制系统。开环比值控制系统是最简单的比值控制系统，其实现方法就是根据一种物料的流量来调节另一种物料的流量，它的系统组成如图 5－12 所示。在这个系统中，当主动量增大时，应相应地加大从动量控制阀的开度，使从动量 F_2 跟随主动量 F_1 变化，以满足要求。因此，当 F_2 因管线两端的压力波动而发生变化时，系统不起控制作用，此时难以保证 F_2 与 F_1 间的比值关系。也就是说，开环比值控制系统对来自于从动量所在管线的扰动并无抗干扰能力，只能适用于从动量较平稳且对比值要求不高的场合。而实际生产过程中，对 F_2 的扰动常常是不可避免的，当 F_2 因管线两端压力波动而发生变化时，系统不起控制作用，即 F_2 本身无抗干扰能力。

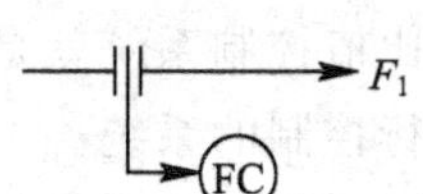

图 5－12　开环比值控制系统

通常，工业生产过程中采用闭环比值控制系统。为了调节从动量，从动量应组成闭环，因此，根据主动量是否组成闭环，可分为单闭环比值控制系统和双闭环比值控制系统。如果比值 K 来自于另一个控制器，即主、副物料的流量比不是一个固定值，则该比值控制系统就是变比值控制系统。

2）单闭环比值控制系统

单闭环比值控制系统是为了克服开环比值控制方案的不足，在开环比值控制系统的基础上，增加一个从动量的闭环控制系统，如图 5-13 所示。

从图 5-13 可看出，单闭环比值控制系统与串级控制系统具有相类似的结构形式，但两者是不同的。单闭环比值控制系统的主动量相当于串级控制系统的主变量，但其主动量并没有构成闭环系统，F_2 的变化并不影响 F_1，这就是两者的根本区别。

在稳定状态下，主、副流量满足工艺要求的比值 $F_2/F_1=K$。当主流量变化时，其主流量信号 F_1 经变送器送到比值计算装置(通常为乘法器或比值器)，比值计算装置则按预先设置好的比值使输出成比例地变化，也就是成比例地改变副流量控制器的设定值，此时副流量闭环系统为一个随动控制系统，从而使 F_2 跟随 F_1 变化，使得在新的工况下，流量比值 K 保持不变。当主流量没有变化而副流量由于自身扰动发生变化时，副流量闭环系统相当于一个定值控制系统，通过自行控制克服扰动，使工艺要求的流量比值仍保持不变。

图 5-14 为单闭环比值控制系统实例。丁烯洗涤塔的任务是用水除去丁烯馏分中所夹带的微量乙腈。为了保证洗涤质量，要求根据进料流量配以一定比例的洗涤水量。

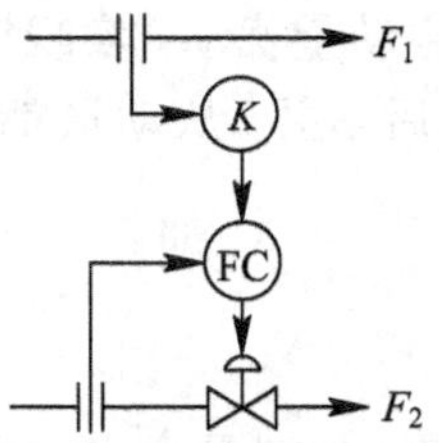

图 5-13　单闭环比值控制系统

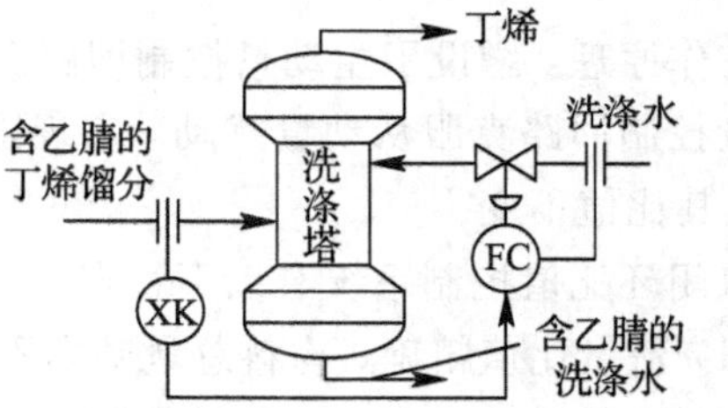

图 5-14　丁烯洗涤塔进料与洗涤水之比值控制系统

总之，单闭环比值控制系统不仅能使从动量的流量跟随主动量的变化而变化，实现主、从动量的精确流量比值，还能克服进入从动量控制回路的扰动影响。因此，其主、从动量的比值较为精确，而且比开环比值控制系统的控制质量要好。单闭环比值控制系统的结构形式较简单，所增加的仪表投资较少，实施起来也较方便，而控制品质却有很大提高，因而被大量应用于生产过程控制，尤其适用于主物料在工艺上不允许进行控制的场合。

单闭环比值控制系统具有以下特点：

(1) 增加一个副流量闭环控制系统。

(2) 不但能实现副流量跟随主流量的变化而变化，而且可以克服副流量本身干扰对比值的影响，主、副流量的比值较为精确。

(3) 总物料量不固定，对于负荷变化幅度大、物料又直接去化学反应器的场合是不适合的。

3）双闭环比值控制系统

双闭环比值控制系统是为了克服单闭环比值控制系统主动量不受控、生产负荷在较大范围内波动的不足而设计的。在主动量也需要控制的情况下，增加一个主动量控制回路，单闭环比值控制系统就成为双闭环比值控制系统，系统结构如图 5-15 所示。

由图 5-15 可见，变比值控制系统是比值随另一个控制器输出变化的比值控制系统，其结构是串级控制系统与比值控制系统的结合。它实质上是一个以某种质量指标为主变量，两物料比值为副变量的串级控制系统，所以也称为串级比值控制系统。根据串级控制系统具有一定自适应能力的特点，当系统中存在温度、压力、成分等随机扰动时，这种变比值系统也具有能自动调整比值、保证质量指标在规定范围内的自适应能力。因此，在变比值控制系统中，流量比值只是一种控制手段，其最终目的通常是保证表征产品质量指标的主被控变量恒定。

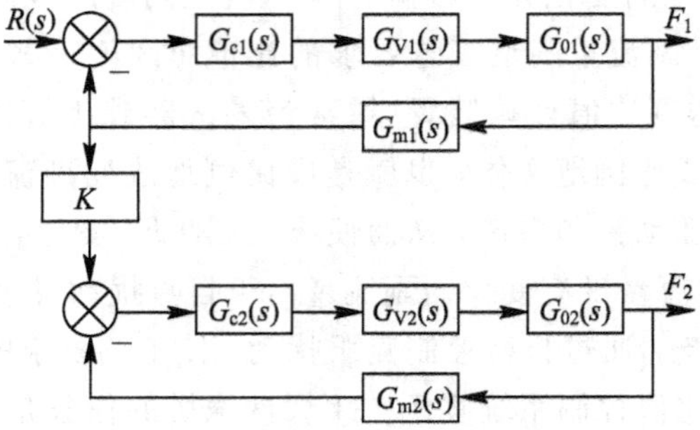

图 5-15　双闭环比值控制系统结构图

工作原理：增设了主动量控制回路。主动量控制回路克服主动量扰动，实现定值控制；从动量控制回路克服从动量扰动，实现随动控制。当扰动消除后，主、从动量都回到原设定值，其比值不变。

双闭环比值控制系统有以下特点：

(1) 流量比值精确，物料总量基本不变。

(2) 只要缓慢改变主流量控制器设定值，就可以提降主流量，副流量会自动跟踪变化，两者的比值不变。

(3) 适用于主流量干扰频繁及工艺上不允许负荷有较大波动或工艺上经常需要提降负荷的场合。

4) 变比值控制系统

变比值控制系统是按照工艺指标自行修正比值系数的比值控制系统。它实质上是一个以某种质量指标 X(第三参数)为主变量，以两个流量比为副变量的串级控制系统。变比值控制系统由第三参数修正比值，属于变比值控制。图 5-16 为该系统的结构图。

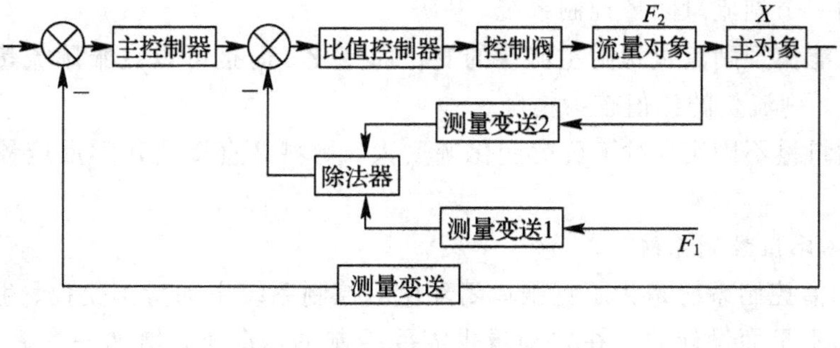

图 5-16　变比值控制系统

工作原理：稳态时，主、副变量恒定，分别经变送器送除法器，其输出(比值)作为比值控制器的测量反馈信号。此时，主参数恒定，所以主控制器输出信号稳定，且与比值控制器的测量信号相等，比值控制器输出稳定，控制阀处于某一开度，产品质量合格。当 F_1、F_2 出现扰动时，通过比值控制回路保持比值一定，从而不影响或大大减小扰动对产品质量的影响(相当于串级控制系统的副回路调节)。对于某些物料流量，当出现扰动(如温度、压力、成分等变化)时，虽然它们的流量比值不变，但由于真实流量(在新的温度、压力或成分下)与原来流量不同，将影响产品质量指标，输出 X 偏离设定值，此时主控器起作用，输出变化，修正比值控制器给定值即修正了比值，使系统在新的比值上重新稳定。

3. 比值控制系统的计算

在此，有必要把流量比值 K 和设置于仪表的比值系数 K' 区别开来，因为工艺上规定的比值是指两物料的流量之比(质量或体积)，而目前通用的仪表则使用统一的标准信号(例如，电动仪表使用 0～10 mA 或 4～20 mA 直流电流信号，气动仪表使用 20～100 kPa 气压信号等)。因此，必须把工艺规定的流量比值 K 折算成仪表信号的比值系数 K'，才能进行比值设定。比值系数的折算方法随流量与测量信号间是否呈线性关系而不同。

1) 流量与测量信号呈线性关系时的计算

当使用转子流量计、涡轮流量计、椭圆齿轮流量计或带开方的差压变送器测量流量时，流量信号均与测量信号呈线性关系。下面以图 5-17 所示的单闭环比值控制系统为例，分别讨论当采用 DDZ-Ⅲ型仪表和气动仪表时，比值系数的折算方法。

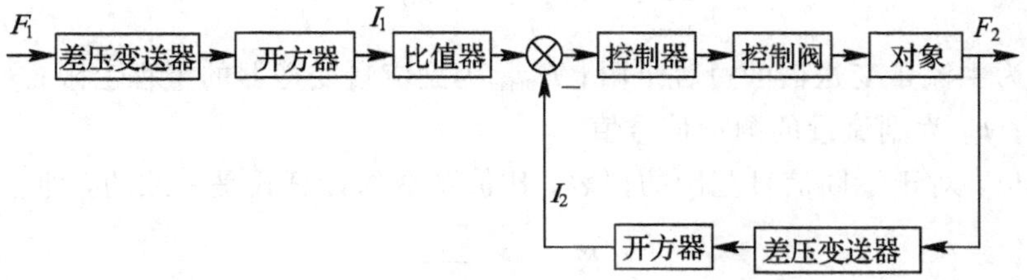

图 5-17　单闭环比值控制系统

(1) 采用信号范围为 4～20 mA DC 的 DDZ-Ⅲ型仪表。

当流量从 0 变至最大值 F_{max} 时，变送器对应的输出为 4～20 mA DC，则流量的任一中间值 F 所对应的输出电流为

$$I_F=\frac{F}{F_{max}}\times 16+4 \tag{5-3}$$

故

$$F=\frac{I-4}{16}\times F_{max} \tag{5-4}$$

由式(5-4)可得工艺要求的流量比值为

$$K=\frac{F_2}{F_1}=\frac{(I_2-4)F_{2max}}{(I_1-4)F_{1max}} \tag{5-5}$$

根据定义，仪表信号之间的比值系数 K' 为

$$K'=\frac{\text{从动流量的测量信号}}{\text{主动流量的测量信号}}=\frac{\dfrac{I_2-I_{20}}{I_{2max}-I_{20}}}{\dfrac{I_1-I_{10}}{I_{1max}-I_{10}}} \tag{5-6}$$

即

$$K'=\frac{I_2-4}{I_1-4}=\frac{\dfrac{F_2}{F_{2\max}}\times16+4-4}{\dfrac{F_1}{F_{1\max}}\times16+4-4}=\frac{F_2}{F_1}\times\frac{F_{1\max}}{F_{2\max}}=K\,\frac{F_{1\max}}{F_{2\max}} \tag{5-7}$$

式中：$F_{1\max}$为主流量变送器量程上限；$F_{2\max}$为副流量变送器量程上限；I_1为主流量的测量信号值；I_2为副流量的测量信号值。

(2) 采用信号范围为20～100 kPa的气动单元组合仪表。当流量从0变至最大值时，变送器对应的输出为20～100 kPa，变送器的转换关系为

$$p_F=\frac{F}{F_{\max}}\times80+20 \tag{5-8}$$

仪表的比值系数为

$$K'=\frac{p_2-20}{p_1-20} \tag{5-9}$$

将式(5-8)代入式(5-9)，可得

$$K'=\frac{p_2-20}{p_1-20}=\frac{\dfrac{F_2}{F_{2\max}}\times80+20-20}{\dfrac{F_1}{F_{1\max}}\times80+20-20}=\frac{F_2}{F_1}\times\frac{F_{1\max}}{F_{2\max}}=K\,\frac{F_{1\max}}{F_{2\max}} \tag{5-10}$$

式中：$F_{1\max}$为主流量变送器的量程上限；$F_{2\max}$为副流量变送器的量程上限；p_1为主流量的测量信号值；p_2为副流量的测量信号值。

可以看出，对于不同信号范围的仪表，比值系数的计算式是一致的，即

$$K'=K\,\frac{F_{1\max}}{F_{2\max}} \tag{5-11}$$

2) 流量与测量信号呈非线性关系时的折算

当使用差压式流量计测量流量而未经开方处理时，构成的单闭环比值控制系统如图5-18所示。流量与压差的非线性关系为

$$F=C\sqrt{\Delta p} \tag{5-12}$$

式中：C为差压式流量计的比例系数。

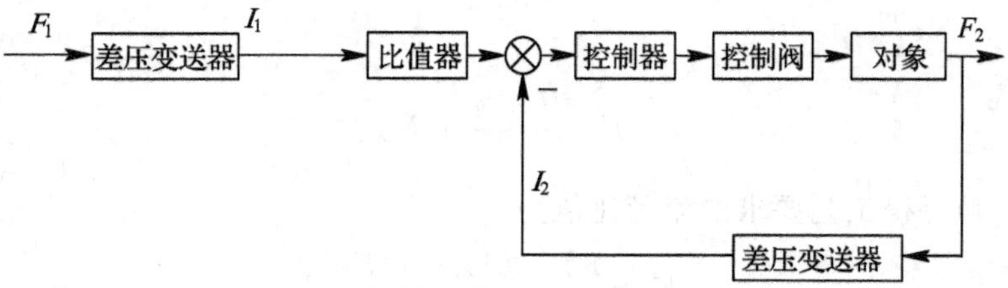

图5-18　单闭环比值控制系统

此时针对不同信号范围的仪表，测量信号与流量的转换关系如下。

4～20 mA DC的DDZ-Ⅲ型电动仪表：

$$I=\frac{F^2}{F_{\max}^2}\times16+4 \tag{5-13}$$

20～100 kPa 的气动仪表：

$$p=\frac{F^2}{F_{\max}^2}\times 80+20 \tag{5-14}$$

以信号范围为 4～20 mA DC 的 DDZ-Ⅲ型电动仪表为例，此时的比值系数计算如下：

$$K'=\frac{I_2-4}{I_1-4}=\frac{\dfrac{F_2^2}{F_{2\max}^2}\times 16+4-4}{\dfrac{F_1^2}{F_{1\max}^2}\times 16+4-4}=\frac{F_2^2}{F_1^2}\times\frac{F_{1\max}^2}{F_{2\max}^2}=K^2\left(\frac{F_{1\max}}{F_{2\max}}\right)^2 \tag{5-15}$$

当采用 QDZ 型仪表或 DDZ-Ⅱ型仪表时，同样可得到式(5-15)。这说明比值系数的折算方法与仪表的结构型号无关，只和测量的方法有关。

通过对流量与测量信号的不同关系及不同信号范围的仪表推导比值系数的计算式，可以得出如下几点结论：

(1) 流量比值 K 与比值系数 K' 是两个不同的概念，不能混淆。

(2) 比值系数 K' 的大小与流量比值 K 有关，与变送器的量程有关，但与负荷的大小无关。

(3) 流量与测量信号之间有无非线性关系对计算式有直接影响，线性关系时 $K'_{线}=K(F_{1\max}/F_{2\max})$，非线性关系(平方根关系)时 $K'_{非线}=K^2(F_{1\max}/F_{2\max})^2$，但仪表的信号范围不同及起始点是否为零，对计算式均无影响。

(4) 线性测量与非线性测量(平方根关系)情况下，K' 间的关系为 $K'_{非线}=(K'_{线})^2$。

4. 比值控制系统的实施

比值控制系统具有单闭环、双闭环及变比值等多种类型，每种类型均可采用气动、电动等不同的仪表构成，因而其构成方案很多。但最根本的是采用什么方式来实现主、副流量的比值运算。分析所有的比值控制系统，发现其运算式有乘法和除法两种，也就是说具体实施分为相乘方案与相除方案两类。

1) 相乘方案

图 5-19 所示是采用乘法器来实现单闭环比值控制的方案。

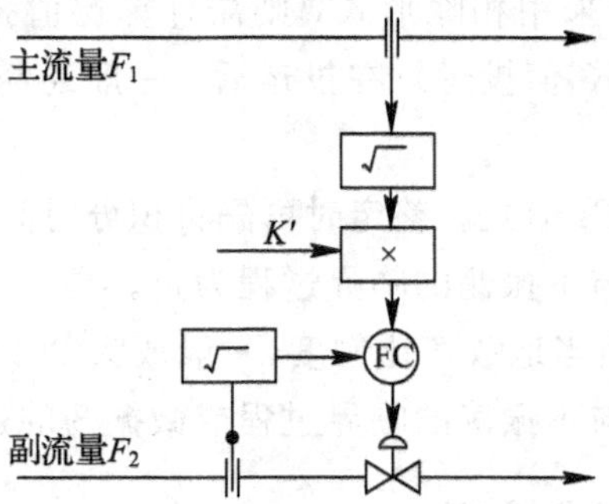

图 5-19　相乘方案

图中“×”(乘号)表示乘法器。比值控制系统的设计任务，是要按工艺要求的流量比值 K 来正确设置图中仪表的比值系数 K'。图 5-19 所示的相乘方案中，由于在差压变送器后设有开方器，因此流量信号与测量信号呈线性关系，仪表的比值系数 K' 应按式(5-11)计算。

如果使用气动仪表实施，可采用比值器、配比器及乘法器等；如果采用DDZ-Ⅱ型仪表实施，则有分流器及乘法器；而如果采用DDZ-Ⅲ型仪表实施，则有比值器及乘法器等；至于使用可编程控制器或其他计算机控制来实现的，采用乘法运算即可。如果比值为常数，上述常规仪表均可应用；若 K 为变数(变比值控制)，则必须采用乘法器，此时，只需将比值设定信号换接成第三参数就可以了。

2) 相除方案

采用除法器来实现单闭环比值控制的方案如图5-20所示，图中“÷”(除号)表示除法器。显然它还是一个单回路控制系统，只是控制器的测量值和设定值都是流量信号的比值，而不是流量本身。

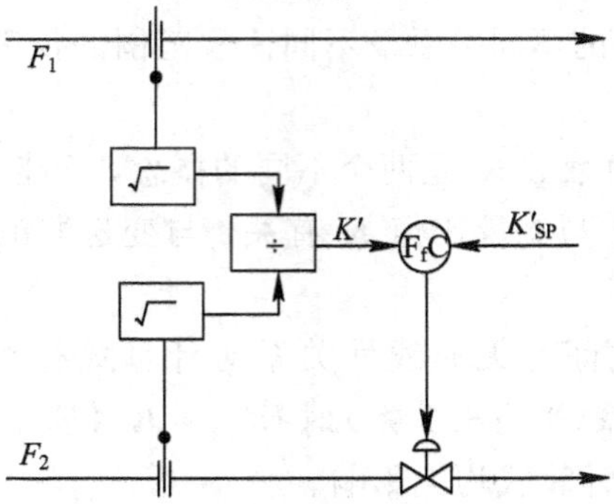

图5-20　相除方案

5. 比值控制系统的参数整定

比值控制系统中的副流量回路是一个随动控制系统，工艺上希望副流量能迅速、正确地跟随主流量变化，并且不宜有过调。由此可知，比值控制系统实际上是要达到振荡与不振荡的临界过程，这与一般定值控制系统的整定要求是不一样的。

按照随动控制系统的整定要求，一般的整定步骤如下所述。

(1) 根据工艺要求的两流量比值 K，进行比值系数的计算。若采用相乘形式，则需计算仪表的比值系数 K' 值；若采用相除形式，则需计算比值控制器的设定值。在现场整定时，可根据计算的比值系数 K' 值投运。在投运后，一般还需按实际情况进行适当的调整，以满足工艺要求。

(2) 控制器一般需采用PI形式。整定时可先将积分时间设置于最大，由大到小地调整比例度，直至系统处于振荡与不振荡的临界过程为止。

(3) 若有积分作用，则适当地放宽比例度(一般放大20%左右)，然后慢慢地把积分时间减小，直到系统出现振荡与不振荡的临界过程或微振荡的过程为止。

5.2.2　比值控制系统的工业应用

比值控制系统在工业生产过程中的应用十分广泛，下面介绍几个工业应用比值控制系统的例子供大家学习和理解。

1. 自来水厂氯气注入量与自来水量的比值控制

从江河湖泊输送到自来水厂的自来水，虽然经过净化，但往往还会有大量的微生物，这些微生物对人体健康是有害的。因此，自来水厂将自来水供给用户之前，还必须进行消毒处理。氯气是常用的消毒剂，具有很强的杀菌能力，但如果用量过少，则起不到灭菌的作用，而用量过多，则会对人们饮用有副作用，同时过多的氯气注入水中，不仅造成浪费，而且会使水的气味难闻，并且对用具会产生强烈的腐蚀作用。为了使氯气注入自来水中的量合适，必须使氯气注入量与自来水量成一定的比值关系，所以采用比值控制系统对其进行控制。氯气注入量与自来水量的比值控制系统如图 5－21 所示，除了净化水量和氯气流量比值控制外，为了保证生产的正常进行，还设有汽化器压力控制系统和汽化器出口的温度控制系统。

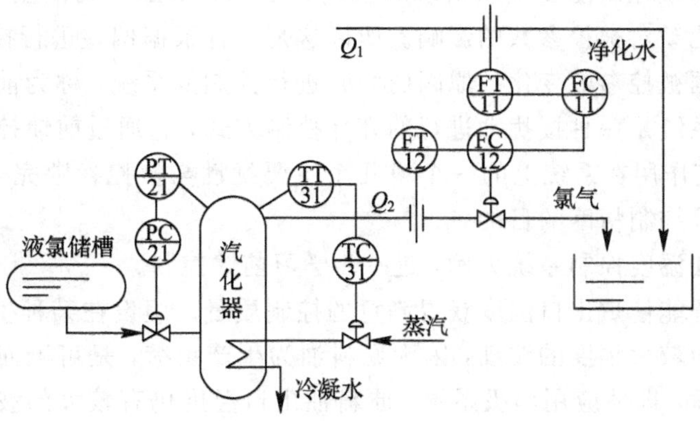

图 5－21　氯气注入量与自来水量的比值控制

2. 药剂配制过程的比值控制

在制药工业中，为了增强药效，需要对某种成分的药物注入一定量的镇静剂、缓冲剂或加入一定量的酸、碱，使药性呈现酸性或碱性。这种注入过程一般都在一个混合槽中进行。生产要求药物与注入剂混合后的含量必须符合规定的比例，同时在混合过程中不允许药物流量突然发生变化，以免混合过程产生局部的化学副反应。

为了防止药物流量 Q_{in} 产生急剧变化，通常在混合槽前面增加一个停留槽，使药物流量先进入停留槽，然后再进入混合槽，同时停留槽设有液位控制，从而使 Q_{in} 经停留槽后的流量 Q_1 平稳地变化。为了保证药物与注入剂按严格规定的比值混合，设计了图 5－22 所示的比值控制系统。

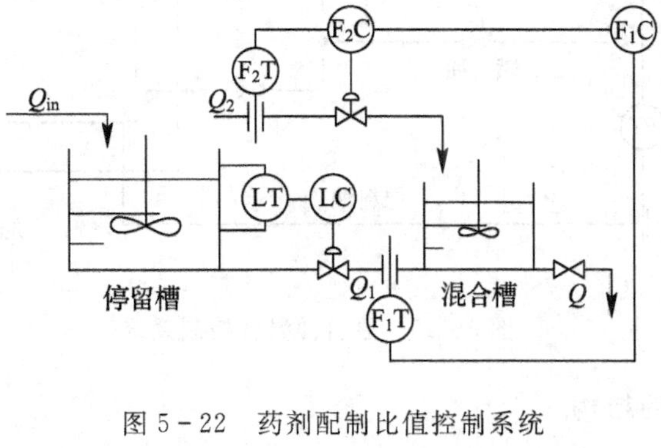

图 5－22　药剂配制比值控制系统

5.3 前馈控制系统

5.3.1 前馈控制系统的结构

1. 前馈控制系统的概念

在单回路、串级控制系统中，当被控过程受到扰动后，必须等到被控参数出现偏差时，控制器才动作。前馈控制能在扰动出现时就进行控制，不是等到偏差发生后再进行控制，能更有效地消除扰动对被控参数的影响。所以这是一种根据偏差进行控制，最后消除偏差的系统。这种根据被控参数变化的原因(扰动)进行控制的系统，称为前馈控制系统。所以实质上前馈控制系统是一种按扰动进行的开环控制方式，它通过前馈控制器来补偿扰动对被控参数影响，使作用在系统上的一个或几个主要扰动与被控参数完全无关或部分无关，从而达到提高系统控制精度的目的。

现在以原料油温度控制系统为例，进一步学习前馈控制。

串级控制系统能使炉出口温度获得满意的控制质量。假设在某种生产条件下，原料油流量将发生频繁而较大幅度的波动，因为原料油为生产负荷，是可测而不可控的。由于对象存在较大的滞后，即使应用串级系统，原料油出口温度仍有较大的波动。为了提高炉出口温度的控制质量，将原料油波动信号测量出来，并送给前馈控制器(FFC)，这个前馈控制器根据原料油流量波动的大小与方向，按一定的控制规律去控制燃料油量(改变控制阀开度)，以补偿原料油流量变化对炉出口温度的影响，使炉出口温度保持不变，这就是图5-23所示的前馈控制系统。

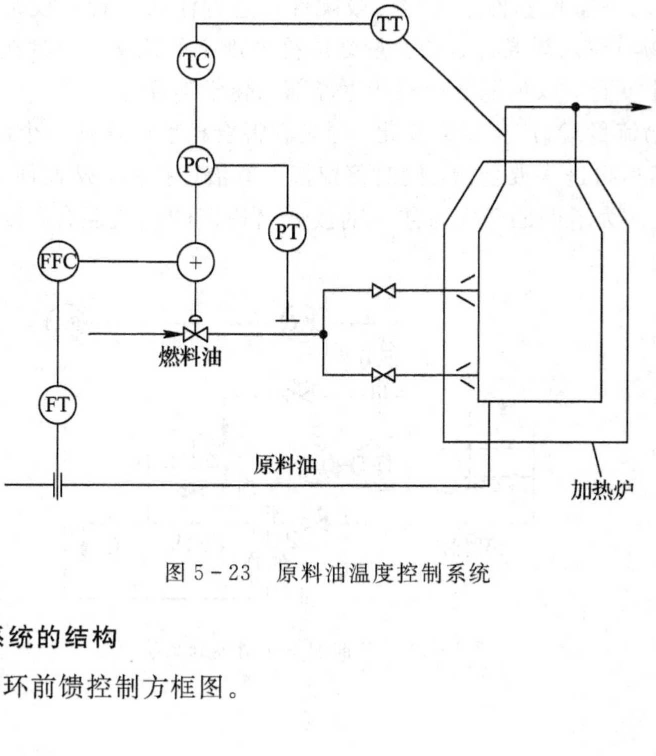

图 5-23 原料油温度控制系统

2. 前馈控制系统的结构

图 5-24 为开环前馈控制方框图。

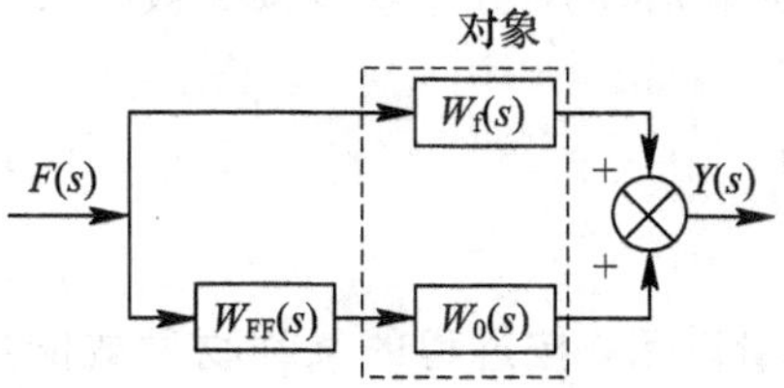

图 5-24　开环前馈控制方框图

在图 5-24 中：$W_f(s)$为对象扰动通道的传递函数；$W_0(s)$为对象控制通道的传递函数；$W_{FF}(s)$为前馈控制器的传递函数。

开环前馈控制的传递函数为

$$\frac{Y(s)}{D(s)}=W_f(s)+W_0(s)W_{FF}(s)=0 \tag{5-16}$$

如果适当选择前馈控制器的传递函数，可以做到被控参数不受扰动的影响(即完全补偿)：

$$W_{FF}(s)=\frac{W_f(s)}{-W_0(s)} \tag{5-17}$$

当前馈控制器满足上式时，在图 5-24 所示系统中，扰动 $F(s)$产生的任何变化均不会引起被控参数 $Y(s)$的变化。式(5-17)就是前馈控制器的传递函数，它取决于对象扰动通道和控制通道的特性。式中负号表示控制作用和扰动作用的方向相反。

3. 前馈控制系统的特点

与反馈控制相比，前馈控制的主要特点有：

(1) 前馈控制是一种开环控制，难以实现完全补偿。因为前馈控制作用的产生是从扰动到控制参数，再到被控参数，其信息的传速没有反馈而一直指向被控参数，如图 5-24 所示。如果对象的传递函数不准确就不能实现完全补偿，被控参数无法再回到原来的数值。准确掌握过程扰动通道特性及控制通道特性是不容易的，故前馈模型难以准确获得。

(2) 前馈控制是一种按扰动量大小进行的控制。从理论上讲，只要能把扰动测量出来，然后根据其性质，通过前馈控制器和控制通道，在扰动影响被控参数前就能对其进行及时、有效的克服。

(3) 前馈控制只能克服可测而不可控的主要扰动量，无法对每一种干扰都施以前馈控制，可用于扰动变化频繁和动态精度要求比较高的生产过程。动态前馈控制几乎每时每刻都在补偿扰动对被控量的影响，故能极大地提高控制过程的动态品质，是改善控制系统品质的有效手段。

前馈控制是减少被控量动态偏差的一种最有效的方法，但是开环前馈控制在工业生产上是不能满足生产要求的，所以不能单独使用。因为在实际生产过程中，使被控参数变化原因是很多的，若要对每一个扰动都设置一套前馈控制，不仅会使系统变得复杂，实际上也是不可能的，同时有些扰动是不可测的，对此就无法实现前馈控制了。另外，要实现式(5-17)表示的前馈控制器的控制规律是困难的，对象在不同的工况下是变化的，要获得精准的数学模型更是困难。为了在生产过程自动化中得到满意的控制效果，通常是将反馈控制系统和前馈控制系统结合起来。这样，利用反馈控制使系统在稳态时被控量能准确地等于设定值；而在动态时，则依靠前馈控制有效地减少被控参数的动态偏差，从而提高控制质量。

4. 前馈控制系统的类型

1）静态前馈控制系统

前馈控制器在测出扰动量以后，按过程的某种物质或能量平衡计算出校正值，这种校正作用只能保证过程在稳态下补偿扰动作用，称为静态前馈控制。

以换热器为例，其静态前馈控制方案如图 5-25 所示。通入换热器壳体的蒸汽用来加热从列管中流过的料液，料液出口温度 θ_2 由蒸汽流量来加以控制。在这个系统中，引起温度 θ_2 改变的主要扰动因素是料液流量 Q 和物料入口温度 θ_1。

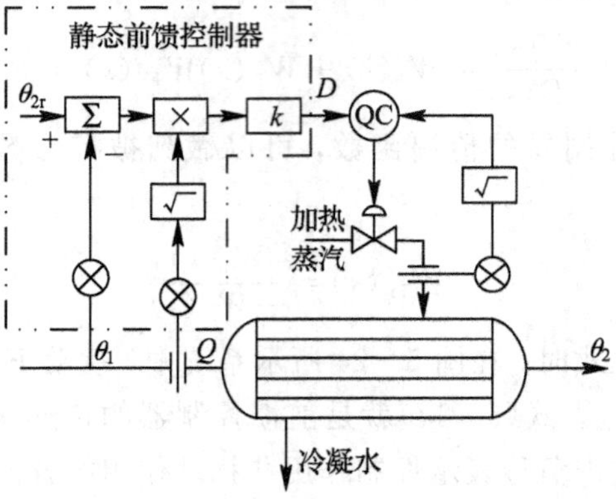

图 5-25　换热器前馈控制系统

当流量 Q 或温度 θ_1 发生扰动时，出口温度就会偏离其设定值。为了实现静态前馈控制，可根据换热器的热量平衡关系，列出静态前馈控制方程，换热器的热量平衡关系可表示为

$$Qc_p(\theta_{2r}-\theta_1)=DH_s \tag{5-18}$$

式中：c_p 为被加热料液的比热容；D 为蒸汽流量；H_s 为蒸汽的汽化潜热；θ_{2r}为料液出口温度设定值。

由上式可得前馈控制方程为

$$D=kQ(\theta_{2r}-\theta_1) \tag{5-19}$$

$$k=\frac{c_p}{H_s} \tag{5-20}$$

其中 k 为常数。

式(5-19)表明，为了把料液加热到设定温度 θ_{2r}，所需的蒸汽量可通过计算来确定。图 5-25 点画线框内的装置就是静态前馈控制器，它的输入量是 Q、θ_1 和 θ_{2r}，输出量是 D。从本质上讲，前馈控制算法就是被控对象的数学模型。

从图 5-25 可看到，料液流量 Q 或是设定值 θ_{2r}的增大，都会使蒸汽流量自动增大。若出口温度不能达到设定值，就表明蒸汽流量对料液流量的比值关系不正确。只要调整 k 值就可加以校正，直到偏差被彻底消除。

必须注意静态前馈控制的两个缺点：

(1) 每一次负荷变化都伴随着一段动态不平衡过程，这是由于扰动通道和调节通道之间对象动态特性不同引起的动态偏差，这种偏差是静态前馈补偿所不能解决的。

(2) 如果负荷情况与当初调整系统时的情况不同，就有可能出现残差。

2) 动态前馈控制系统

在静态前馈控制系统中，只能保证被控量的静态偏差等于或接近零，但是无法干预动态偏差的发生。对于要求严格控制动态偏差的场合，用静态前馈控制就不能满足要求，应该采用动态前馈控制。选择合适的控制作用，使干扰经前馈控制器至被控量通道的动态特性与干扰通道的动态特性完全相同，并使它们的符号相反，便可使控制作用完全补偿干扰对被控量的影响，实现完全补偿。即系统不仅保证了静态偏差等于或接近于零，而且保证了动态偏差也等于或接近于零。但完全补偿在很多情况下只有理论意义，实际上是做不到的。

3) 前馈—反馈控制系统

前馈控制系统虽然具有很多突出的优点，但它也有不足之处。首先表现在前馈控制系统中不存在被控量的反馈，即对于补偿的结果没有检验的方法。因而，当前馈作用并没有最后消除偏差时，系统无法得知这个信息而作进一步的校正。其次，前馈控制系统针对具体的扰动进行补偿，而在实际工业控制对象中，扰动因素很多，有些甚至是无法测量的，例如换热器中的散热损失。人们不可能根据所有扰动加以补偿，最多只能就一两个主要扰动进行前馈控制，这当然不能补偿其他扰动引起的被控量变化。此外，前馈控制模型的精度也受到多种因素的制约，对象特性要受负荷和工况等因素的影响而产生漂移，因此一个事前固定好的控制模型很难取得良好的控制质量。

为了克服前馈控制的这些局限性，可以将前馈控制与反馈控制结合起来，构成前馈—反馈控制系统，或称复合控制系统。这样既发挥了前馈控制作用及时的优点，又保持了反馈控制能克服多个扰动和具有对被控量实行反馈检验的优势。因此前馈—反馈控制系统是适合过程控制的较好方式。

一个典型的前馈—反馈控制系统如图 5 - 26 所示。系统的校正作用是反馈控制器 $G_c(s)$的输出和前馈补偿器 $G_{ff}(s)$的输出的叠加，实质上是一种偏差控制和扰动控制的结合。很明显，前馈—反馈控制系统对扰动完全补偿的条件与前馈控制完全相同，而反馈回路中加进了前馈控制也不会对反馈控制器所需要整定的参数带来多大的变化，只是反馈控制器所完成的工作量明显地减少了。

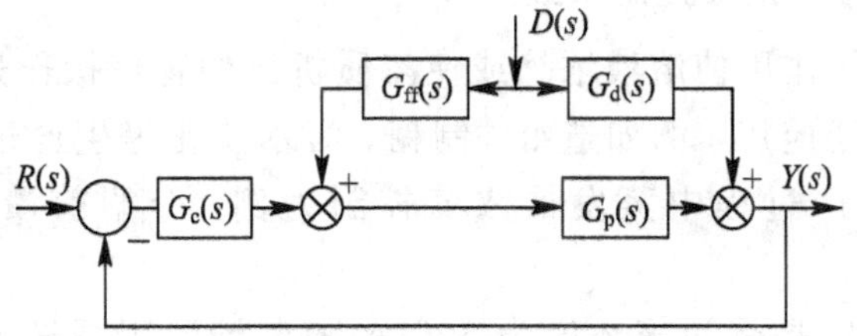

图 5 - 26　前馈—反馈控制系统框图

综上所述，前馈—反馈控制系统的优点在于：

(1) 在前馈系统中增加了反馈控制回路，大大简化了原有前馈控制系统，只需对主要干扰进行前馈补偿，其他干扰可由反馈控制予以校正。

(2) 反馈控制的存在，降低了前馈控制模型的精度要求，为工程上实现比较简单的模型创造了条件。

(3) 负荷或工况变化时，模型特性也会变化，这可由反馈控制加以补偿，因此具有一定的自适应能力。

目前工程上广泛应用的前馈控制系统大多属于前馈—反馈控制类型。目前前馈控制中的各个控制器由计算机来实现时，即为计算机前馈控制。

5. 前馈控制系统应用原则

(1) 当生产中存在着变化频率高、幅值大、可测而不可控的扰动时，反馈控制难以克服此扰动对被控参数的显著影响，而生产工艺对被控参数的要求又十分严格，为了改善和提高系统的控制质量，可以引入前馈控制。例如在锅炉汽包水位控制中，蒸汽用量就是可测而不可控的扰动，因为蒸汽用量的大小完全取决于用户的需要。为了使汽包水位的变化控制在工艺规定的范围内，通常以蒸汽量为前馈信号与水位和给水量构成前馈—反馈控制系统。

(2) 当对象控制通道滞后大、其时间常数又比扰动通道的时间常数大、反馈控制又不及时时，控制质量较差，此时可以选用前馈—反馈控制系统，以提高控制质量。

(3) 当主要扰动无法用串级控制方案使其包含在副回路内或者副回路滞后过大时，串级控制系统克服扰动的能力就较差，此时选用前馈—反馈控制就能获得很好的控制效果。

(4) 当扰动对被控参数的影响十分显著，而单纯用反馈控制又难以满足工艺要求时，可选用前馈—反馈控制。

(5) 经济性原则。

5.3.2 前馈控制系统的工业应用

前馈控制是一种开环控制的结构形式，对于扰动的补偿精度无法进行检验，在生产过程中单独使用开环前馈是很难满足生产工艺要求的。在实际生产过程中存在着各种扰动，有些扰动不能测量，即使可以测量也不能对每一个扰动用一个前馈控制器来补偿。一般对主要扰动用前馈来补偿，其余次要扰动则利用反馈来克服，这样就构成了前馈、反馈相结合的控制方案。这种系统在结构上开、闭环结合，控制及时灵敏，互相补偿，可以获得很高的控制质量。前馈—反馈控制系统在工业生产过程中得到了广泛的应用。

1. 葡萄糖浓度前馈—反馈控制系统

蒸发是一个借加热作用使溶液浓缩或使溶质析出的物理操作过程。它在轻工、化工等生产过程中得到广泛应用，例如造纸、制糖、海水淡化等生产过程都必须经过蒸发过程。下面以葡萄糖生产过程中蒸发器浓度控制为例，介绍前馈控制在蒸发过程中的应用。

图 5 - 27 所示装置是将初蒸浓度为 50%的葡萄糖液用泵送入升降膜式蒸发器，经 0.4～0.8 MPa 蒸汽加热蒸发至 73%的葡萄糖液，然后送至后道工序结晶。蒸发器采用真空蒸发，由真空泵抽送，真空度为 0.07～0.08 MPa。工艺上有三种产品规格对应于三种浓度：即针用葡萄糖，其浓度为 72.15%；口服葡萄糖，其浓度为 71.65%；工业葡萄糖，其浓度为 73.95%。在给定压力作用下，溶液的浓度同溶液沸点与水的沸点之差即温差有较好的单值对应关系，故用温差来反映葡萄糖溶液的浓度，选择温差为被控参数。

影响葡萄糖浓度的因素很多，主要有进料溶液的浓度、进料溶液的温度和流量、加热蒸汽的压力和流量、溶液真空度、不凝性气体含量等。在上述各种因素中，对浓度影响最大的是进料溶液的流量和加热蒸汽的流量。为此，构成以加热蒸汽流量为前馈信号、温差为被控参数、进料溶液流量为控制参数的前馈—反馈控制系统，如图 5-27 所示。运行情况表明系统的质量指标令人满意，达到了工艺要求。

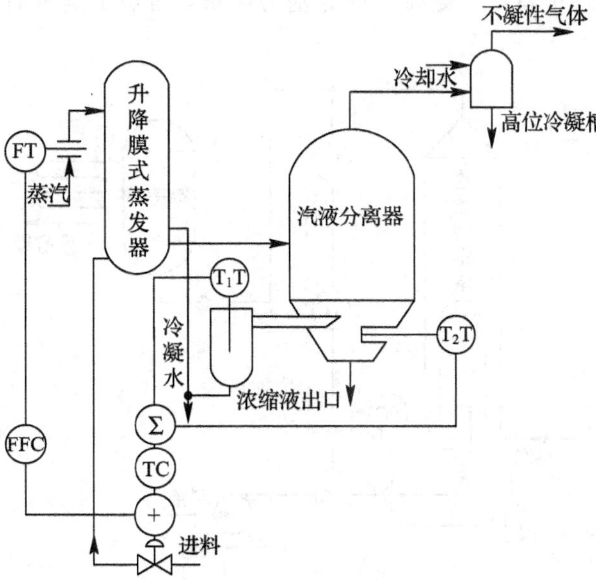

图 5-27　葡萄糖生产过程中的浓度控制系统

2. 连续消毒塔温度的前馈—反馈控制

在制药工业中，抗菌素的生产目前仍然采用培养基发酵的方法进行。这种培养基是用粮食、油料等粉剂和水制成的，在它进入发酵罐接种之前，必须进行灭菌消毒。过去的消毒方法是把几十立方米的培养基放在发酵罐中，用蒸汽加温到 128℃左右，再保持一段时间，其目的是杀灭其中的杂菌，并将培养基煮成熟料，使抗菌素发酵时无杂菌繁殖。但是消毒后的培养基还需要冷却到适当的温度方能接种发酵，所以这种消毒方法的操作周期是很长的。

为了改进上述消毒时间过长的缺点，采用了连续消毒方法，这是一种先进的生产工艺，可大大提高培养基消毒的工效。培养基液料经预热后由离心泵送入连续消毒塔，与蒸汽混合后使其温度上升到 128℃，然后进入维持罐停留保温 15 min，以便充分灭菌，再经排管冷却后去发酵罐接种发酵。

连续消毒塔的主要控制指标是培养基连续消毒塔的温度。若温度过低，会因培养基灭菌不彻底而增加染菌率，导致整批培养基报废，带来重大经济损失。反之，若温度过高，则会破坏培养基的成分，从而降低了产品的回收率。所以，培养基连续消毒塔的出口温度是保证抗菌素产品产量和质量的关键指标。为此，必须进行控制，其控制精度为 128±2℃。

对于连续消毒塔的出口温度，过去曾采用单回路控制，选择其出口温度为被控参数、培养基流量为控制参数。该控制方案运行结果表明，连续消毒塔的出口温度较人工操作时有明显改善，但当蒸汽压力波动较大时，温度波动幅度超过了工艺允许范围。

经分析认为，影响连续消毒塔出口温度的主要扰动是蒸汽压力，而蒸汽压力是一个可测而不可控的扰动。为了提高控制质量，构成如图 5－28 所示的前馈—反馈控制系统。

应用了前馈—反馈控制方案后，连续消毒塔出口温度的控制品质大有改善。当蒸汽压力波动时，通过前馈作用及时校正培养基流量，以补偿蒸汽压力对其出口温度的影响。系统运行情况表明，其性能良好，提高了培养基的质量，缩短了消毒时间，满足了生产工艺要求。

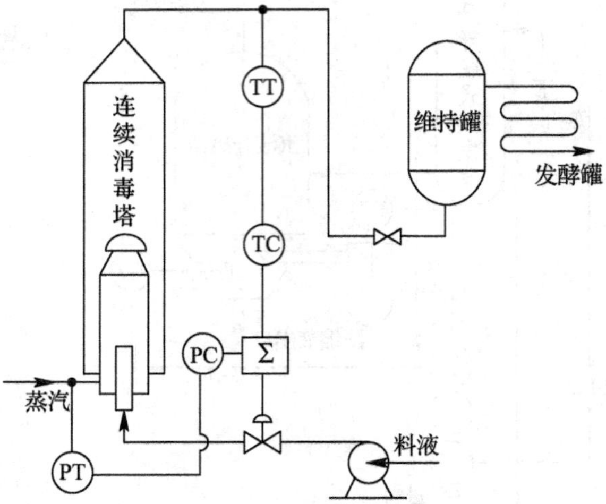

图 5－28　连续消毒塔出口温度的前馈控制

3. 冷凝器温度的前馈—反馈控制

冷凝器是用来把蒸汽变成冷凝液的设备。在许多生产过程中都有冷凝器，它将中间产品冷凝成液体再送到下一个工段继续加工。对于这类冷凝器来说，主要的被控参数是出冷凝器的温度，而控制量是冷却水流量。例如从低压汽轮机出来的蒸汽，经冷凝器以后变成温水，再回循环泵输至除氧器，经除氧器处理后的温水可继续作为发电厂锅炉的给水。在这一生产过程中，采用图 5－29 所示的前馈—反馈控制系统，即由测量元件及变送器、控制器、冷却水控制阀与控制对象构成一个反馈控制，蒸汽流量作为前馈信号，从而使冷却水流量跟随蒸汽流量的增减而增减。

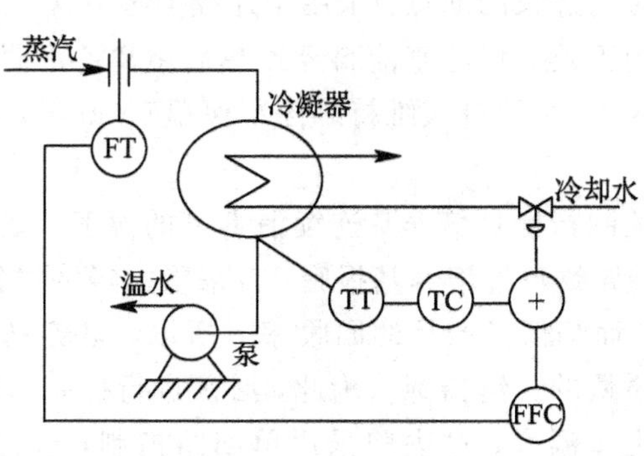

图 5－29　冷凝器温度复合控制系统

本章小结

本章介绍了工业中常用的几种复杂控制系统，如串级控制系统、比值控制系统和前馈控制系统，主要内容有：

(1) 串级控制系统的原理及结构组成。

(2) 比值控制系统的原理及分类。

(3) 前馈控制系统的组成及原理。

(4) 三种控制系统的工业应用。

(5) 三种控制系统的控制器参数整定方法。

习题与思考题

5-1　什么叫串级控制系统？绘制其结构方框图。

5-2　与单回路控制系统相比，串级控制系统有哪些主要特点？

5-3　为什么说串级控制系统由于存在一个副回路而具有较强的抑制扰动的能力？

5-4　串级控制系统在副参数的选择和副回路的设计中应遵循哪些主要原则？

5-5　前馈控制与反馈控制各有什么特点？绘制前馈控制系统结构方框图。

5-6　在什么条件下前馈控制效果最好？为什么一般不单独使用前馈控制方案？

5-7　什么是比值控制系统？常用的比值控制方案有哪些？比较各比值控制方案的优缺点，并绘制各自的结构图。

5-8　比值与比值系数有何不同？设计比值控制系统时需解决哪些主要问题？

5-9　在生产硝酸的过程中，要求氨气量与空气量保持一定的比例关系。在正常情况下，工艺规定氨气流量为 2000 m^3/h，空气流量为 20 000 m^3/h，氨气流量表的量程为 0～3200 m^3/h，空气流量表的量程为 0～25 000 m^3/h。求仪表的比值系数 K'。

5-10　自来水因含有大量微生物，所以在供应用户之前必须进行消毒，氯气是常用的消毒剂。氯气具有很强的杀菌能力，但如果用量少则起不到应有的效果，用量过多又会使自来水气味难闻并会产生强烈的腐蚀作用。为使注入自来水中的氯气量合适，必须使氯气注入量与自来水成一定的比值关系。自来水净化工艺流程图如图 5-30 所示，试设计一个净化水量与氯气量的比值控制系统。

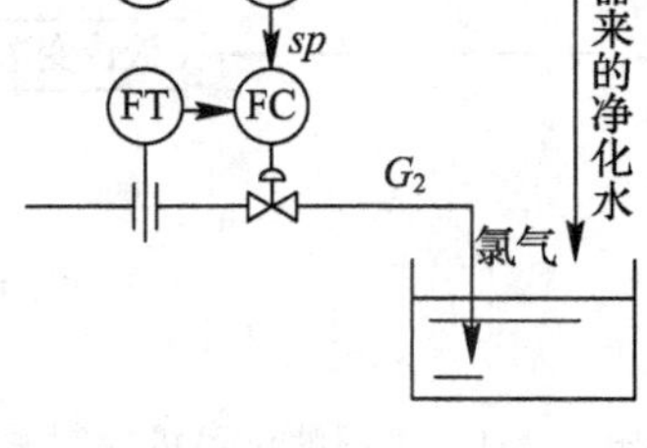

图 5-30　自来水净化工艺流程图

5-11　在实现工业生产自动化过程中，为什么要把前馈控制和反馈控制系统结合在一起使用?

实践训练项目六　液位串级控制系统

1. 训练目标

(1) 了解水箱液位串级控制系统的结构组成与原理。

(2) 掌握水箱液位串级控制系统调节器参数的整定与投运方法。

(3) 了解阶跃扰动分别作用于副对象和主对象时对系统主变量的影响。

2. 实践训练设备

(1) THJ-FCS型高级过程控制系统实验装置。

(2) 计算机及相关软件。

(3) 万用电表一只。

3. 任务描述

水箱的液位串级控制系统由主控制回路和副控制回路组成。主控回路中的调节器称主调节器，控制对象为中水箱，中水箱的液位为系统的主被控变量。副控回路中的调节器称副调节器，控制对象为上水箱，又称副对象，上水箱的液位为系统的副被控变量。主调节器的输出作为副调节器的给定，因而副控回路是一个随动控制系统。副调节器的的输出直接驱动气动调节阀，从而达到控制中水箱液位的目的。为了实现系统在阶跃给定和阶跃扰动作用下的无静差控制，系统的主调节器应为PI或PID控制。由于副控回路的输出要求能快速、准确地复现主调节器输出信号的变化规律，对副参数的动态性能和余差无特殊的要求，因而副调节器可采用P调节器。本系统结构图和方框图如图5-31所示。其中LT为液位测量变送器，LC为控制器(也称调节器)。

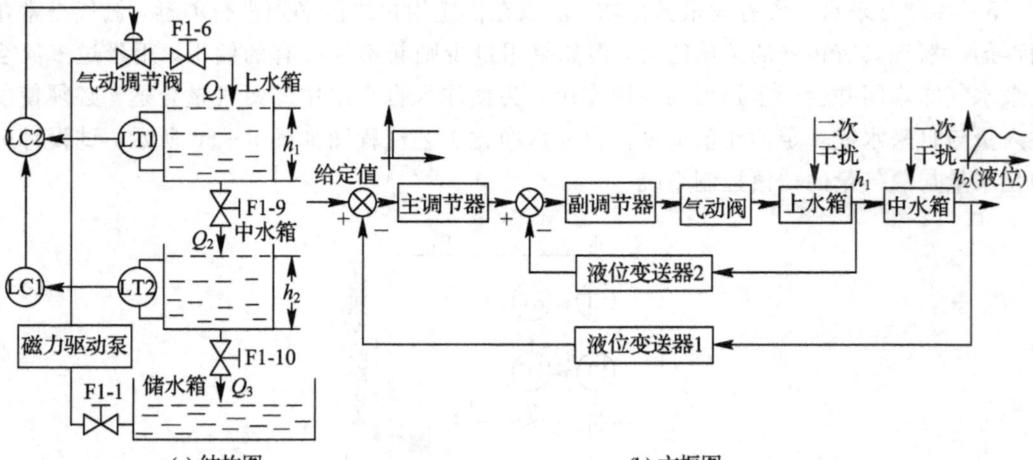

图5-31　水箱液位串级控制系统

4. 任务要求

(1) 完成上位机界面的编制，如图 5-32 所示，监控界面中包括工艺设备和管道的模拟、PID 整定参数的值等。

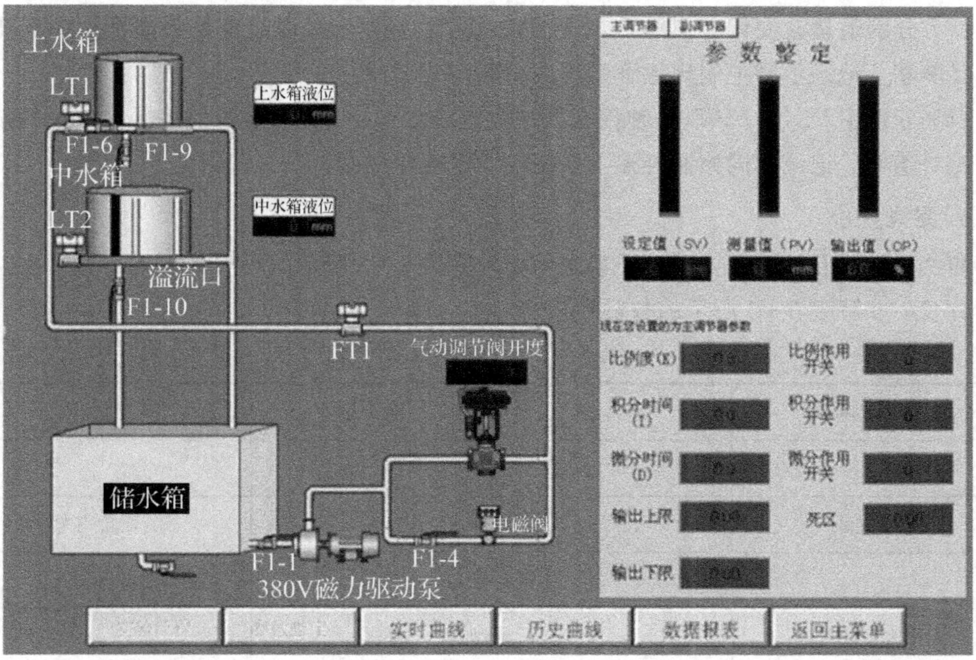

图 5-32 液位串级控制系统的组态界面

(2) 确定调节器的相关参数，写出整定过程，确定合适的比例度 δ 和积分时间 T_I 以及微分时间 T_D，使得液位的响应过程曲线是衰减振荡曲线，最终液位值稳定在设定值上。

(3) 串级控制系统投运前需要做好哪些准备工作？主、副调节器的正、反作用方向如何确定？

5. 任务实施

(1) 将储水箱中储足水量，接通控制柜和控制台的相关电源，并启动磁力驱动泵，接通空压机电源。

(2) 打开上位机组态环境，进行监控界面的编制，定义数据变量，与调节器通信。

(3) 将智能调节器设置成“手动”，设置好调节器的参数，并将设定值和输出值设置为一个合适的值，此操作可通过向输入框中写入数值来实现。

(4) 合上三相电源空气开关，磁力驱动泵上电打水，适当增加/减少主调节器的输出量，使中水箱的液位平衡于设定值，且上水箱液位也稳定于某一值(此值一般为 3～5 cm，以免超调过大，水箱断流或溢流)。

(5) 按本章前边介绍的参数整定方法来设置 PI 调节器的参数。

(6) 待液位稳定于设定值后，将调节器切换到“自动”控制状态，待液位平衡后，可以突增(或突减)设定值的大小，使其有一个正(或负)阶跃增量的变化，要求扰动量为控制量的5%～15%，干扰过大可能造成水箱中水溢出或系统不稳定。加入干扰后，水箱的液位便离开原平衡状态，经过一段调节时间后，水箱液位稳定至新的设定值，观察计算机记录此时的设定值、输出值和参数，记录液位的响应过程曲线。

(7) 分别适量改变调节器的P及I参数，重复步骤(6)，通过监控界面下边的按钮切换观察计算机，记录不同控制规律下系统的阶跃响应曲线。

(8) 分别用P、PD、PID三种控制规律重复步骤(3)～(7)，通过监控界面下边的按钮切换观察计算机，记录不同控制规律下系统的阶跃响应曲线。

6. 完成评价

每个实践训练项目结束后，小组之间要填写表5-2所示的小组互评表。教师要对每组进行评价，填写表5-3所示的教师评价表。

表5-2 小组互评表

实践训练项目	班 级	组 别	姓 名
评价类别	评价标准		评价等级
准备工作	资料准备		
	计划制订		
	材料准备		
工作能力	系统的搭建		
	系统及仪表的调试		
	排查故障		
工作态度	积极主动		
	团结协作		
	服从分配		
文明安全	安全规范		
	遵守纪律		
	文明习惯		
综合评定			
备注：评价等级为四个等级，分别为A(优)、B(良)、C(一般)、D(不合格)。有10个以上为A者，则综合评定为优，8～9个A评定为良好，6个和7个A评定为一般，6个以下A则不合格。			

表 5-3 教师评价表

<table>
<tr><td colspan="2">实践训练项目</td><td>班 级</td><td>组 别</td><td>姓 名</td></tr>
<tr><td colspan="2"></td><td></td><td></td><td></td></tr>
<tr><td>评价类别</td><td>评价标准</td><td colspan="2">评价标准</td><td>评价值</td></tr>
<tr><td rowspan="2">学习准备</td><td>资料准备</td><td colspan="2">能参与资料收集与整理(5)</td><td></td></tr>
<tr><td>计划制订</td><td colspan="2">能完成任务计划的制订(5)</td><td></td></tr>
<tr><td rowspan="3">学习过程</td><td>操作过程</td><td colspan="2">能完成仪表的设置、接线，完成软件编程及系统的调试和运行(30)</td><td></td></tr>
<tr><td>问题探究</td><td colspan="2">在实践中发现问题，并能用理论知识解释实践中的问题(5)</td><td></td></tr>
<tr><td>文明安全</td><td colspan="2">遵守制度，服从管理(5)</td><td></td></tr>
<tr><td rowspan="3">学习态度</td><td>主动程度</td><td colspan="2">主动性强(5)</td><td></td></tr>
<tr><td>合作意识</td><td colspan="2">能够和同组人团结协作(5)</td><td></td></tr>
<tr><td>严谨细致</td><td colspan="2">认真仔细，不出错误(5)</td><td></td></tr>
<tr><td rowspan="3">学习拓展</td><td>知识迁移</td><td colspan="2">能够实现前后知识的迁移和贯通(5)</td><td></td></tr>
<tr><td>应变能力</td><td colspan="2">举一反三，能够提出改进的建议和方案(5)</td><td></td></tr>
<tr><td>创新意识</td><td colspan="2">有创新的建议(5)</td><td></td></tr>
<tr><td rowspan="3">项目完成情况</td><td>全部完成</td><td colspan="2">系统调试成功(20)</td><td></td></tr>
<tr><td>完成大部分</td><td colspan="2">还存在一部分内容没有完成(12)</td><td></td></tr>
<tr><td>完成小部分</td><td colspan="2">只完成项目要求的一小部分(8)</td><td></td></tr>
<tr><td colspan="4">综合评定</td><td></td></tr>
<tr><td colspan="5">备注：教师根据每组完成情况打分。</td></tr>
</table>

第六章　多变量过程控制系统的应用

学习目标

◆ 掌握均匀控制系统、分程控制系统、选择性控制系统的结构及工作原理

◆ 了解以上三种控制系统的特点及工业应用

技能目标

◆ 学会设计均匀控制系统、分程控制系统、选择性控制系统

◆ 了解三种多变量过程控制系统的参数整定方法

6.1　均匀控制系统

6.1.1　均匀控制系统的概念

1. 均匀控制系统概述

在有扰动时，两个变量都有变化，而且变化幅度均匀协调，共同来克服扰动，只要对控制器的参数进行调整，延缓控制速度和力度，这种控制系统称为均匀控制系统。它适用于连续性生产过程。往往在工业生产的过程中，有时要求控制系统的受控变量和控制变量都不能太大，这时可以考虑均匀控制系统。所谓的均匀控制系统，是指两个参数在规定范围内能缓慢、均匀地变化，使前后设备在物料供求上相互兼顾、均匀协调的系统。但是，“均匀”不意味着“平均照顾”，而应该根据两个参数各自的重要性来确定主次。

2. 系统特点

(1) 扰动产生后，两个变量在过程控制中都是变化的。

(2) 两个变量在控制过程中的变化应是缓慢的。

(3) 两个变量的变化在允许的范围内，不是绝对的平均。

3. 系统分类

常见的均匀控制系统有简单均匀和串级均匀两种控制形式。

1) 简单均匀控制系统

如图 6-1 所示去掉流量控制系统，只保留液位控制系统，就构成了简单控制系统。只要把控制参数变为大比例度和大积分时间，就可以构成一个简单均匀控制系统。

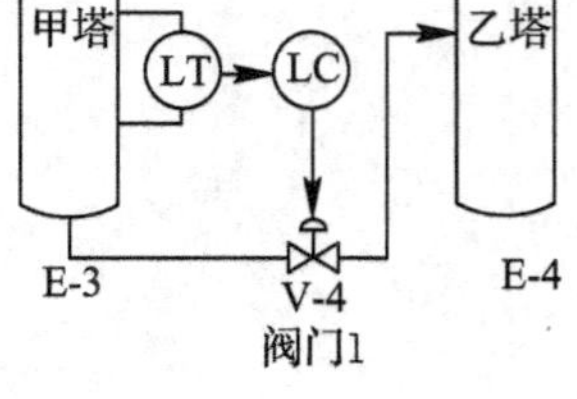

图 6-1　简单均匀控制方案

从结构上看，简单均匀控制系统和一般的液位单回路控制系统没有什么区别，但是控制目的不同，所以在控制器的参数整定上也有所不同。为了达到均匀控制的目的，必须对控制器

的参数做出合理的选择。控制规律方面：由于两个变量都是变化的，因此不能采用微分作用；比例作用是最基本的；积分作用是否引入，应该根据具体情况而定。为了防止液位控制过程超出工艺所允许的波动范围，可以适当地加入积分作用。

简单均匀控制系统最大的优点就是结构简单，投运方便。但是由于前后的设备压力较大，尽管控制阀的开度不变，输出的流量也会变化，所以它适用于扰动小、控制要求低的场合。

2）串级均匀控制系统

图 6－2 为精馏塔塔釜液位与出口流量串级均匀控制系统。从结构上，它与一般的液位和流量串级控制系统是没有区别的，但是在均匀控制系统里面引入串级的形式是为了提高主参数液位的控制质量，增加一个副回路的目的是为了消除控制阀前后的压力波动及对象的自衡作用的影响。与普通串级系统的区别也只是控制器参数的设置及控制目的不同，这也是判断是否为均匀控制系统的条件。

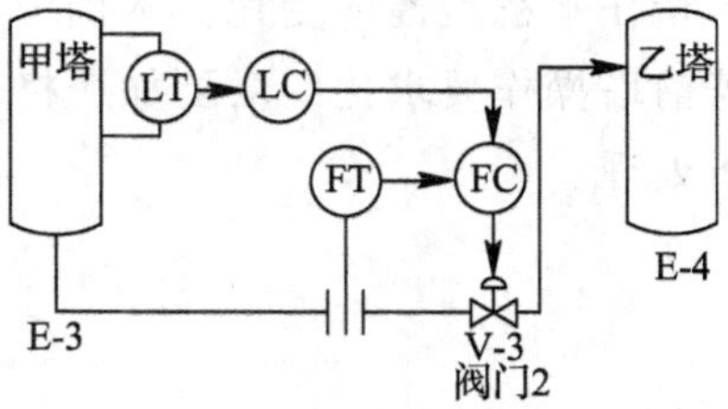

图 6－2　串级均匀控制方案

假如干扰使甲塔液位上升，通过主、副控制器的作用，控制阀缓慢开大，乙塔的进料缓慢增加，甲塔的液位不是立即快速下降，而是缓慢上升，当液位上升到某一数值时，甲塔出料量等于在干扰作用下增加的入料量时，液位不再上升而暂时达到最高液位，经过一段时间，两塔重新建立了平衡关系。这样，液位和流量均处于缓慢变化之中，完成了均匀协调的控制目的。如果乙塔受干扰使它的入料量发生变化，首先通过流量控制器进行控制，当控制作用使甲塔液位受到影响时，通过液位控制器改变流量控制器的设定值，使流量控制器作进一步的控制，缓慢改变控制阀的开度，两个控制器互相配合，使液位和流量两个变量都在规定范围内缓慢地均匀变化。

要达到均匀的目的，控制器的控制作用选择十分重要。主控制器宜选 PI 作用，副控制器主要用来克服压力波动对流量的影响，一般选 P 作用。若对流量的均匀性要求较高，压力波动也较大，可引入适当的积分作用。因此，副控制器是否需引入积分作用，应根据具体情况而定。

6.1.2　均匀控制系统的工业应用

石油化工生产过程绝大部分是连续生产过程，一个设备的出料往往是后面一个设备的进料。例如，石油裂解气分离为甲烷、乙烷、丙烷、丁烷、乙烯、丙烯等，前后共串联了 8 个塔进行连续生产。为了保证这些串联的塔生产过程稳定地进行，每一个塔都要求进入塔的流量保持在一定的范围内，同时也要求塔底液面比较稳定。

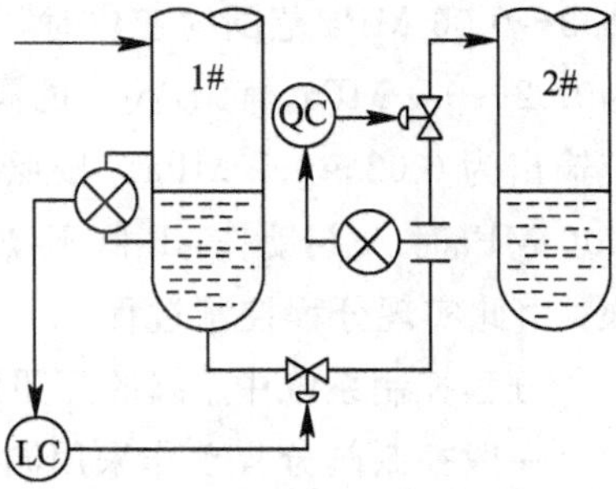

图 6－3　前后精馏塔物料供求关系

图 6－3 是两个串联的精馏塔孤立控制系统。前塔(1＃塔)的出料作为后塔(2＃塔)的进料，为了保证前塔液位稳定在一定范围内，设有液位控制系统；为了保证后塔进料的稳定，又设置了流量控制系统。显然，这两

个控制系统工作起来是相互矛盾的，以致无法工作。为了解决前后两塔供求之间的矛盾，可以在两塔之间增加缓冲器，但这样势必增加投资，而且某些生产连续性很强的过程又不允许中间存储的时间过长。解决这类问题的有效办法是采用均匀控制。

首先工艺上对前塔的液面和后塔的进料量控制精度要求适当放宽些，允许两者都有一些缓慢的变化。这对生产过程来讲虽然是一种干扰，但由于这种干扰幅值不大，变化缓慢，在工艺上是能接受的。在本例中，就是让前塔的液位在允许范围内波动。同时进料量作平稳缓慢的变化。本例中，若进料波动对工艺生产影响较大，可以照顾流量为主；若前塔操作要求比后塔更加严格，则应以照顾液位为主。这要根据具体工艺情况进行分析处理。

6.2 分程控制系统

6.2.1 分程控制系统的概念

1. 分程控制系统概述

一般来说，一台控制器的输出仅操纵一只控制阀，若一台控制器去控制两个以上的阀并且是按输出信号的不同区间去操作不同的阀门，这种控制方式习惯上称为分程控制。图 6-4 为分程控制系统示意图。

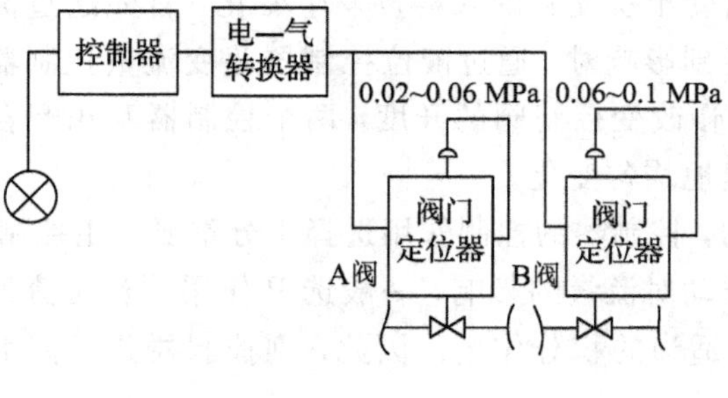

图 6-4 分程控制系统示意图

图 6-4 表示一台控制器去操纵两个控制阀，实施(动作过程)是借助控制阀上的阀门定位器对信号的转换功能。例如图中的 A、B 两阀，要求 A 阀在控制器输出信号压力在 0.02～0.06 MPa 范围内变化时，作全行程动作，附在 A 阀上的阀门定位器相应的输出压力为0.02～0.1 MPa；而 B 阀上的阀门定位器，应调整成在输入信号为 0.06～0.1 MPa 时，相应输出为 0.02～0.1 MPa。按照这些条件，当控制器(包括电—气转换器)输出信号小于 0.06 MPa时 A 阀动作，B 阀不动；当输出信号大于 0.06 MPa 时，B 阀动作，A 阀已动至极限，由此实现分程控制过程。

分程控制系统中，阀的开闭形式可分为同向和异向两种，见图 6-5 和图 6-6。

一般控制阀分程动作采用同向规律是为了满足工艺上扩大可调比的要求，而异向规律的选择是为了满足工艺的特殊要求。

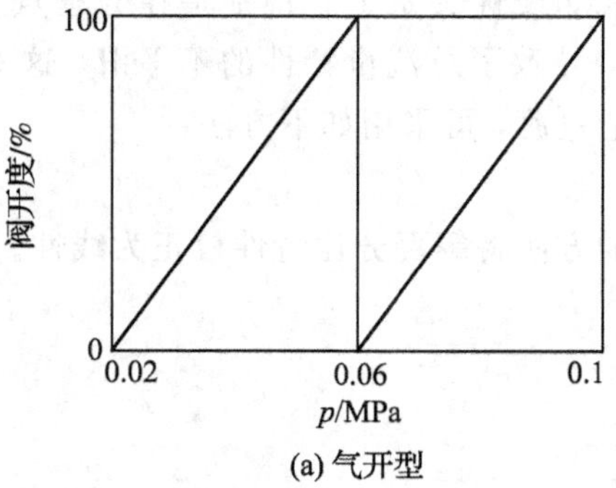

图 6-5　控制阀分程动作(同向)

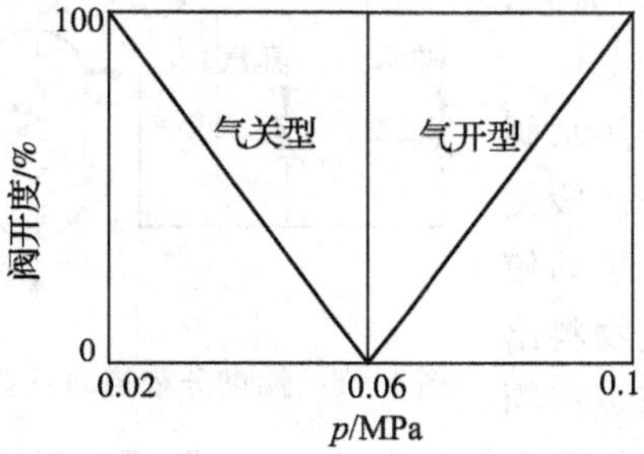

图 6-6　控制阀分程动作(异向)

2. 分程控制系统的方案实施

1) 分程区间的决定

分程控制系统设计主要是多个阀之间的分程区间问题，设计原则为：先确定阀的开关作用形式(以安全生产为主)，再决定控制器的正、反作用，最后决定各个阀的分程区间。

2) 分程阀总流量特性的改善

当控制阀采用分程控制时，如果它们的流通能力不同，则组合后的总流通特性在信号交接处流量的变化并不是光滑的。例如，选用 $C_{max}=4$ 和 $C_{min}=100$ 这两只控制阀构成分程控制，两阀特性及它们的组合总流量特性如图 6-7 所示。

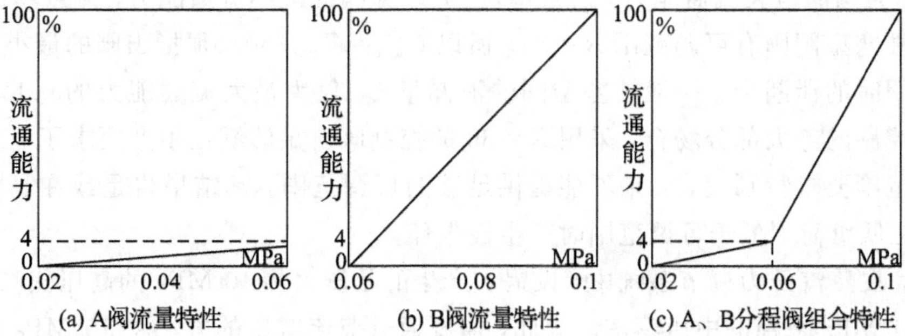

图 6-7　分程系统大、小阀连接组合特性

由图 6-7 可以看出，原来线性特性很好的两只控制阀，当组合在一起构成分程控制

时，其总流量特性已不再呈现线性关系，而变成非线性关系了。特别是在分程点 0.06 处，总流量特性出现了一个转折点。转折点的存在，导致了总流量特性的不平滑，这对系统的平稳运行是不利的，为了使总流量特性达到平滑过渡，可采用如下方法：

(1) 选用等百分比阀；

(2) 线性阀则可通过添加非线性补偿调节的方法将等百分比特性校正为线性。

6.2.2　分程控制系统的工业应用

1. 用于节能控制

例如，在某生产过程中的热交换器，为了满足被加热物料出口温度的工艺要求，采用热水(工业废水)和蒸汽对其进行加热。当用热水不能满足出口温度要求时，则再同时使用蒸汽加热，为此，设计图 6-8 所示的温度分程控制系统。

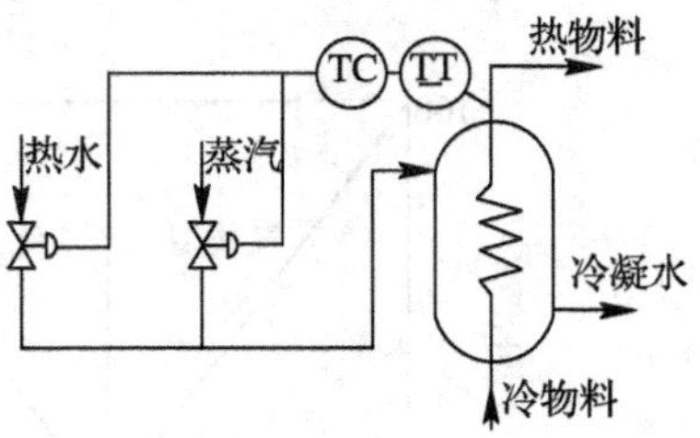

图 6-8　温度分程控制系统示意图

在这个系统中，控制器为反作用，蒸汽阀与热水阀均选气开式。在正常情况下，控制器输出某信号区段使热水阀工作，此时蒸汽阀全关，以节省蒸汽；当扰动使热物料出口温度下降，热水阀全开仍不能满足热物料出口温度要求时，控制器输出另一信号区段同时使蒸汽阀打开，以满足热物料出口温度的工艺要求。采用分程控制能节省能源，降低消耗。

2. 扩大控制阀的可调范围，改善控制阀的工作特性

在工业生产过程自动化中，往往由于控制阀开度小使控制品质恶化，若将控制阀换小，其可调范围变小又满足不了实际生产需要，致使系统不能正常工作。在这种情况下，若采用分程控制，将两个控制阀当作一个控制阀使用，可扩大其可调范围，改善其特性，提高控制质量。

控制阀有一个重要指标，即阀的可调范围 R。它是一项静态指标，表明控制阀执行规定特性(线性特性或等百分比特性)运行的有效范围。可调范围可用下式表示：

$$R=\frac{C_{\max}}{C_{\min}} \tag{6-1}$$

式中：$C_{\max}$为阀的最大流通能力，流量单位；$C_{\min}$为阀的最小流通能力，流量单位。

国产柱塞型阀固有可调范围 $R=30$，所以 $C_{\min}=C_{\max}/30$。须指出阀的最小流通能力不等于阀关闭时的泄漏量。一般柱塞型阀的泄漏量 C_s 仅为最大流通能力的 0.1%～0.01%。对于过程控制的绝大部分场合，采用 $R=30$ 的控制阀已足够满足生产要求了。但有极少数场合可调范围要求特别大，如果不能提供足够的可调范围，其结果将是或在高负荷下供应不足，或在低负荷下低于可调范围时产生极限环。

例如，在蒸汽压力调节系统中，设锅炉产生的是压力为 10 MPa 的高压蒸汽，而生产上需要的是 4 MPa 平稳的中压蒸汽。为此，需要通过节流减压的方法将 10 MPa 的高压蒸汽节流减压成 4 MPa 的中压蒸汽。在选择控制阀口径时，如果选用一个控制阀，为了适应大负荷下蒸汽供应量的需要，控制阀的口径要选择得很大，而正常情况下蒸汽量却不需要那么大，这就需要将阀关得小一些。也就是说，正常情况下控制阀只是在小开度工作，因为大阀在小开度下工作时，除了阀的特性会发生畸变外，还容易产生噪声和振荡，这样会使控制效果变差，控制质量降低。为了解决这一矛盾，可选用两只同向动作的控制阀构成分程控制系统，图 6-9 所示的分程控制系统采用了 A、B 两只同向动作的控制阀(根据工艺要求均选为气开式)。其中 A 阀得在控制器输出信号 4～12 mA(气压信号为 0.02～0.06 MPa)时由全闭到全开，B 阀得在控制器输出信号 12～20 mA(气压信号为 0.06～0.1 MPa)时由全闭到全开。这样，在正常情况下，即小负荷时，B 阀处于全关，只通过 A 阀开度的变化来进行控制；当大负荷时，A 阀已全开仍满足不了蒸汽量的需求，这时 B 阀也开始打开，以补足 A 阀全开时蒸汽供应量的不足。

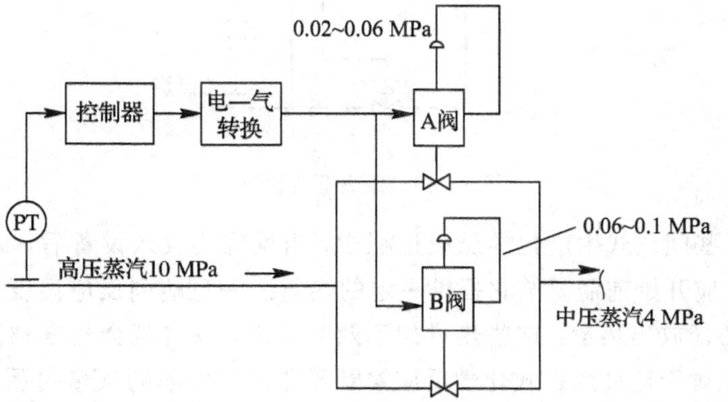

图 6-9　蒸汽减压分程控制系统示意图

假定系统中所采用的 A、B 两只控制阀的最大流通能力 C_{max} 均为 100，可调范围 $R=30$。控制阀的可调范围为

$$R=\frac{C_{max}}{C_{min}} \tag{6-2}$$

据上式可求得

$$C_{min}=\frac{C_{max}}{30}=\frac{100}{30}=3.33 \tag{6-3}$$

当采用两只阀构成分程控制系统时，最小流通能力不变，而最大流通能力为两阀最大流通能力之和 $2C'_{max}=200$，因此 A、B 两阀组合后的可调范围应是

$$R'=\frac{C'_{max}}{C'_{min}}=\frac{200}{3.33}=60 \tag{6-4}$$

这就是说采用两只流通能力相同的控制阀构成分程控制系统后，其控制阀的可调范围比单只控制阀增大一倍。

3. 满足工艺生产在不同负荷下的控制要求

在现代工业生产过程中，负荷是经常变化的。尤其是在多机组生产过程中，负荷更是随机组的开、停而大幅度变化。若采用一般过程控制系统，即使满足了正常生产要求，也不能满足开、停车或低负荷生产时的要求，这对于安全生产与优质高产均有很大影响。采用分程控制，则可以满足生产工艺要求。

例如，在天然气压力分程控制系统中，燃烧天然气用量是随生产负荷变化的。开车时炉温应不断提高，天然气用量应随烧嘴数逐渐增多而增加，若天然气量太大，则易产生脱火现象。在停车过程中，要求维持炉膛温度，需要加入少量天然气。在正常生产时，需大量天然气，以满足工艺要求。为此，设计使用了图 6－10 所示的分程控制系统，选用大、小两只控制阀，其口径相差 10 倍。在正常负荷下，由大控制阀 A 工作；在开、停车时，因为负荷小，则由小控制阀 B 工作，从而保证安全生产和燃烧的稳定性。

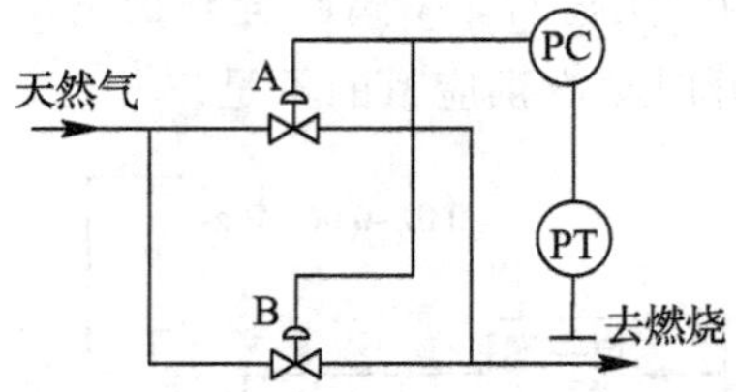

图 6－10　压力分程控制系统

例如，在某些间歇式生产化学反应过程中，当反应物投入设备后，为了使其达到反应温度，往往在反应开始前需要给它提供一定的热量。一旦达到反应温度后，就会随着化学反应的进行不断释放出热量，这些热量如不及时移走，反应就会越来越激烈，以致会有爆炸的危险。因此对于这种间歇式化学反应器既要考虑反应前的预热问题，又要考虑反应过程中及时移走反应热的问题，为此设计了图 6－11 所示的分程控制系统。

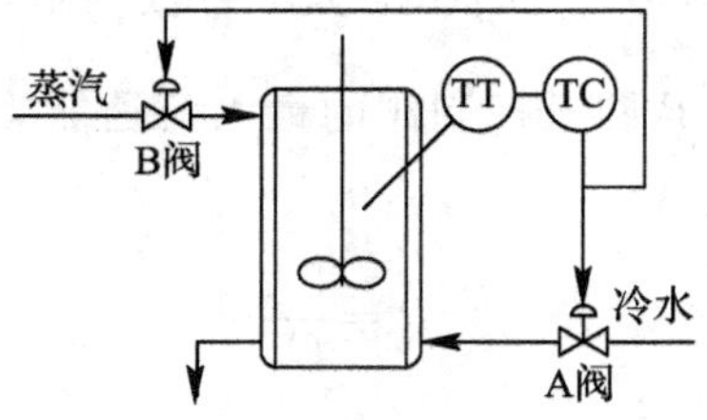

图 6－11　间歇式化学反应器分程控制系统

图 6－11 中温度控制器选择反作用，冷水控制阀选择气关式(A 阀)，热水控制阀选择气开式(B 阀)。该系统工作过程如下：在进行化学反应前的升温阶段，由于温度测量值小于给定值，因此控制器输出增大，B 阀开大，A 阀关闭，即蒸汽阀开、冷水阀关，以便使反应器温度升高。当温度达到反应温度时，化学反应发生，有热量放出，反应物的温度逐渐提高。当温升使测量值大于给定值时，控制器输出将减小(由于控制器是反作用)，随着控制器输出的减小，B 阀将逐渐关小乃至完全关闭，而 A 阀则逐渐打开。这时反应器夹套中流过的将不再是热水而是冷水。这样一来，反应所产生的热量就被冷水所带走，从而达到维持反应温度的目的。

4. 确保生产状态与事故状态的安全和稳定

一般过程控制系统均应用于生产正常、平稳的状态，而在事故状态下，生产不能正常运行，分程控制则可通过两个以上控制阀的组合，使事故状态下的参数保持安全、平稳。

例如，在工业生产过程中，有许多存放着石油化工原料或产品的储罐放于室外，为了保证这些原料或产品与空气隔绝，以免被氧化变质或引起爆炸危险，常采用罐顶充氮气的方法与外界空气隔绝。采用氮封技术的工艺要求是保持储罐内的氮气压力微呈正压。当储罐内的原料或产品增减时，将引起罐顶压力的升降，故必须及时进行控制，否则将引起储罐变形甚至破裂，造成浪费或引起燃烧、爆炸危险。所以，当储罐内原料或产品增加，即液位升高时，应及时使罐内氮气适量排空，并停止充氮气；反之，当储罐内原料或产品减少、液位下降时，为保证罐内氮气微呈正压的工艺要求，应及时停止氮气排空，并向罐内充氮气。为此，设计与应用了分程控制系统，如图 6-12 所示。

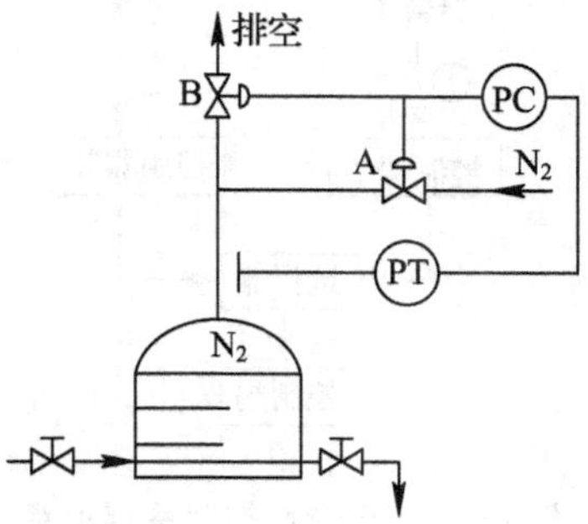

图 6-12　氮封分程控制系统示意图

在氮封分程控制系统中，控制阀 A 为气开，控制阀 B 为气关，控制器为反作用式。根据上述工艺要求，当罐内物料增加、液位上升时，应及时停止充氮气，即 A 阀全关，并使罐内氮气排空即 B 阀打开；反之，当罐内物料减少、液位下降时，应及时停止氮气排空即 B 阀全关，并应向储罐充氮气即 A 阀打开工作。

6.3　选择性控制系统

6.3.1　选择性控制系统的概念

1. 选择性控制系统概述

实际生产过程中，出现不正常的工况及其他特殊情况时，往往要退出自动控制切换至手动，待工况基本恢复后再重新投入自动控制状态。现代生产过程中，越来越多的生产装置要求控制系统既能在正常工艺状态下发挥控制作用，又能在非正常工况下仍然起到控制作用。选择性控制方案就是在工业过程控制中，一个被控量设有两个控制器或两个以上的变送器，并通过一个选择器，在生产工况正常时，选择“正常控制器”投运，对生产过程进行控制；一旦生产不正常，趋向安全极限时，选择器立即选择另一个用于控制不安全情况的“取代控制器”投运，以取代“正常控制器”，直到生产脱离安全极限，恢复到安全、正常工况后，选择器再次选择“正常控制器”投运。

使生产过程迅速恢复到正常工况，或者至少是有助于工况恢复正常，这属于非正常工况时的控制系统安全保护措施。安全保护措施有两类，即硬保护和软保护。硬保护措施就是联锁保护控制系统。当生产过程工况超出一定范围时，联锁保护控制系统采取一系列相应的措施，如报警、由自动切换到手动、联锁动作等，使生产过程处于相对安全的状态。但硬保护措施经常使生产停车，造成较大的经济损失。

软保护措施，就是当生产工况超出一定范围时，自动切换到一种新控制系统中，取代原控制系统对生产过程进行控制，当工况恢复时，又自动切换回原自动控制系统中。由于要对工况是否属于正常进行判断，同时还要在两个控制系统中选择，因此，这种控制被称为选择性控制，有时也称为取代控制、超驰控制或安全软保护系统。图 6-13 为选择性控制系统示意图。

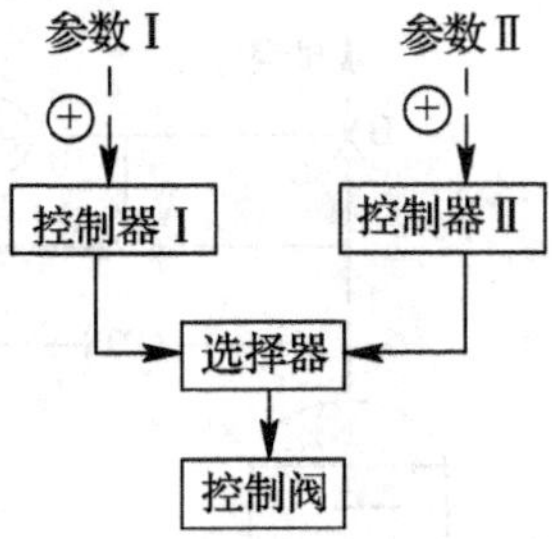

图 6-13　选择性控制系统示意图

2. 选择性控制系统的特点

构成选择性控制系统应具备两方面特点：一是生产操作上有一定的选择性规律；二是组成控制系统的各个环节中，必须包含具有选择性功能的选择单元。

结构特点：有一个选择器，通常是两个输入信号，一个输出信号。

高选器：输出信号 Y 等于 X_1 和 X_2 中数值较大的一个，如 $X_1=5$ mA，$X_2=4$ mA，则 $Y=5$ mA。

低选器：输出信号 Y 等于 X_1 和 X_2 中数值较小的一个。

3. 选择性控制系统的控制方案

按选择器在系统中所处位置的不同，选择性控制系统可分为两种。

(1) 选择器位于两个控制器与一个执行器之间，对控制器输出信号进行选择的系统。这类选择性控制系统结构简单、效果显著。

(2) 选择器位于控制器之前，对变送信号(被控量的测量值)进行选择的系统。

特点：多个变送器共用一个控制器，选择器位于控制器之前，对变送器的输出信号进行选择。

用途：选出几个检测变送信号的最高或最低信号用于控制，即竞争控制系统；为防仪表故障造成事故，对同一检测点采用多个仪表测量，选出可靠的测量值，即冗余系统。

6.3.2　选择性控制系统的工业应用

1. 辅助锅炉蒸汽压选择性控制系统

图 6-14 是大型合成氨厂中辅助锅炉蒸汽压选择性控制系统的示意图。图中蒸汽压 p_1 是系统的被控量，运行中它会随着用户使用蒸汽量的多或少而下降或上升，需要控制稳定。当蒸汽用量减少或增加时，蒸汽总管压力 p_1 将升高或降低，应该减少或增加进入炉膛的燃

气量，以使蒸汽压 p_1 调回到给定值。所以控制阀装在燃气管线上，并为确保工艺安全应选择“气开阀”。相应控制系统的控制器为保证系统实现负反馈的正确控制，应选择“反作用”式控制器。

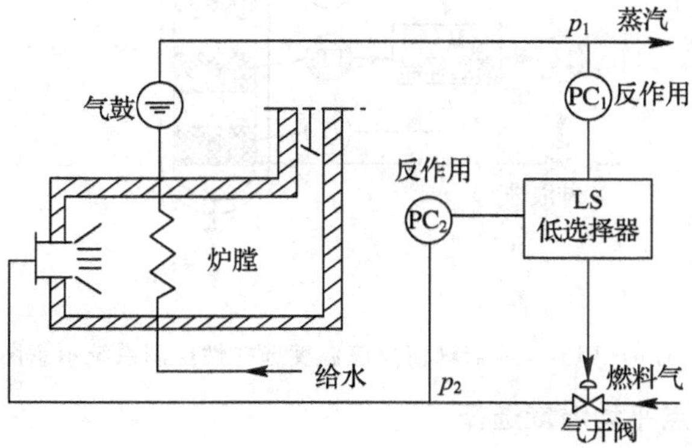

图 6-14　大型合成氨厂中辅助锅炉蒸汽压选择性控制系统示意图

但是，当控制阀打开，增加燃气量使蒸汽压 p_1 回升到给定值的同时，也使燃气压 p_2 上升，一旦 p_2 升高到超过安全极限时，会导致炉膛熄火(俗称脱火现象)，这时炉膛若继续进入大量燃气，将引起危险的爆炸事故，工艺绝不允许发生这种情况。

2. 液氨蒸发器温度选择性控制系统

图 6-15 是液氨蒸发器温度选择性控制系统示意图。该系统利用液氨蒸发为气氨这一吸热过程来冷却其他物料，再将气氨作为被冷却物料(主物料)送到制冷压缩机进行液化，并经冷却水进一步冷却液化后重复使用。为防止制冷压缩机损坏，严禁气氨中夹带液氨。液位正常时，温度控制系统正常工作；液位偏高时，控制阀的动作改为由备用的液位控制系统控制，即液位控制系统自动取代温度控制系统投入工作，形成选择性控制系统。

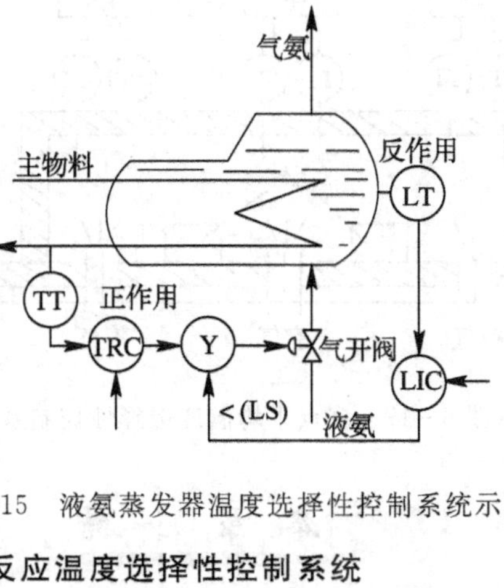

图 6-15　液氨蒸发器温度选择性控制系统示意图

3. 生产过程反应器峰值反应温度选择性控制系统

图 6-16 为反应器峰值反应温度选择性控制系统示意图。该反应器内装有固定触媒层，为防止反应温度过高烧坏触媒，在不同的触媒层上装设了多个测温点，并把各测温信号都送到高值选择器 HS 中，选出最高的温度，并送入控制器进行控制。因此，系统将始终按反应器内最高的反应温度进行控制，确保了触媒的安全。

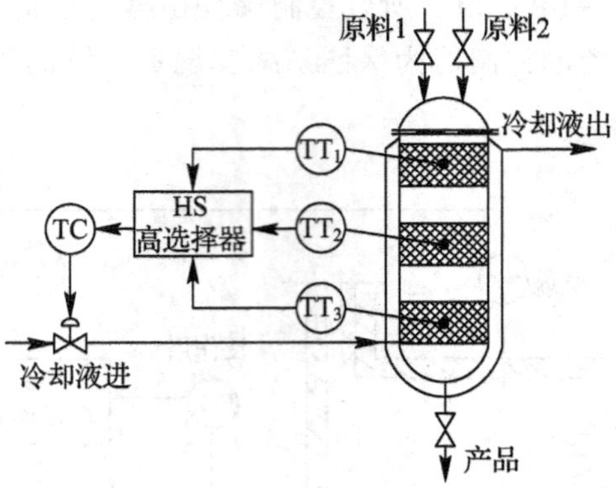

图 6-16　反应器峰值反应温度选择性控制系统示意图

4. 实现加热炉多点平均温度选择

在现代化钢厂的轧钢车间里，在工件进行轧制前，需要将其加热到一定温度。图 6-17 所示为其中一个加热段的温度控制系统。由于加热炉体积很大，其内加热状态很难维持一致，所以，单凭某一个局部的测温点，往往无法代表真实的温度。为此，采用分段方法，在一段内再分几个区，每个区安装 2 支热电偶温度计。本例用 6 个设有断偶报警的温度变送器、3 台高值选择器、1 台加法器、1 台控制器组成系统。采用高选器的目的是提高系统的可靠性。用加法器是实现求取 3 个信号的平均值作为该区温度的测量信号。由于加热炉对象具有惯性大的特点，因此采用 PID 控制器。本例温度控制在 980℃。在该系统中，由于气体燃料是通过具有引风特性的喷嘴进入加热炉的，空气量能自动跟随燃料量的变化按比例增加或减少，所以不需要设计一套燃料—空气比值控制系统。

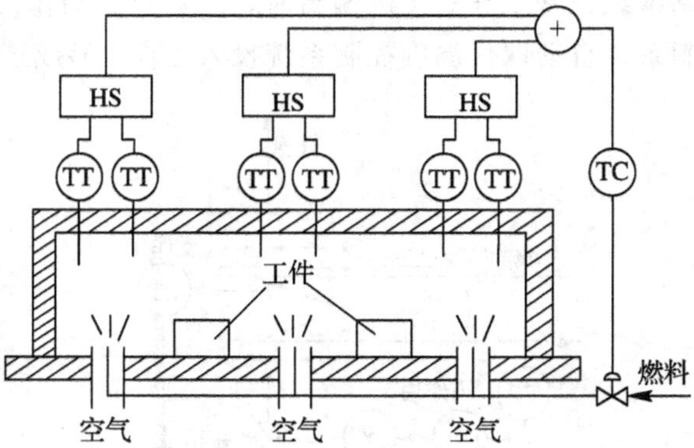

图 6-17　多点平均温度选择性控制系统

本 章 小 结

本章介绍了工业中常用的三种多变量控制系统，即均匀控制系统、分程控制系统和选择性控制系统，主要内容如下：

(1) 均匀控制系统的工作原理及结构。

(2) 分程控制系统的结构及组成。

(3) 选择性控制系统的结构及其特点。

(4) 三种控制系统的工业应用。

习题与思考题

6-1　什么是均匀控制？常用的均匀控制方案有哪些？

6-2　什么是选择性控制？试述常用选择性控制方案的基本原理。

6-3　一般来说从结构上看，分程控制是由一台控制器控制两只控制阀，而选择性控制是由两只控制器控制一只控制阀。试绘制各自系统的结构方框图。

6-4　由两个大小不同控制阀构成的分程控制，对于其控制阀流量特性的交接处有何要求？

6-5　在现代生活中，人们要求洗一个舒适的澡，根据各人对水温的不同需要，可以分别调节水管中的热水量和冷水量，即当感到水温太高时，可以调节冷水量，当水温过低时，可以调节热水量，以满足各个人对水温的要求。试设计一个过程控制系统。

6-6　试画出氮封分程控制系统方框图，指出对象所包含的具体管道设备，并确定控制器的正、反作用方式。

6-7　在应用选择性控制系统时，应注意哪些主要问题？

6-8　什么是多变量控制系统？它与前述的过程控制系统比较有何特点？

6-9　分程控制系统应用在哪些场合？

第七章　工业生产过程自动控制的典型案例分析

知识目标

◆ 掌握传热设备的控制方案

◆ 熟悉精馏塔的控制方案

◆ 了解锅炉液位的控制方案

技能目标

◆ 能够根据工艺要求设计出控制方案

7.1　传热过程的自动控制

在工业生产过程中，传热设备主要用来对物料进行加热或冷却来维持一定的温度。传热设备的种类很多，主要有换热器、蒸汽加热器、再沸器、冷凝器及加热炉等。一般传热设备的被控变量都是工艺介质的出口温度，操纵变量多数是载热体的流量，但控制方案却是多种多样。

7.1.1　换热器的温度控制

换热器操作的目的是为了使生产过程中的物料加热或冷却到一个工艺要求的温度，自动控制的目的就是要通过改变换热器的热负荷保证换热器出口物料温度在工艺要求范围内稳定在给定值上。当换热器两侧流体在传热过程中均无相变化时，一般采用下列几种控制方案。

1. 控制载热体流量

改变载热体流量的简单控制方案如图 7-1(a)所示，该方案适用于载热体流量的变化对温度影响较灵敏的场合。当载热流体的压力不稳定而成为主要干扰较严重地影响到被控参数的控制精度时，可采用以温度为主参数、载热体流量为副参数的串级控制系统的控制方案，力求达到工艺操作的要求，如图 7-1(b)所示。

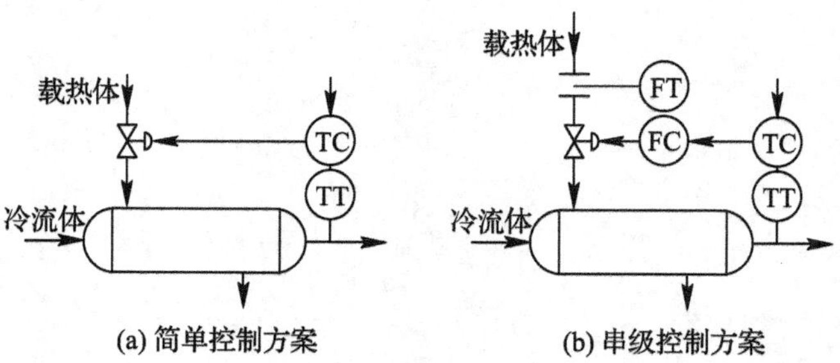

图 7-1　改变载热体流量的控制方案

2. 控制载热体旁路流量

当载热体本身也是工艺介质，其流量不允许控制时，上述方案就不可以使用。如果载热体本身流量的变化对温度影响较灵敏，但其总量又不允许改变，可用图 7-2 所示的三通阀控制方案。

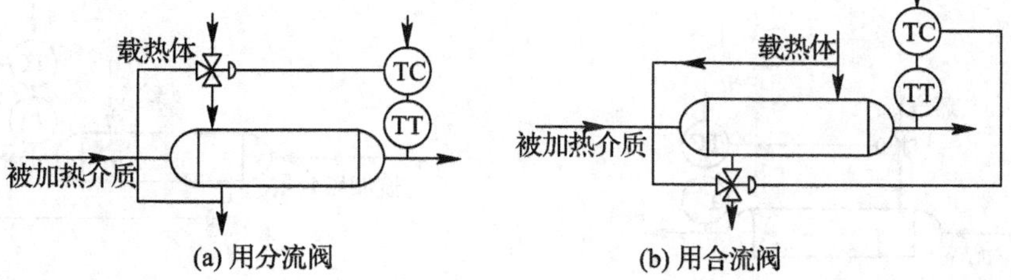

图 7-2　将载热体分流的控制方案

图 7-2(a)为载热体进入换热器之前用三通阀分流，图 7-2(b)为载热体流出换热器之后分流。通过控制分流流量来控制温度并保证载热体的总流量不受影响。

3. 控制被加热流体流量的旁路

图 7-3 所示为被加热流体流量旁路控制方案，其中一部分工艺物料经换热器，另一部分走旁路。这种方案从控制机理来看实际上是一个混合过程，所以反应迅速及时，适用于物料停留在换热器里时间较长的操作。但需要注意的是换热器必须要有富裕的传热面积，而且载热体流量一直处于高负荷下。该方案在采用专门的载热体时是不经济的，然而对于某些热量回收系统，载热体是工艺物料，总量本不宜控制，这时便不成为缺点了。

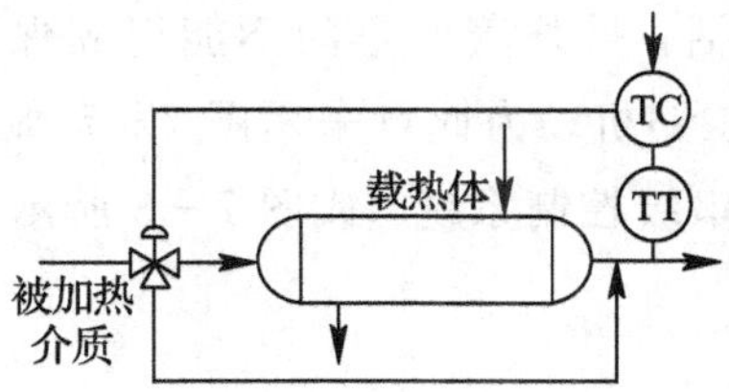

图 7-3　被加热流体流量旁路控制方案

7.1.2　蒸汽加热器的温度控制

蒸汽加热器的载热体是蒸汽，通过蒸汽冷凝释放热量来加热物料。水蒸气是最常用的一种载热体，根据加热温度的不同，也可采用其他介质的蒸汽作为载热体。

1. 控制蒸汽载热体的流量

图 7-4 所示是控制蒸汽流量的温度控制方案，它通过改变加热蒸汽量来稳定被加热介质的出口温度。这种控制方案控制灵敏，但是当采用低压蒸汽作为载热体时，进入加热器内的蒸汽一侧会产生负压，此时，冷凝液将不能连续排出，采用该控制方案就需慎重。

2. 控制冷凝液的排放量

图 7-5 所示是控制冷凝液排放量的控制方案。该方案是通过控制冷凝液的排放量，以实现对被加热物料出口温度的控制。这种控制方案有利于冷凝液的排放，传热变化比较平缓，可防止局部过热，有利于热敏介质的控制。此外，该方案的排放阀的口径小于蒸汽阀的口径，但这种改变传热面积的控制方案的动作比较迟钝。

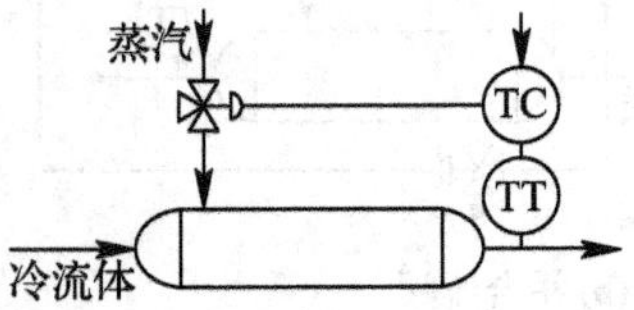

图 7-4　控制蒸汽流量的方案

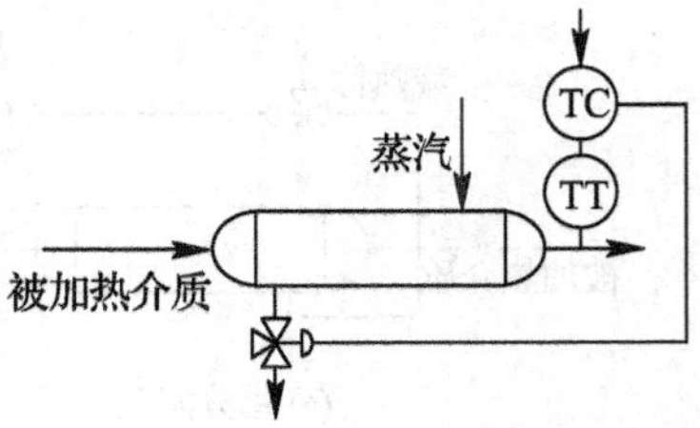

图 7-5　控制冷凝液排放量的方案

7.1.3　冷却器的温度控制

冷却器的载热体是冷却剂，用水或空气作冷却剂冷却的温度是有限的，工业生产过程中常常采用液态氨等介质作为制冷剂，利用它们在冷却器内蒸发时吸收工艺物料的大量热量，使工艺物料的出口温度下降来达到生产工艺的要求。工业用冷却器的一般控制方案有以下几种。

1. 控制冷却剂的流量

图 7-6 所示为氨冷却器控制冷却剂流量的控制方案，该方案控制平稳，冷量利用充分，且对压缩机入口压力无影响。但这种方案控制不够灵活，另外蒸发空间不能得到保证，易引起气氨带液而损坏压缩机。为此可采用图 7-7 所示的物料出口温度与液位的串级控制系统，或图 7-8 所示的选择性控制系统。

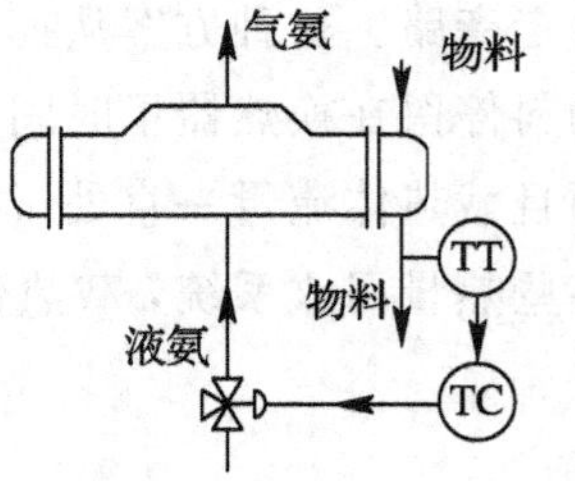

图 7-6　控制冷却剂流量的方案

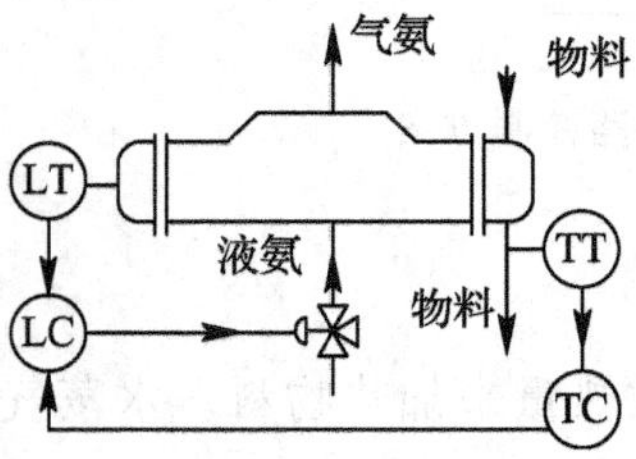

图 7-7　温度—液位串级控制系统

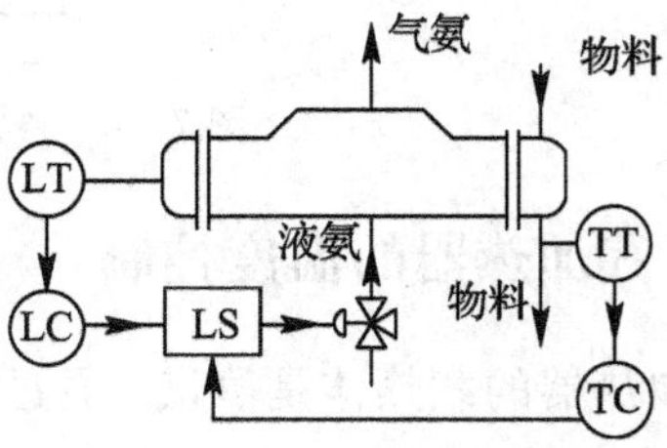

图 7-8　温度—液位的选择性控制方案

2. 控制气氨排量

图 7-9 所示为氨冷却器控制气氨排量的控制方案。采用这种方案时，控制灵敏迅速，但制冷系统必须许可压缩机入口压力的波动，而且冷量的利用不充分。为确保系统的安全运行，还需要设置一个液位控制系统，防止液氨进入气氨管路而导致压缩机损坏。

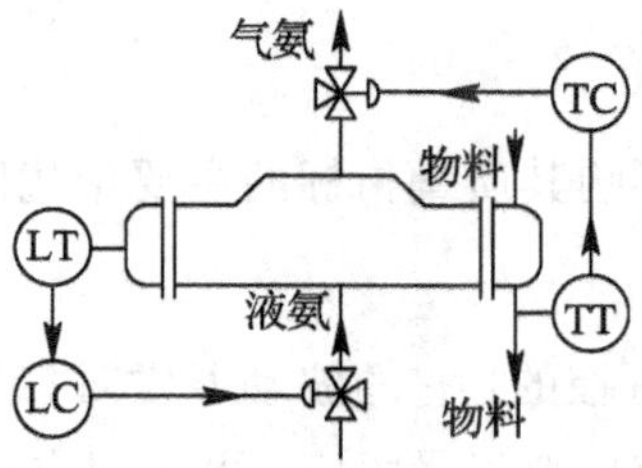

图 7-9　控制气氨排量的方案

7.2　精馏塔生产过程的自动控制

精馏是现代化工、炼油等工业生产中应用极为广泛的传质传热过程，其目的是将混合物中各组分分离，达到规定的纯度。精馏过程的实质就是利用混合物各组分具有不同的挥发度，使液相中的轻组分转移到气相中，而气相中的重组分转移到液相中，从而实现分离的目的。

7.2.1　精馏塔的控制目标

精馏塔的控制目标是：在保证产品质量合格的前提下，使回收率最高和能耗最低，或使塔的总收益最大，或总成本最小。一般来讲应满足以下三方面要求。

1. 保证质量指标

在精馏塔的生产过程中，一般应当使塔顶或塔底产品中的一个产品符合工艺要求的纯度，另一个产品的组分亦应该保持在规定的范围之内。此时，应取精馏塔塔顶或塔底的产品质量作为被控变量，这种控制系统称为精馏塔的质量控制系统。

2. 物料平衡和能量平衡

为了保证精馏塔的物料平衡和能量平衡，必须尽可能预先克服进塔之前的主要可控干扰，同时尽可能缓和一些不可控的主要干扰。例如，可设置进料的温度控制、加热剂和冷却剂的压力控制、进料量的均匀控制系统等。为了维持塔的物料平衡，必须控制塔顶馏出液和釜底采出量，使它们之和等于进料量，而且两个采出量变化要缓慢，以保证精馏塔操作的平稳。塔内的持液量应保持在规定的范围内波动，控制好塔内的压力稳定，对精馏塔的物料平衡和能量平衡是十分必要的。

3. 约束条件

为确保精馏塔的正常、安全运行，操作时必须使某些操作参数限制在约束条件之内。常用的精馏塔限制条件为液泛限、漏液限、压力限和临界温差限等。液泛限又称气相速度限，即塔内气相速度过高时，雾沫夹带现象十分严重，实际上液相将从下面塔板倒流到上面塔板，产生液泛，破坏塔的正常操作。漏液限又称为最小气相速度限，当气相速度小于某一值时，将产生塔板漏液现象，板效率下降。最好能在稍低于液泛的流速下操作。要防止液泛和漏液现象，可以通过塔压降或压差来监视气相速度。压力限是塔的操作压力的限制，一般设最大操作压力限，超限会影响塔内的气液相平衡，严重超限甚至会影响安全生产。

7.2.2 精馏塔的干扰因素

在精馏塔的操作过程中，影响其质量指标的主要干扰因素有以下几个方面。

1. 进料流量的波动

进料量在很多情况下是不可控的，它的波动通常难以完全避免。如果一个精馏塔位于整个工艺生产过程的起点，要使进料流量恒定，可采用定值控制。然而，在多数情况下，精馏塔的处理量是由上一工序决定的。如果要使进料量恒定，势必需要设置很大的中间储存物料的容器。工艺生产上新的设计思想是尽量减小或取消中间储槽，在上一工序中采用液位均匀控制系统来控制出料量，以使进料流量的波动不至于剧烈。

2. 进料成分的变化

进料成分一般是不可控的，它的变化也是无法避免的，进料成分由上一工序或原料情况所确定。

3. 进料温度的变化

进料温度通常是比较恒定的，假如不恒定，可以先将进料进行预热，通过温度控制系统来使精馏塔的进料温度恒定。

4. 再沸器加入热量的变化

当加热剂是蒸汽时，加入热量的变化往往是由蒸汽压力的变化而引起的，通常可以在蒸汽总管设置压力控制系统，或者在串级控制系统的副回路对蒸汽压力带来的影响予以克服。

5. 冷凝器内除去热量的变化

冷却过程热量的变化会影响到回流量或回流温度，它的变化主要是由于冷却剂的压力或温度变化而引起的。一般情况冷却剂温度的变化较小，而压力的波动可采用与克服加热剂压力变化同样的方法予以克服。

6. 环境温度的变化

一般情况下，环境温度变化的影响较小。但在采用风冷器作冷凝器时，则天气骤变与昼夜温差会对塔的操作影响较大，它会使回流量或回流温度发生改变。为此，可采用内回流控制的方法。内回流控制是指在精馏过程中，控制内回流量为恒定量或按某一规律变化。

7.2.3 精馏塔的基本控制方案

精馏塔的控制目标是使塔顶和塔底的产品满足工艺生产规定的质量要求。精馏塔由于其生产的工艺要求和操作条件的不同，控制方案种类繁多，这里仅讨论常见的塔顶和塔底均为液相时的基本控制方案。

对于有两个液相产品的精馏塔来说，质量指标控制可以根据主要产品的采出位置不同分为两种情况：一是主要产品从塔顶馏出时可采用按精馏段质量指标的控制方案，二是主要产品从塔底流出的则可采用按提馏段质量指标的控制方案。

1. 提馏段温度控制

1）工艺要求

（1）保证塔底产品质量是控制的主要目的。

（2）塔底采出液作为下一个塔的进料。

（3）塔顶馏出液也要去另一个塔进一步分离。

（4）进料来自于前一个塔。

（5）塔压要求稳定。

（6）塔顶回流量要求恒定。

2）控制手段

针对上述 6 点工艺要求，相应的控制手段如下：

（1）以塔底温度为被控变量，以再沸器的加热蒸汽为操纵变量构成温度单回路控制系统。

（2）以塔底液位为被控变量，以塔底采出液为操纵变量组成均匀控制系统，以同时满足本塔出料与下一个塔进料之间的供需关系。

（3）以回流罐液位为被控变量，以塔顶馏出液为操纵变量组成均匀控制系统，以同时满足本塔出料与下一个塔进料之间的供需关系。

（4）以塔进料量为被控变量，以其自身为操纵变量组成均匀控制系统，以同时满足上一个塔的出料与本塔进料之间的协调的供需关系。

（5）以塔顶压力为被控变量，以冷凝液为操纵变量组成压力定值控制系统，以维持塔压稳定。

（6）以塔顶回流量为被控变量，以其自身为操纵变量组成流量定值控制系统，以保证回流量恒定。

具体控制方案如图 7－10 所示。

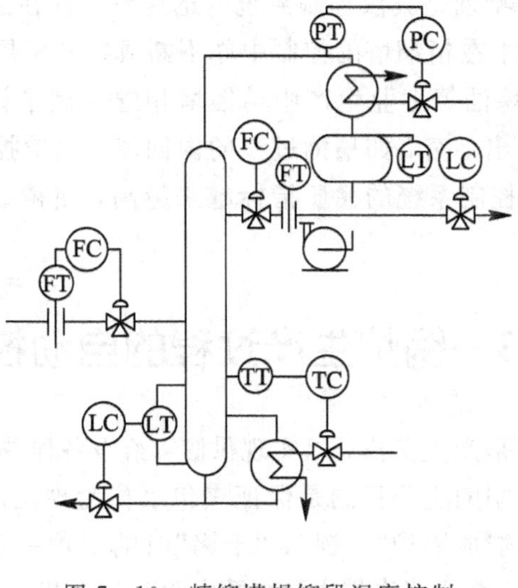

图 7－10　精馏塔提馏段温度控制

2. 精馏段温度控制

1) 工艺要求

(1) 保证塔顶产品质量是控制的主要目的。

(2) 塔底采出液作为下一个塔的进料。

(3) 塔顶馏出液也要去另一个塔进一步分离。

(4) 进料来自于前一个塔。

(5) 塔压要求稳定。

(6) 再沸器的加热蒸汽量要求恒定。

2) 控制手段

和提馏段控制一样，针对上述 6 点工艺要求，也有相应的 6 个控制手段，方案如图 7-11 所示。

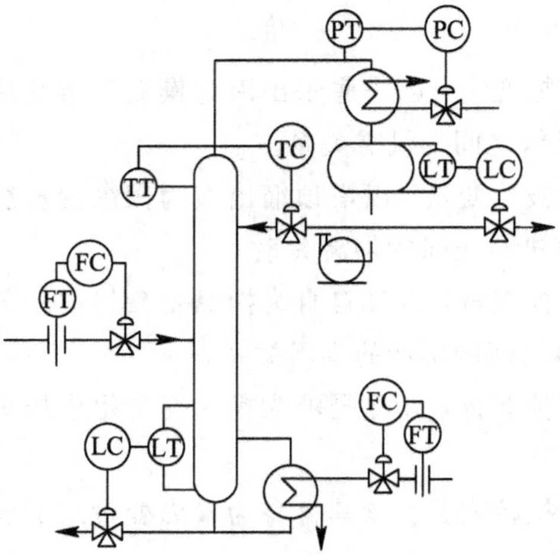

图 7-11 精馏塔精馏段温度控制

由于计算机控制技术特别是集散控制系统的迅速发展并在工业生产过程中的应用日趋广泛，加之计算机控制技术在精馏塔的控制中亦不断成熟和发展，不少大、中型企业，特别是石油化工、医药化工、炼油等工业生产中精馏塔相继采用了计算机控制，因此使得在精馏过程中新的控制方案层出不穷，如精馏过程的内回流、热焓控制、解耦控制、推断控制、节能控制、最优控制等。控制系统的品质指标越来越高，使精馏塔的操作收到了明显的经济效益。

7.3 锅炉生产过程的自动控制

工业锅炉的主要作用是产生蒸汽，以实现供暖、给设备伴热、给设备及仪表扫线、驱动透平机等。而锅炉液位控制的主要目的是保证汽包水位为规定的数值。因为水位过低，会使汽包里的水全部汽化而造成锅炉“干锅”，“干锅”时的锅炉一旦注水就容易爆炸，不注水就会烧塌；如果水位过高，会使蒸汽带水；如果去驱动透平机，就会损坏透平机。所以锅炉汽包的水位是重要的操作指标。

在锅炉控制中，习惯用“冲量”一词来代表“变量”。根据控制中所用变量数目的不同，锅炉控制分为单冲量、双冲量和三冲量控制系统。

7.3.1　单冲量液位控制系统

单冲量控制系统是以汽包水位为被控变量，选择给水流量为操纵变量而组成的一个单回路汽包水位的控制系统，如图 7－12 所示。

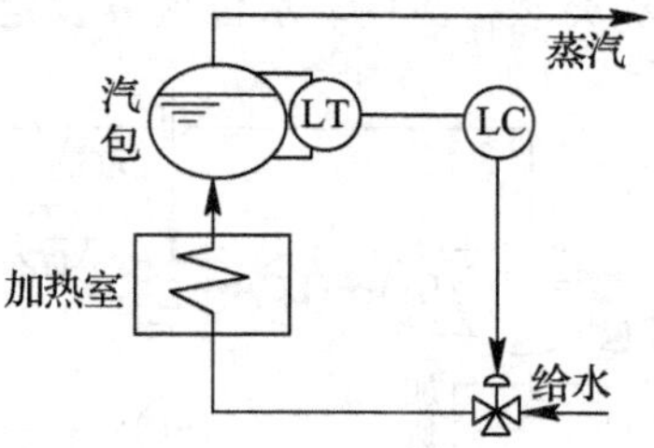

图 7－12　单冲量控制系统

对于小型锅炉，由于水在汽包停留时间较长，蒸汽负荷变化时，假水位的现象并不显著，如果再配上一套联锁报警装置，也可以保证安全操作，采用这种单冲量控制方案能满足生产的工艺要求。对于中、大型锅炉，由于蒸汽负荷变化，假水位的现象严重，当蒸汽负荷突然增加时，由于假水位现象，控制器不但不能开大控制阀增加给水量，以维持锅炉的物料平衡，而且会关小控制阀的开度，减少给水量，使水位严重下降，波动很剧烈，严重时甚至会使汽包水位下降到危险限而导致发生事故。该控制方案难以满足中大型锅炉生产的安全和操作平稳的工艺要求。

7.3.2　双冲量液位控制系统

在汽包水位的控制中，最主要的干扰是蒸汽负荷的变化，如果根据蒸汽流量来进行校正，就可以纠正假水位引起的误动作，而且使控制阀的动作十分及时，从而减少水位的波动，改善控制品质。将蒸汽流量信号引入，就构成了双冲量控制系统，图 7－13 所示是典型的双冲量控制系统。双冲量控制系统是在单冲量的基础上增加了一个负荷的“前馈—反馈”控制系统。当负荷突然加大时，未等它影响到液位，阀就会提前动作，从而减少因蒸汽负荷的变化而引起的液位波动，避免了“虚假液位”，改善了控制品质。

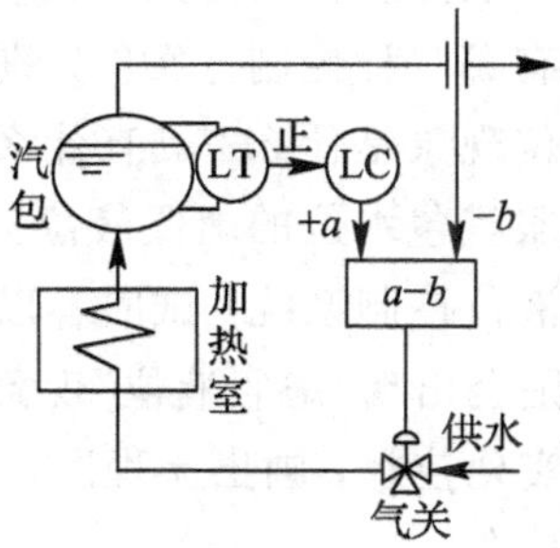

图 7－13　双冲量控制系统

7.3.3 三冲量液位控制系统

双冲量控制系统还有两个弱点：一是控制阀的工作特性不一定是线性的；二是对于给水系统的干扰仍不能克服。为此可再将给水流量信号引入，构成三冲量控制系统，如图7-14所示。从该图可以看出，这是前馈与串级控制组成的复合控制系统。在汽包停留时间较短时，需要引入蒸汽信号的微分作用，如图中虚线所示，这种微分信号应是负微分作用，以避免由于负荷突然增加和突然减少时，水位偏离设定值过高或过低而造成锅炉停车。

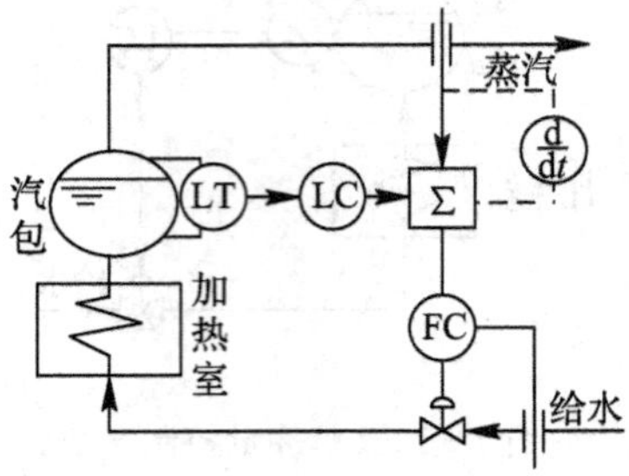

图7-14　三冲量控制系统

本章小结

本章介绍了各种典型过程单元的控制方案，主要内容有：

(1) 换热器、蒸汽加热器和冷却器等传热设备的温度控制。

(2) 精馏塔的提馏段和精馏段温度的控制方案。

(3) 锅炉的单冲量、双冲量和三冲量液位控制方案。

习题与思考题

7-1　两侧均无相变的换热器控制方案有哪些？各有何特点？

7-2　控制蒸汽流量和控制冷凝水排出量的加热器控制方案的特点是什么？

7-3　氨冷却器的控制方案有哪些？各有何特点？

7-4　精馏塔的精馏段和提馏段温度控制方案有何特点？分别用在什么场合？

7-5　锅炉设备的汽包水位有哪三种控制方案？分别适用于什么场合？

7-6　锅炉汽包水位的假液位现象是什么？具有什么危害性？

7-7　采取什么方法能够克服汽包水位的虚假液位？

7-8　图7-15为锅炉汽包液位控制系统，试回答以下问题：

(1) 如果采用简单控制系统则会出现“虚假液位”现象，这是为什么？

(2) 试设计双冲量控制系统实现控制，画出流程图；

(3) 确定阀门的气开、气关形式；

(4) 确定控制器的正、反作用。

7-9　图7-16所示的氨冷器温度控制系统用液氨冷却铜液，要求出口铜液温度恒定。

为保证氨冷器内有一定的汽化空间，避免液氨带入冰机造成事故，采用温度—液位串级控制。

(1) 此串级控制系统的主、副被控变量各是什么？

(2) 试设计一温度—液位串级控制系统完成该控制方案；

(3) 试画出温度—液位串级控制系统的方框图；

(4) 确定气动调节阀的气开、气关形式，并说明原因；

(5) 确定主、副调节器的正、反作用。

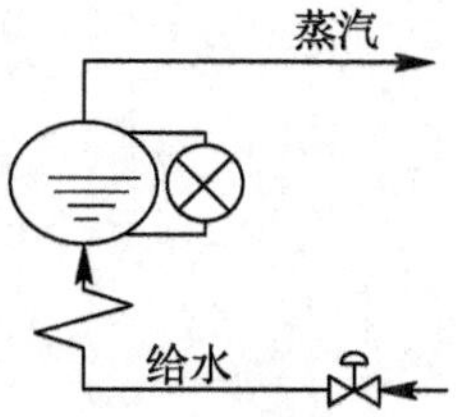

图 7-15　锅炉汽包液位控制系统

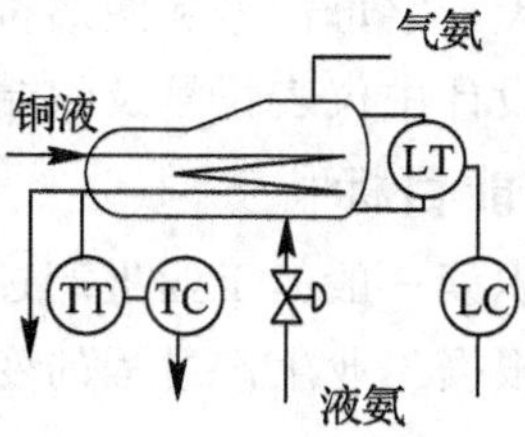

图 7-16　氨冷器温度控制系统

第八章　过程控制工程设计基础

知识目标

- ◆ 工程设计字母代号和图形符号的意义
- ◆ 工程设计中仪表位号及编制方法

技能目标

- ◆ 能够识读一般的工业生产过程控制系统图
- ◆ 能够根据工业生产过程的变量要求设计控制系统

8.1　工程设计的基本知识

过程控制工程设计，就是把实现生产过程自动化的内容用设计图纸和设计文件表示出来。工程设计图纸的内容，都是以图示的形式，用图形和代号等符号来表示的。要读懂工程设计图，首先应读懂带控制点的工艺流程图。所谓带控制点的工艺流程图，指在工艺物料流程图的基础上，用过程检测和控制系统的设计符号描述生产过程控制内容的图纸，简称控制流程图。它是过程控制水平和过程控制方案的全面体现，不仅是工程设计的依据，也是工艺人员了解装置和生产操作时的重要参考资料。

工程设计符号通常包括图形符号、字母代号、数字编号等。将表示某种功能的字母和数字组成的仪表位号置于图形符号中，就表示出了一台仪表的位号、种类及功能。

本书所述的图例符号采用 GB2625—81 国家标准，适用于化工、石油、冶金、电力、轻工、建材和其他工业的控制流程图。

8.1.1　字母代号

表示被测变量和仪表功能的字母代号见表 8-1。后继字母的确切含义，根据实际需要可以有不同的解释。例如："R"可以解释为"记录仪"、"记录"或"记录用"；"T"可理解为"变送器"、"传送"等。后继字母"G"表示功能"玻璃"，用于对过程检测直接观察而无标度的仪表。后继字母"L"表示单独设置的指示灯，用于显示正常的工作状态。例如：显示温度高低的指示灯用"TL"标注。后继字母"K"表示设置在控制回路内的自动-手动操作器。例如：流量控制回路的自动-手动操作器为"FK"，它区别于被测变量字母代号"H"——手动(人工触发)和"HC"——手动控制。

表示被测变量的任何第一位字母与修饰字母"d"(差)、"f"(比)、"q"(积分、积算)组合起来使用时，应把第一位字母与修饰字母看作一个具有新的含义的组合体。修饰字母一般用小写，在不会产生混淆时，也可以用大写，但在同一设计项目中应统一。例如："TdI"与"TI"分别表示温差指示和温度指示；"Td"与"T"为两个不同的变量。修饰词"S"表示安全，仅用于检测仪表或检出元件及终端控制元件的紧急保护。例如："TSA"表示温度的联锁与报警。

当选用第一位字母"A"作为分析变量时，应在图形符号圆圈外标明分析的具体内容。例如：分析一氧化碳含量，应在圆圈外标注 CO，而不能用"CO"取代圆圈内的"A"。"指示"的功能是指检测仪表将被测变量显示出来的功能。如果仪表指示值的改变并非直接由于测量值的变化所引起，而是人工调整仪表标度盘的结果，则不包括在此项功能之内。

当字母"H"、"M"、"L"表示被测变量的"高"、"中"、"低"值时，应标注在仪表圆圈外面。当使用字母"H"、"L"表示阀门或其他通、断设备的开关位置时，则"H"表示阀在全开或接近全开的位置；"L" 表示阀在全关或接近全关的位置。在带控制点工艺流程图以外的设计文件中，表示报警、联锁的"高"、"低"值时，可将 "H"、"L"标注在后继字母的末位。例如：流量指示和高低值报警，分别标注为"FIAH－111"和"FIAL－111"。

字母"U"表示"多变量"时，可代替两个以上第一位字母的含义。当表示"多功能"时，则代替两个以上功能字母的组合。

"供选用"的字母，是指在个别设计中反复使用，而表中未列出其含义的字母。使用时字母含义需在具体工程的设计图例中作出规定，第一位字母是一种含义，而后继字母表示另一种含义。例如：字母"N"作为第一位字母时可为"应力"，而作为后继字母时可为"示波器"。

表 8－1　字母代号的意义

字母	第一位字母		后继字母	字母	第一位字母		后继字母
	被测变量	修饰词	功能		被测变量	修饰词	功能
A	分析		报警	N	供选用		供选用
B	喷嘴火焰		供选用	O	供选用		节流孔
C	电导率		控制	P	压力或真空		试验点
D	密度	差		Q	数量或件数	积分	积分、积算
E	电压(电动势)		检测元件	R	放射性		记录、打印
F	流量	比		S	速度、频率	安全	开关或联锁
G	尺度(尺寸)		玻璃	T	温度		传送
H	手动(人工触发)			U	多变量		多功能
I	电流		指示	V	黏度		阀、挡板
J	功率	扫描		W	重量或力		套管
K	时间或顺序		自动-手动操作器	X	未分类		未分类
L	物位		指示灯	Y	供选用		计算器
M	水分或湿度			Z	位置		驱动、执行器

“未分类”的变量和“未分类”的功能字母“X”，指在个别设计中，仅使用一次或在一定范围内使用，而表示未列入其含义的字母。当“X”和其他字母一起使用时，除了具有明确意义之外，应在图形符号圆圈外标明“X”的具体意义。例如：“XI-1”可以是振动指示仪；“XR-2”可以是应力指示仪；“XX-3”可以是应力示波器。

8.1.2 图形符号

模拟仪表、设备、元件、管线等的图形符号有以下几种。

(1) 测量点(包括检出元件与取样点)是由工艺设备轮廓线或工艺管线(粗实线)引到仪表圆圈的连接线(细实线)的起点，一般无特定的图形符号，如图 8-1 所示。

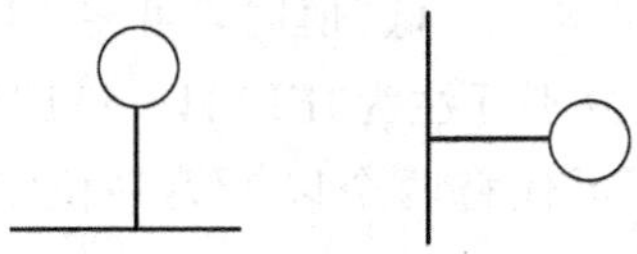

图 8-1　测量点的图形符号

(2) 连接线。通用的仪表信号线均以细实线表示。在需要区分时，电信号可用虚线表示；气信号用在实线上打双斜线表示，如图 8-2 所示。

图 8-2　电信号和气信号的连接线

(3) 仪表的图形符号。仪表的图形符号是一个细实线圆圈，根据仪表的安装位置不同，其图形符号有所区别。仪表的安装位置可用加在圆圈中的细实线、细虚线来表示。

8.1.3 仪表位号及编制方法

(1) 在检测、控制系统中，构成一个回路的每台仪表(或元件)都应有自己的位号。仪表位号由字母代号组合和阿拉伯数字编号组成。其中字母代号组合写在圆圈的上半部；数字编号写在圆圈的下半部，一般是由三位或四位数字组成，其中第一位表示工段号，后续数字表示仪表的序号，如图 8-3 所示。

图 8-3　集中与就地安装仪表位号的标注方法

(2) 多机组的仪表位号一般按顺序编制，而不用相同位号加尾缀的方法。例如：锅炉给水泵通常有两台，一用一备，每台泵出口压力都需要配置一个压力指示仪表，仪表的位号应编为 PI-1 和 PI-2，而不能编为 PI-1A 和 PI-1B。如果同一个仪表回路中有两个以上具有相同功能的仪表，可用仪表位号后附加尾缀(大写英文字母)的方法加以区别。例如：某控制系统中，PT-101A 和 PT-101B 分别表示同一系统中的两台变送器，FV-201A和 FV-201B 分别表示同一系统中的两台控制阀。

(3) 一台仪表或一个圆圈内，仪表位号的字母代号最好不要超过 5 个字母。表示功能的后继字母应按 IRCTQSA(指示、记录、控制、传送、积算、开关或联锁、报警)的顺序标注。具有指示和记录功能时，只标注字母代号“R”，而不标注“I”；具有开关和报警功能时，只标注字母代号“A”，而不标注“S”；当字母代号“SA”同时出现时，表示具有联锁和报警功能；一台仪表或一个圆圈内具有多功能时，可以用多功能字母代号“U”标注。例如：“LU”可以表示一台具有液位高报警、液位变送、液位指示、记录和控制等功能的仪表。

(4) 在带控制点工艺流程图或其他设计文件中，构成一个仪表回路的一组仪表，可以用主要仪表的位号或仪表位号的组合来表示。例如：FRC－121 可以代表一个流量记录控制回路。在带控制点工艺流程图上，一般不表示出仪表冲洗或吹气系统的转子流量计、压力控制器、空气过滤器等设备，而应另出详图表示。

(5) 随设备成套供应的仪表，在带控制点工艺流程图上也应标注位号，但是在仪表位号圆圈外应标注“成套”或其他符号。

(6) 仪表附件如冷凝器、隔离装置等不标注仪表位号。

(7) 为了表达清楚，必要时可在仪表图形符号旁边附加简要说明。

8.2　工程设计的实例分析

图 8－4 是脱丙烷塔带控制点工艺流程图，已了解了控制流程图中的各种符号，现在了解该图的工艺流程及过程控制系统、自动检测系统、自动信号报警系统。

1. 了解工艺流程

控制流程图是在工艺流程图的基础上设计出来的，所以在了解控制流程图之前先要了解工艺流程。

第一脱乙烷塔塔釜来的釜液和第二蒸出塔的釜液混合后进入脱丙烷塔(T1808)，进料中主要含有 C3、C4 等馏分，为气液混合状态。进料温度为 32℃，塔顶温度为 8.9℃，塔釜温度为 72℃。塔内操作压力 0.75 MPa(绝压)。采用的回流比约为 1.13。冷凝器(E1802)由 0℃的液态丙烯蒸发制冷，再沸器(E1801A/B)加热用的 0.15 MPa(绝压)减压蒸汽是由来自裂解炉的 0.6 MPa(绝压)低压蒸汽与冷凝水混合制得的。

进料混合馏分经过脱丙烷塔切割分离，塔顶馏分被冷凝器冷凝后送至回流罐(V1801)，回流罐中的冷凝液被泵(P1801 A/B)抽出后，一部分作为塔顶回流，另一部分作为塔顶采出送至分子筛干燥器和低温加氢反应器，经过干燥和加氢后，作为第二脱乙烷塔的进料。回流罐中的少量不凝气体通过尾气管线返回裂解气压缩机或送至火炬烧掉。塔釜中釜液的一部分进入再沸器以产生上升蒸汽，另一部分作为塔底采出送至脱丁烷塔继续分离。

2. 了解过程控制系统

要想了解控制系统的情况，应该借助于控制流程图和自控方案，这里仅就控制流程图进行说明。图 8－4 中共有 7 套控制系统。

FRC－101 为进料流量均匀控制系统，用于控制脱丙烷塔的进料流量。

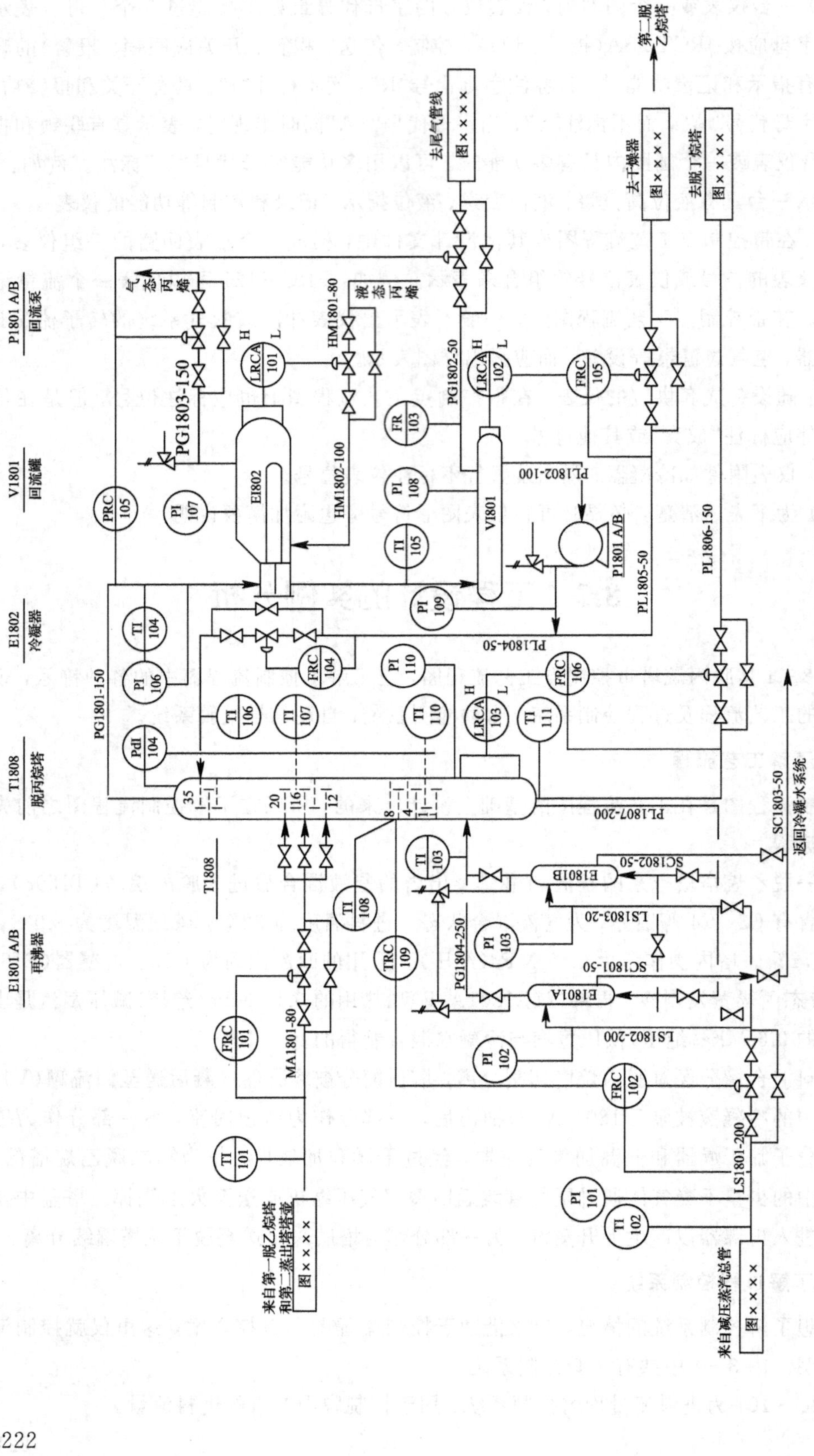

图8-4 脱丙烷塔带控制点工艺流程图

LRCA-102、FRC-105 为回流罐液位与塔顶采出流量的串级均匀控制系统，用于对回流罐液位和塔顶采出流量进行均匀控制。FRC-105 为副回路，LRCA-102 为主回路，并具有液位的上、下限报警功能。

LRCA-103、FRC-106 为塔釜液位与塔底采出流量的串级均匀控制系统，用于对塔釜液位和塔底采出流量进行均匀控制。

以上三套均匀控制系统不仅能使塔釜液位和回流罐液位保持在一定范围内波动，而且也能保持塔的进料量、塔顶馏出液和塔釜馏出液流量平稳、缓慢地变化。基本满足各塔对物料平衡控制的要求。

TRC-109、FRC-102 为提馏段温度与蒸汽流量串级控制系统。FRC-102 为副回路，对加热蒸汽流量进行控制。TRC-109 为主回路，对提馏段温度进行控制。当加热蒸汽压力波动不大时，通过"主/串"切换开关可使主控制器的输出直接去控制执行器，实现主控。

PRC-105 为脱丙烷塔压力控制系统。它以塔顶气相出料管中的压力为被控变量，冷凝器出口的气态丙烯流量为操纵变量构成单回路控制系统，以维持塔压稳定。

另外，PRC-105 除了控制气态丙烯控制阀外，还可控制回流罐顶部不凝气体控制阀，这就构成了塔顶压力的分程控制系统。当塔顶馏出液中不凝气体过多，气态丙烯控制阀接近全开，塔压仍不能降下来时，压力控制器就使回流罐上方的不凝气体控制阀逐渐打开，将部分不凝气体排出，从而使塔压恢复正常。

LRCA-101 为冷凝器液位控制系统。它以液态丙烯流量为操纵变量，以保证冷凝器有恒定的传热面积和足够的丙烯蒸发空间。

FRC-104 为回流量控制系统。目的是保持脱丙烷塔的回流量一定，以稳定塔的操作。

3. 了解自动检测系统

温度检测系统 TI-101、TI-103、TI-104、TI-105、TI-106、TI-107、TI-108 分别对进料、再沸器出口、塔顶、冷凝器出口、塔顶回流、塔中、第七段塔板等各处温度进行检测并在控制室内的仪表盘上进行指示；TI-102、TI-110、TI-111 分别对再沸器加热蒸汽、塔釜、塔底采出等处的温度进行检测并在现场指示。

压力检测系统 PI-101、PI-102、PI-103、PI-106、PI-107、PI-108、PI-109、PI-110 分别对蒸汽总管、再沸器加热蒸汽、塔顶、冷凝器、回流罐、回流泵出口、塔底等处压力进行检测及现场指示。PdI-104 对塔顶、塔底压差进行检测并在控制室的仪表盘面进行指示。

流量检测系统 FR-103 对回流罐上方不凝气体排出量进行检测记录。

4. 了解自动信号报警系统

本例中，为了生产安全，要确保塔釜液位、冷凝器液位、回流罐液位都在规定的范围内变化，故设置了三个液位的上、下限报警系统。

从该控制流程图上可以读到以上内容，一个大装置的控制流程图往往很长，但分析方法是一样的。

本章小结

本章介绍了过程控制工程设计的基础，包括的主要内容有：

(1) 工程设计中字母代号、图形符号及仪表位号的意义。

(2) 控制流程图的读图方法：了解工艺流程、了解过程控制系统、了解自动检测系统、了解自动信号报警系统。

习题与思考题

8-1　读图8-4，试回答下列问题：

(1) 该控制流程图中有几套控制系统？各系统的位号分别是什么？控制变量各是什么？

(2) 图中有哪些检测系统？哪些现场指示？哪些在控制室的仪表盘上指示？

8-2　从实习工厂借一张控制流程图来练习。

附 录

K 型镍铬—镍硅(镍铬—镍铝)热电偶分度表

	热电动势(mV)(JJG 351-84)，参考端温度为 0℃									
温度(℃)	0	1	2	3	4	5	6	7	8	9
−50	−1.889	−1.925	−1.961	−1.996	−2.032	−2.067	−2.102	−2.137	−2.173	−2.208
−40	−1.527	−1.563	−1.6	−1.636	−1.673	−1.709	−1.745	−1.781	−1.817	−1.853
−30	−1.156	−1.193	−1.231	−1.268	−1.305	−1.342	−1.379	−1.416	−1.453	−1.49
−20	−0.777	−0.816	−0.854	−0.892	−0.93	−0.968	−1.005	−1.043	−1.081	−1.118
−10	−0.392	−0.431	−0.469	−0.508	−0.547	−0.585	−0.624	−0.662	−0.701	−0.739
0	0	−0.039	−0.079	0.118	−0.157	−0.197	0.236	−0.275	−0.314	−0.353
0	0	0.039	0.079	0.119	0.158	0.198	0.238	0.277	0.317	0.357
10	0.397	0.437	0.477	0.517	0.557	0.597	0.637	0.677	0.718	0.758
20	0.798	0.838	0.879	0.919	0.96	1	1.041	1.081	1.122	1.162
30	1.203	1.244	1.285	1.325	1.366	1.407	1.448	1.489	1.529	1.57
40	1.611	1.652	1.693	1.734	1.776	1.817	1.858	1.899	1.94	1.981
50	2.022	2.064	2.105	2.146	2.188	2.229	2.27	2.312	2.353	2.394
60	2.436	2.477	2.519	2.56	2.601	2.643	2.684	2.726	2.767	2.809
70	2.85	2.892	2.933	2.875	3.016	3.058	3.1	3.141	3.183	3.224
80	3.266	3.307	3.349	3.39	3.432	3.473	3.515	3.556	3.598	3.639
90	3.681	3.722	3.764	3.805	3.847	3.888	3.93	3.971	4.012	4.054
100	4.095	4.137	4.178	4.219	4.261	4.302	4.343	4.384	4.426	4.467
110	4.508	4.549	4.59	4.632	4.673	4.714	4.755	4.796	4.837	4.878
120	4.919	4.96	5.001	5.042	5.083	5.124	5.164	5.205	5.246	5.287
130	5.327	5.368	5.409	5.45	5.49	5.531	5.571	5.612	5.652	5.693
140	5.733	5.774	5.814	5.855	5.895	5.936	5.976	6.016	6.057	6.097
150	6.137	6.177	6.218	6.258	6.298	6.338	6.378	6.419	6.459	6.499
160	6.539	6.579	6.619	6.659	6.699	6.739	6.779	6.819	6.859	6.899
170	6.939	6.979	7.019	7.059	7.099	7.139	7.179	7.219	7.259	7.299
180	7.338	7.378	7.418	7.458	7.498	7.538	7.578	7.618	7.658	7.697
190	7.737	7.777	7.817	7.857	7.897	7.937	7.977	8.017	8.057	8.097

续表一

	热电动势(mV)(JJG 351－84)，参考端温度为 0℃									
温度(℃)	0	1	2	3	4	5	6	7	8	9
200	8.137	8.177	8.216	8.256	8.296	8.336	8.376	8.416	8.456	8.497
210	8.537	8.577	8.617	8.657	8.697	8.737	8.777	8.817	8.857	8.898
220	8.938	8.978	9.018	9.058	9.099	9.139	9.179	9.22	9.26	9.3
230	9.341	9.381	9.421	9.462	9.502	9.543	9.583	9.624	9.664	9.705
240	9.745	9.786	9.826	9.867	9.907	9.948	9.989	10.029	10.07	10.111
250	10.151	10.192	10.233	10.274	10.315	10.355	10.396	10.437	10.478	10.519
260	10.56	10.6	10.641	10.882	10.723	10.764	10.805	10.848	10.887	10.928
270	10.969	11.01	11.051	11.093	11.134	11.175	11.216	11.257	11.298	11.339
280	11.381	11.422	11.463	11.504	11.545	11.587	11.628	11.669	11.711	11.752
290	11.793	11.835	11.876	11.918	11.959	12	12.042	12.083	12.125	12.166
300	12.207	12.249	12.29	12.332	12.373	12.415	12.456	12.498	12.539	12.581
310	12.623	12.664	12.706	12.747	12.789	12.831	12.872	12.914	12.955	12.997
320	13.039	13.08	13.122	13.164	13.205	13.247	13.289	13.331	13.372	13.414
330	13.456	13.497	13.539	13.581	13.623	13.665	13.706	13.748	13.79	13.832
340	13.874	13.915	13.957	13.999	14.041	14.083	14.125	14.167	14.208	14.25
350	14.292	14.334	14.376	14.418	14.46	14.502	14.544	14.586	14.628	14.67
360	14.712	14.754	14.796	14.838	14.88	14.922	14.964	15.006	15.048	15.09
370	15.132	15.174	15.216	15.258	15.3	15.342	15.394	15.426	15.468	15.51
380	15.552	15.594	15.636	15.679	15.721	15.763	15.805	15.847	15.889	15.931
390	15.974	16.016	16.058	16.1	16.142	16.184	16.227	16.269	16.311	16.353
400	16.395	16.438	16.48	16.522	16.564	16.607	16.649	16.691	16.733	16.776
410	16.818	16.86	16.902	16.945	16.987	17.029	17.072	17.114	17.156	17.199
420	17.241	17.283	17.326	17.368	17.41	17.453	17.495	17.537	17.58	17.622
430	17.664	17.707	17.749	17.792	17.834	17.876	17.919	17.961	18.004	18.046
440	18.088	18.131	18.173	18.216	18.258	18.301	18.343	18.385	18.428	18.47
450	18.513	18.555	18.598	18.64	18.683	18.725	18.768	18.81	18.853	18.896
460	18.938	18.98	19.023	19.065	19.108	19.15	19.193	19.235	19.278	19.32
470	19.363	19.405	19.448	19.49	19.533	19.576	19.618	19.661	19.703	19.746
480	19.788	19.831	19.873	19.916	19.959	20.001	20.044	20.086	20.129	20.172
490	20.214	20.257	20.299	20.342	20.385	20.427	20.47	20.512	20.555	20.598
500	20.64	20.683	20.725	20.768	20.811	20.853	20.896	20.938	20.981	21.024

续表二

	热电动势(mV)(JJG 351-84)，参考端温度为0℃									
温度(℃)	0	1	2	3	4	5	6	7	8	9
510	21.066	21.109	21.152	21.194	21.237	21.28	21.322	21.365	21.407	21.45
520	21.493	21.535	21.578	21.621	21.663	21.706	21.749	21.791	21.834	21.876
530	21.919	21.962	22.004	22.047	22.09	22.132	22.175	22.218	22.26	22.303
540	22.346	22.388	22.431	22.473	22.516	22.559	22.601	22.644	22.687	22.729
550	22.772	22.815	22.857	22.9	22.942	22.985	23.028	23.07	23.113	23.156
560	23.198	23.241	23.284	23.326	23.369	23.411	23.454	23.497	23.539	23.582
570	23.624	23.667	23.71	23.752	23.795	23.837	23.88	23.923	23.965	24.008
580	24.05	24.093	24.136	24.178	24.221	24.263	24.306	24.348	24.391	24.434
590	24.476	24.519	24.561	24.604	24.646	24.689	24.731	24.774	24.817	24.859
600	24.902	24.944	24.987	25.029	25.072	25.114	25.157	25.199	25.242	25.284
610	25.327	25.369	25.412	25.454	25.497	25.539	25.582	25.624	25.666	25.709
620	25.751	25.794	25.836	25.879	25.921	25.964	26.006	26.048	26.091	26.133
630	26.176	26.218	26.26	26.303	26.345	26.387	26.43	26.472	26.515	26.557
640	26.599	26.642	26.684	26.726	26.769	26.811	26.853	26.896	26.938	26.98
650	27.022	27.065	27.107	27.149	27.192	27.234	27.276	27.318	27.361	27.403
660	27.445	27.487	27.529	27.572	27.614	27.656	27.698	27.74	27.783	27.825
670	27.867	27.909	27.951	27.993	28.035	28.078	28.12	28.162	28.204	28.246
680	28.288	28.33	28.372	28.414	28.456	28.498	28.54	28.583	28.625	28.667
690	28.709	28.751	28.793	28.835	28.877	28.919	28.961	29.002	29.044	29.086
700	29.128	29.17	29.212	29.264	29.296	29.338	29.38	29.422	29.464	29.505
710	29.547	29.589	29.631	29.673	29.715	29.756	29.798	29.84	29.882	29.924
720	29.965	30.007	30.049	30.091	30.132	30.174	30.216	20.257	30.299	30.341
730	30.383	30.424	30.466	30.508	30.549	30.591	30.632	30.674	30.716	30.757
740	30.799	30.84	30.882	30.924	30.965	31.007	31.048	31.09	31.131	31.173
750	31.214	31.256	31.297	31.339	31.38	31.422	31.463	31.504	31.546	31.587
760	31.629	31.67	31.712	31.753	31.794	31.836	31.877	31.918	31.96	32.001
770	32.042	32.084	32.125	32.166	32.207	32.249	32.29	32.331	32.372	32.414
780	32.455	32.496	32.537	32.578	32.619	32.661	32.702	32.743	32.784	32.825
790	32.866	32.907	32.948	32.99	33.031	33.072	33.113	33.154	33.195	33.236
800	33.277	33.318	33.359	33.4	33.441	33.482	33.523	33.564	33.606	33.645
810	33.686	33.727	33.768	33.809	33.85	33.891	33.931	33.972	34.013	34.054

续表三

	热电动势(mV)(JJG 351－84)，参考端温度为 0℃									
温度(℃)	0	1	2	3	4	5	6	7	8	9
820	34.095	34.136	34.176	34.217	34.258	34.299	34.339	34.38	34.421	34.461
830	34.502	34.543	34.583	34.624	34.665	34.705	34.746	34.787	34.827	34.868
840	34.909	34.949	34.99	35.03	35.071	35.111	35.152	35.192	35.233	35.273
850	35.314	35.354	35.395	35.435	35.476	35.516	35.557	35.597	35.637	35.678
860	35.718	35.758	35.799	35.839	35.88	35.92	35.96	36	36.041	36.081
870	36.121	36.162	36.202	36.242	36.282	36.323	36.363	36.403	36.443	36.483
880	36.524	36.564	36.604	36.644	36.684	36.724	36.764	36.804	36.844	36.885
890	36.925	36.965	37.005	37.045	37.085	37.125	37.165	37.205	37.245	37.285
900	37.325	37.365	37.405	37.443	37.484	37.524	37.564	37.604	37.644	37.684
910	37.724	37.764	37.833	37.843	37.883	37.923	37.963	38.002	38.042	38.082
920	38.122	38.162	38.201	38.241	38.281	38.32	38.36	38.4	38.439	38.479
930	38.519	38.558	38.598	38.638	38.677	38.717	38.756	38.796	38.836	38.875
940	38.915	38.954	38.994	39.033	39.073	39.112	39.152	39.191	39.231	39.27
950	39.31	39.349	39.388	39.428	39.467	39.507	39.546	39.585	39.625	39.664
960	39.703	39.743	39.782	39.821	39.861	39.9	39.939	39.979	40.018	40.057
970	40.096	40.136	40.175	40.214	40.253	40.292	40.332	40.371	40.41	40.449
980	40.488	40.527	40.566	40.605	40.645	40.634	40.723	40.762	40.801	40.84
990	40.879	40.918	40.957	40.996	41.035	41.074	41.113	41.152	41.191	41.23
1000	41.269	41.308	41.347	41.385	41.424	41.463	41.502	41.541	41.58	41.619
1010	41.657	41.696	41.735	41.774	41.813	41.851	41.89	41.929	41.968	42.006
1020	42.045	42.084	42.123	42.161	42.2	42.239	42.277	42.316	42.355	42.393
1030	42.432	42.47	42.509	42.548	42.586	42.625	42.663	42.702	42.74	42.779
1040	42.817	42.856	42.894	42.933	42.971	43.01	43.048	43.087	43.125	43.164
1050	43.202	43.24	43.279	43.317	43.356	43.394	43.432	43.471	43.509	43.547
1060	43.585	43.624	43.662	43.7	43.739	43.777	43.815	43.853	43.891	43.93
1070	43.968	44.006	44.044	44.082	44.121	44.159	44.197	44.235	44.273	44.311
1080	44.349	44.387	44.425	44.463	44.501	44.539	44.577	44.615	44.653	44.691
1090	44.729	44.767	44.805	44.843	44.881	44.919	44.957	44.995	45.033	45.07
1100	45.108	45.146	45.184	45.222	45.26	45.297	45.335	45.373	45.411	45.448
1110	45.486	45.524	45.561	45.599	45.637	45.675	45.712	45.75	45.787	45.825

续表四

	热电动势(mV)(JJG 351－84)，参考端温度为 0℃									
温度(℃)	0	1	2	3	4	5	6	7	8	9
1120	45.863	45.9	45.938	45.975	46.013	46.051	45.088	46.126	46.163	46.201
1130	46.238	46.275	46.313	46.35	46.388	46.425	46.463	46.5	46.537	46.575
1140	46.612	46.649	46.687	46.724	46.761	46.799	46.836	46.873	46.91	46.948
1150	46.985	47.022	47.059	47.096	47.134	47.171	47.208	47.245	47.282	47.319
1160	47.356	47.393	47.43	47.468	47.505	47.542	47.579	47.616	47.653	47.689
1170	47.726	47.7628	47.8	47.837	47.874	47.911	47.948	47.985	48.021	48.058
1180	48.095	48.132	48.169	48.205	48.242	48.279	48.316	48.352	48.389	48.426
1190	48.462	48.499	48.536	48.572	48.609	48.645	48.682	48.718	48.755	48.792
1200	48.828	48.865	48.901	48.937	48.974	49.01	49.047	49.083	49.12	49.156
1210	49.192	49.229	49.265	49.301	49.338	49.374	49.41	49.446	49.483	49.519
1220	49.555	49.591	49.627	49.663	49.7	49.736	49.772	49.808	49.844	49.88
1230	49.916	49.952	49.988	50.024	50.06	50.096	50.132	50.168	50.204	50.24
1240	50.276	50.311	50.347	50.383	50.419	50.455	50.491	50.526	50.562	50.598
1250	50.633	50.669	50.705	50.741	50.776	50.812	50.847	50.883	50.919	50.954
1260	50.99	51.025	51.061	51.096	51.132	51.167	51.203	51.238	51.274	51.309
1270	51.344	51.38	51.415	51.45	51.486	51.521	51.556	51.592	51.627	51.662
1280	51.697	51.733	51.768	51.803	51.836	51.873	51.908	51.943	51.979	52.014
1290	52.049	52.084	52.119	52.154	52.189	52.224	52.259	52.284	52.329	52.364
1300	52.398	52.433	52.468	52.503	52.538	52.573	52.608	52.642	52.677	52.712
1310	52.747	52.781	52.816	52.851	52.886	52.92	52.955	52.98	53.024	53.059
1320	53.093	53.128	53.162	53.197	53.232	53.266	53.301	53.335	53.37	53.404
1330	53.439	53.473	53.507	53.642	53.576	53.611	53.645	53.679	53.714	53.748
1340	53.782	53.817	53.851	53.885	53.926	53.954	53.988	54.022	54.057	54.091
1350	54.125	54.159	54.193	54.228	54.262	54.296	54.33	54.364	54.398	54.432
1360	54.466	54.501	54.535	54.569	54.603	54.637	54.671	54.705	54.739	54.773
1370	54.807	54.541	54.875							

参考文献

[1] 刘玉梅，张丽文. 过程控制技术[M]. 北京：化学工业出版社，2009.
[2] 王爱广，黎洪坤. 过程控制技术[M]. 北京：化学工业出版社，2012.
[3] 张根宝. 工业自动化仪表与过程控制[M]. 西安：西北工业大学出版社，2008.
[4] 潘永湘. 过程控制与自动化仪表[M]. 北京：机械工业出版社，2007.
[5] 高志宏. 工业自动化仪表与过程控制[M]. 杭州：浙江大学出版社，2006.
[6] 邵裕森. 过程控制及仪表(修订版)[M]. 上海：上海交通大学出版社，1995.
[7] 魏晓东. 集散控制系统[M]. 上海：上海科学技术文献出版社，1991.
[8] 刘宝坤. 计算机过程控制系统[M]. 北京：机械工业出版社，2000.
[9] 金以慧. 过程控制[M]. 北京：清华大学出版社，1993.
[10] 王永红. 过程检测仪表[M]. 北京：化学工业出版社，1999.
[11] 王克华，张继峰. 石油仪表及自动化[M]. 北京：石油工业出版社，2006.
[12] 吴九辅. 现代工程检测及仪表[M]. 北京：石油工业出版社，2004.
[13] 杜友水. 压力测量技术及仪表[M]. 北京：机械工业出版社，2005.
[14] 马西泰. 自动检测技术[M]. 北京：机械工业出版社，2000.
[15] 陈荣宝. 工业自动化仪表[M]. 北京：中国电力出版社，2011.
[16] 曹润生. 过程控制仪表[M]. 杭州：浙江大学出版社，2008.
[17] 孙瑜，张根宝. 工业自动化仪表与过程控制[M]. 西安：西北工业大学出版社，2003.
[18] 金以兵. 过程控制及仪表[M]. 杭州：浙江大学出版社，2015.
[29] 周小林. 过程控制系统及仪表[M]. 大连：大连理工大学出版社，1999.
[20] 徐春山. 过程控制仪表[M]. 北京：冶金工业出版社，1995.